杭州师范大学优秀学术专著基金资助项目
杭州市重点学科资助项目
杭州市"131"人才基金资助项目

SHUXUE FANGFALUN

数学方法论

◇ 叶立军 著

ZHEJIANG UNIVERSITY PRESS
浙江大学出版社

前　言

随着数学教育改革与发展的不断深入,数学思想方法在数学教学中的重要性日趋凸现,人们已经越来越认识到数学思想方法是数学教学的重要内容。

数学方法论是哲学、方法论和数学史等多门学科的交叉科学,其着眼点在于数学的创新。它是研究数学发展规律、数学的思想方法以及数学中的发现、发明等的一门学科。数学思想方法是数学的核心与灵魂,它不仅是数学的重要组成部分,而且是数学发展的源泉与动力。

中外数学家都十分重视数学思想方法的研究与应用。日本著名数学教育家米山国藏曾说过:科学工作者所需要的数学知识,相对地说是不多的,而数学的精神、思想与方法却是绝对必要的。数学的知识可以记忆一时,但数学的精神、思想和方法却随时随地发挥作用,可以使人受益终身。

作为数学教师了解数学思想方法的产生、发展和特点,掌握数学中的典型方法,了解数学的创造法则以及数学运动发展规律,形成正确的数学观,并能自觉地用数学方法论去指导数学学习与数学教学,从而提高数学教师驾驭教材之能力,是十分重要的。

本书共十章,在介绍数学方法论的学科性质、研究对象、发展简史以及研究意义的基础上,结合数学思想方法,介绍了数学发展史上的三次危机以及数学悖论,阐述了数学化归思想、类比、归纳、猜想等数学发现的基本方法以及它们在数学解题中的应用,介绍了数形结合、构造法等数学方法在数学解题中的应用。本书还介绍了数学建模、数学美学方法在数学发现中的应用,在此基础上,阐述了数学证明方法和数学结论的发现方法,力图让读者掌握数学方法论在数学解题中的意义、作用,领悟数学思想。

本书在编撰过程中,力图做到以数学思想为重点,以正确理解数学思想方法,指导数学思想方法的教学为目的。全书既有理论原理,又有丰富的典型例证分析,富有启发性。

本书在框架设计、内容安排、呈现方式及陈述方式上均体现数学新课程标准的理念,内容反映数学理论前沿。同时,本书定位准确、内容丰富、选材合理、结构严谨、叙述通俗,具有科学性、实用性、时代性、学术性等特点。

本书在编撰过程中得到了杭州师范大学科研处领导的支持和帮助,并被列为 2007 年杭州师范大学优秀学术专著资助项目;本书编写过程中得到了杭州市重点学科经费、杭州市"131"人才基金的资助,在此表示衷心的感谢。也感谢浙江大学出版社阮海潮责任编辑为本书的出版付出的辛勤劳动。

本书在编撰过程中,吸收了许多专家、学者的著作和研究成果,在此表示衷心的感谢。

由于本书作者学识有限,时间仓促,书中难免有不当之处,恳请各位专家、广大师生批评指正。

叶立军

于杭州师范大学

2008 年 6 月

目　　录

第一章

数学方法论简介

　　数学同其他各门学科一样,在其发展过程中,形成了一系列适合于自身特点的思想方法。而数学是一门高度抽象而又计算精巧的学科,学习数学必须讲究思想方法。在数学发展史中,数学思想方法不断为人们所掌握和运用,并创造出一个又一个成果。因此,在《全日制义务教育数学课程标准(实验稿)》中要求我们帮助学生"真正理解和掌握基本的数学知识与技能、数学思想和方法,获得广泛的数学活动经验"。《普通高中数学课程标准(实验稿)》的前言中提出了"使学生掌握数学的基本知识、基本技能、基本思想,使学生表达清晰、思考有条理……"过去对数学成果本身的收集、分析与说明较为重视,发表了许多论著,这是有益的。但是,由于种种原因,对数学思想方法的研究却有所忽略。正因为对数学思想方法缺乏应有的重视,所以在一定程度上影响了数学成果的取得和数学人才的培养。因此,把数学思想方法作为一个独立领域加以研究,从方法论的高度探讨其研究对象、内容、功能以及孕育、形成与发展的规律,无疑对数学的发展与哲学的研究,都是有重要意义的。

第一节　相关概念辨析

一、什么是数学?

数学具有高度的抽象性、严谨的逻辑性和广泛的适用性。这是关于数学学科特点的传统看法。近些年来,随着数学的发展与人们认识的深化,对数学学科特点又提出了一些新的见解。比如,有人指出数学的基本特点是确切性、抽象性、严格性、应用的广泛性、数学美,还特别强调,数学美是数学诸特点中不可忽视的基本特点之一。人类进入以物质装置代替原来由人从事的信息加工处理工作的信息时代(或称信息加工时代、计算机时代)后,数学的上述诸特点进一步显示出来。也有人认为,从当前科学数学化的趋势看,高度的抽象性与广泛的适用性是数学最根本的两个特点。还有人主张,数学的主要特点是它的高度抽象性、严谨逻辑性与数学美,而应用的广泛性是高度抽象性和严谨逻辑性的具体表现。数学作为一门基础科学到底有哪些特点?结合现代科学发展的实际对这一问题加以深入探讨,显然对充分发挥数学的功能,促进数学的发展是有积极作用的。

同时,数学具有多方面的功能,主要表现在三个方面:① 科学功能,即数学在自然科学、社会科学和哲学等领域中所起的作用;② 思维功能,即数学作为一种思维工具,它在日常思维活动中所起的作用,以及它对思维科学发展的意义等;③ 社会功能,即数学在社会生产、经济、文化、教育以及在精神文明建设中占有的地位与作用等。数学为什么会有上述功能?怎样才能更好地发挥它的功能?这些问题在科学技术高度发展的今天,显得特别重要。

二、数学是什么科学?

关于数学本质的另一个问题:数学究竟是什么科学?是演绎科学,还是经验科学呢?或是实验归纳科学呢?由于人们从不同的角度来认识,因而对这个问题有着不同的看法。

（一）数学科学的几种论述

1. 从数学所从属的研究领域来看

在 17 世纪以前,Pytnagoras 学派的数学观占据了统治地位,他们认为"数是一切事物的本质,整个有规定的宇宙的组织,就是数以及数的关系的和谐系统"。Galieo 说得更明白:"大自然乃至整个宇宙这本书都是用数学语言写的"。依他们看来,科学的本质就是数学。这一时期数学成了科学的"皇后"。到了 17 世纪,这种观点发生了明显变化。数学家 Alembert 把数学划归在自然科学之内,确认它是自然科学的一个门类。数学不再被认为是科学的"皇后",而是科学的"仆人",是自然科学的工具。直到 20 世纪 80 年代末,我国杰出的科学家钱学森明确提出,"数学应该与自然科学和社会科学并列",成为现代科学技术的自然科学、社会科学、数学科学、思维科学、系统科学、人体科学、军事科学、文艺理论、地理科学等十大门类之一。他主张"数学应该称为'数学科学'"。钱学森教授这一科学见解,不仅将推动数学自身的发展与繁荣,而且直接影响人们的思维方式,影响着其他科学的进步。

科学技术飞速发展,愈来愈显示出"高新技术的基础是应用科学,而应用科学的基础是数学"。现代高新技术越来越表现为是一种数学技术。正如美国科学院院士 Glimm 所说:"数学是一种关键的、普遍适用的、并授予人以能力的技术"。这样一来,数学就有科学与技术两种品质。

2. 从研究数学的方法来看

匈牙利数理逻辑学家卡尔马认为,"数学是一门有经验根据的科学并不排斥用演绎方法,因为其他许多经验的科学也成功地应用这个方法!"著名的科学哲学家 Lakatos 认为,"数学是既含有经验成分又含有理性成分的一种非封闭的演绎系统——拟经验的体系";美籍匈牙利数学家、数学教育家 G. Polya 认为,"用欧几里得方法提出来的数学看来却像是一门系统的演绎科学;但在创造过程中的数学看来却像是一门实验性的归纳科学"。从数学真理(定理、法则、公式等)的发现或发明的无数事实可以认为,数学通过大量实验、归纳而得以发现,进而通过演绎推理证明它的可靠性和真实性。从这种意义上来讲,数学具有两重性,它既是一门系统的演绎科学(从最后被确定的定型的数学来看),又是一门实验性的归纳科学(从创造过程中的数学来看)。

3. 从数学对象来看

数学家 Descartes 把数学称作"序的科学";物理学家 Weinberg 把数学看作是"模式与关系"的科学,如同生物是有机体的科学,物理是物和能的科学一样,"数学是模式的科学"。如果把数学看作是一种语言,它又可被认为"是描述模式的语言"。随着现代数学的创立与发展,人们对数学的本质的认识逐步深化。在当今数学哲学界流行一些新颖和较成熟的数学哲学观点。下面我们介绍比较流行的两种观点。

(二) 数学是模式的科学

在《现代汉语词典》里,对模式的解释是"某种事物的标准形式"。这种标准形式是通过抽象、概括而产生的。按照这种解释,数学的概念、理论、公式、定理和方法都可以看成是一种模式。显然它们又是一种数学抽象思维活动的产物。这种抽象不同于其他科学中的抽象。首先,在抽象的内容上,它仅仅保留了事物的量的特性,而舍去了它的质的内容;其次,在抽象的度量上,数学中的概念并非都是真实事物或现象直接抽象的结果,而是在第一次抽象的基础上,进行多次的再抽象。换句话说,由概念引出概念。如正方形是由长方形引出的概念;再次,在抽象的方法上,它是一种"建构"的活动。也就是说,数学的对象是借助于明确的定义得到构造的,数学理论又是建立在逻辑演绎之上展开的。我们不妨通过几个例子的研究来说明这一点。

1. 关于数学概念的模式

我们知道"1"这个数,是对一个人、一棵树、一间房等类事物的量的特性的刻画,是抽象思维的产物。实际上,在现实世界里并不存在作为数学研究对象的真正的"1"。又如,在现实世界中,我们只看到圆形的十五的月亮,圆形的水池,圆形的车轮,而数学概念中的"圆",则是这类事物的标准形式,反映了这类事物都具有的"到一个定点的距离等于定长"的量的特性。

在高等数学中,我们知道瞬时速度可以看成是距离对时间的导数,即 $v=\dfrac{\mathrm{d}s}{\mathrm{d}t}$;同样,电流强度 I 是电量 Q 对时间 t 的导数,表示为 $I=\dfrac{\mathrm{d}Q}{\mathrm{d}t}$;切线斜率是曲线 $y=y(x)$ 的纵坐标 y 对横坐标 x 的导数,记为 $\tan\alpha=\dfrac{\mathrm{d}y}{\mathrm{d}x}$。

我们如果将距离、电量、曲线等一类事物都抽象成关于 x 的函数 $f(x)$,那么刻画函数的变化率这一普遍意义的现象,可以用导数这一标准形式——模式来表示。这样,我们把数学概念都可以看成是量化模式。

2. 关于数学问题的模式

下面的两个问题,我们如果从质的方面来看,显然是两个不同的问题,但若从量的属性角度来看,却是同一个标准形式。

(1)某人有两套不同的西装和三条不同颜色的领带,问共有多少种搭配方法?

(2)有两个军官和三个士兵,现由一个军官和一个士兵组成巡逻队,问共有多少种组成方法?

这类问题,如果我们都舍去各自质的内容,那么它们就可以抽象成如图 1-1 所示的形式。

$$\boxed{\text{问题}} \xrightarrow[\text{对象}]{\text{用字母表示}} \boxed{\begin{array}{cc} A & B \\ a & b \ \ c \end{array}} \xrightarrow{\text{计算}} \boxed{\begin{array}{ccc} A_a & A_b & A_c \\ B_a & B_b & B_c \end{array}} \xrightarrow{\text{标准形式}} \boxed{C_2^1 \ \ C_3^1}$$

图 1-1

从方框图的推演可以看到,实际问题化归成了数的组合问题。这个过程就是关于量化模式的一种建构和研究。

三、数学的思维方法与数学研究的基本方法

数学的主要思维方法是什么?这是数学家们历来关注的一个重要问题。20 世纪初以来,围绕什么是数学的基础问题的讨论,逐步形成了三个不同的学派,即逻辑派、直觉派与形式公理派。如果从思维方式上看数学基础问题的讨论,可以说,在逻辑主义学派看来,数学的主要思维方法是逻辑思维;在直觉主义学派看来,数学的主要思维方

式是直觉（或灵感）思维；在形式主义学派看来，数学的主要思维方式是以符号为特征的纯粹的抽象思维。到底什么是数学的主要思维方式？辩证思维在数学尤其是高等数学中占有怎样的地位？仍是一些尚待解决的问题。

数学中的一些常用方法，诸如公理性、模型法、构造法、解析法、递归法、极限法、逐次逼近法、统计法、对偶法、关系映射反演法、数学归纳法、反证法等是大家所熟悉的，那么数学中到底有哪些基本方法呢？每个方法又是怎样产生和发展的，其特征和作用如何？这是一些具有重要方法论价值且至今没有很好解决的研究对象。

四、思想、科学思想和数学思想

思想，从词义看是指客观存在反映在人的意识中经过思维活动而产生的结果。

从哲学角度看，思想的涵义有二：一是与"观念"同义，二是指相对于感性认识的理性认识成果。何谓数学思想方法？它的研究对象是什么？这是一个理论问题，至今看法不一。归纳起来主要有两种理解：第一种是"狭义的理解"，认为数学思想方法就是指数学本身的论证、运算以及应用的思想、方法和手段；第二种是"广义的理解"，认为数学思想方法除上述作为研究的对象外，还应把关于数学（其中包括概念、理论、方法与形态等）的对象、性质、特征、作用及其产生、发展规律的认识，也作为自己的研究对象。我们是主张广义理解的。

对于什么是思想，这里援引几种解释。《苏联大百科全书》："解释客观现象的原则"；《中国大百科全书·哲学(2)》："对于感性认识的理性认识结果"。毛泽东曾说："感性认识的材料积累多了，就会产生飞跃，变成了理性认识，这就是思想。"概括以上几点看法可以认为：思想是客观存在反映在人的意识中，经过大脑的思维活动而产生的结果。它是大量思维活动的产物，经过反复提炼和实践，如果一再被证明为正确，就可以反复被应用到新的思维活动中，并产生新的结果。本文所指的思想，都是那些颠扑不破、屡试不爽的思维产物。因此，对于学习者来说，思想就成为他们进行思维活动的细胞和基础；思想和下面述及的方法都是他们的思维活动的载体。每门科学都逐渐形成了它自己的思想,而科学法则概括出各门科学共同遵循和运用的一些科学思想。

对于数学思想,也有不同的理解。有人认为,"数学思想和数学方法往往不加区别";也有人说:"数学思想尚不成为一种专有名词,人们常用它来泛指某些有重大意义的、内容比较丰富的、体系相当完整的数学成果。"根据思想的概念及数学特点,可以给数学思想作如下界说:数学思想是数学中的理性认识,是数学知识的本质,是数学中高度抽象概括的内容,它蕴涵于运用数学方法分析、处理和解决数学问题的过程之中。也就是说,数学思想是对数学知识的本质认识,是对数学规律的理性认识,是从某些具体的数学内容和对数学的认识过程中提炼上升的思想观点,它在认识活动中被反复运用,带有普遍的指导意义,是建立数学和用数学问题的指导思想。化归思想、分类思想、模型思想、极限思想、统计思想、最优化思想等都是数学思想。

所谓数学思想,是指现实世界的空间形式和数量关系反映到人的意识之中,经过思维活动而产生的结果,它是对数学事实与数学理论的本质认识。首先,数学思想比一般说的数学概念具有更高的抽象和概括水平,后者比前者更具体、更丰富,而前者比后者更本质、更深刻。其次,数学思想、数学观点、数学方法三者密不可分。如果人们站在某个位置、从某个角度并运用数学去观察和思考问题,那么数学思想也就成了一种观点。而对于数学方法来说,思想是其相应的方法的精神实质和理论基础,方法则是实施有关思想的技术手段。中学数学中出现的数学观点(例如方程观点、函数观点、统计观点、向量观点、几何变换观点等)和各种数学方法,都体现着一定的数学思想。

数学思想是一类科学思想,但科学思想未必就单单是数学思想。例如,分类思想是各门科学都要运用的思想,如语文分为文学、语言和写作,外语分为听、说、读、写和译,物理学分为力学、热学、声学、电学、光学和原子核物理学,化学分为无机化学和有机化学,生物学分为植物学、动物学和人类学等;中学生见到的最漂亮的分类应该是在学习哺乳纲动物时所出现的门(亚门)、纲(亚纲)、目(亚目)、属、科、种的分类表,它不是单由数学给予的。只有将分类思想应用于空间形式和数量关系时,才能成为数学思想。如果用一个词语"逻辑划分"作为标准,那么,当该逻辑划分与数理有关时(可称之为"数理逻辑划分"),可以说是运用数学思想;当该逻辑划分与数理无直接关系时(例如把社会中的各行各业分为工、农、兵、学、商等),不应该说是运用数学思想。同样地,当且仅当哲学思想(例如一分为二的思想、量质互变的思想和肯定否定的思想)在数学中予以大量运用并且被"数学化"了时,它们也可以被称为数学思想。

五、思路、思绪和思考

我们在中学数学教育、教学中,还经常使用着"思路"和"思绪"这两个词语。一般说来,"思路"是指思维活动的线索,可视为以串联、并联或网络形状出现的思想和方法的载体,而"思绪"是指思想的头绪。实际上"思路"和"思绪"是同义词,并且都是名词。

那么,另一个词语"思考"又是什么意思呢?"思考"就是进行比较深刻、周到的思维活动。作为动词,它反映了主体把思想、方法、串联、并联或用网络组织起来以解决问题的思维过程。由此可见,"思考"所产生的有效途径就是"思路"或"思绪";"思路"或"思绪"是"思考"的结果,是思想、方法的某种选择和组织,且明显带有程序性。对思路及其所含思想、方法的选择和组织的水平,反映了学习者能力的差异。

六、方法与数学方法

什么是方法?有人认为"方法是一个元概念,不能逻辑的定义";《哲学百科全书》(美)认为,方法是"按给定程序达到既定成果必须采取的步骤";《苏联大百科全书》认为:"方法表示研究或认识的途径、理论或学说,即从实践上或理论上把握现实的、为解决具体课题而采用的手段或操作的总和。"概而言之,方法是人们在认识和改造客观世界中所采用的方式、手段的统称。数学方法是人们从事数学活动时所使用的方法。人们通过长期的实践,发现了许多运用数学思想的手段、途径或程序,同一手段、途径或程序被重复使用了多次,并且达到了预期的目的,便成为数学方法。

因此,确切地说,数学方法是以数学为工具进行科学研究的方法,即用数学语言表达事物的状态、关系和过程,经过推导、运算和分析,以形成解释、判断和预言的方法。

数学方法就是提出、分析、处理和解决数学问题所采用的思路、方式、逻辑手段等概括性的策略,也就是从数学角度提出问题、解决问题(包括数学内部问题和实际问题)的过程中采用的各种方式、手段、途径等,其中包括变换数学形式。

数学方法具有以下三个基本特征:一是高度的抽象性和概括性;二是精确性,即逻辑的严密性及结论的确定性;三是应用的普遍性和可操作性。

数学方法在科学技术研究中具有举足轻重的地位和作用:一是提供简洁精确的形式化语言,二是提供数量分析及计算的方法,三是提供逻辑推理的工具。现代科学技术特别是电脑的发展,与数学方法的地位和作用的强化正好是相辅相成的。

宏观的数学方法包括:模型方法、变换方法、对称方法、无穷小方法、公理化方法、结构方法、实验方法。微观的且在中学数学中常用的基本数学方法大致可以分为以下三类:

(1) 逻辑学中的方法。例如分析法(包括逆证法)、综合法、反证法、归纳法、穷举法(要求分类讨论)等。这些方法既要遵从逻辑学中的基本规律和法则,又因运用于数学之中而具有数学的特色。

(2) 数学中的一般方法。例如建模法、消元法、降次法、代入法、图像法(也称坐标法,代数中常用图像法,解析几何中常用坐标法)、向量法、比较法(数学中主要是指比较大小,这与逻辑学中的多方位比较不同)、放缩法、同一法、数学归纳法(这与逻辑学中的不完全归纳法不同)等。这些方法极为重要,应用也很广泛。

(3) 数学中的特殊方法。例如配方法、待定系数法、加减法、公式法、换元法(也称为中间变量法)、拆项补项法(含有添加辅助元素实现化归的数学思想)、因式分解诸方法,以及平行移动法、翻折法等。这些方法在解决某些数学问题时起着重要作用,不可等闲视之。

【例1】 求和 $\arctan 1 + \arctan \dfrac{1}{3} + \arctan \dfrac{1}{7} + \cdots + \arctan \dfrac{1}{1+n+n^2}$。

思考与分析 可以考虑分解组合的方法,变换问题的数学形式,

$$\arctan \frac{1}{1+k+k^2} = \arctan \frac{(k+1)-k}{1+k(k+1)}°$$

联想正切的差角公式 $\tan(\alpha-\beta) = \dfrac{\tan\alpha - \tan\beta}{1+\tan\alpha\tan\beta}$,

$$\alpha - \beta = \arctan \frac{\tan\alpha - \tan\beta}{1+\tan\alpha\tan\beta}°$$

令 $\tan\alpha = k$,$\tan\beta = k+1$,

$$\arctan 1 + \arctan \frac{1}{3} + \arctan \frac{1}{7} + \cdots + \arctan \frac{1}{1+n+n^2}$$

$= \arctan 1 + (\arctan 2 - \arctan 1) + (\arctan 3 - \arctan 2) + \cdots + [\arctan(n+1) - \arctan n]$

$= \arctan(n+1)$

我们可以把数学方法分成四个层次:

(1) 基本的和重大的数学方法。这是一些哲学范畴的数量侧面,如模型化方法、概率统计方法、拓扑方法等。

(2) 与一般科学相应的数学方法,如联想类比、综合分析、归纳演绎等。

(3) 数学中特有的方法,如数学等价、数学表示、公理化、关系映射反演、数形转换等,这些方法在数学中产生并应用(也部分地迁移到其他学科)。

(4) 中学数学中的解题方法或技巧。它们在数学方法中具有特殊的基础意义,其内容丰富,变化无穷。

事实上,数学方法按作用的范围可分为三个不同的层次:

(1) 一般的逻辑方法,如分析、综合、类比、联想、归纳、演绎、猜想等,它们不仅适用于数学,而且适应于其他学科领域。

(2) 全局性的数学方法,如极限方法、关系映射反演方法、数学模型方法等,这些方法的作用范围广,有的甚至影响着一个数学分支和其他学科的发展方向。

（3）技巧性的数学方法,如换元法、待定系数法、配方法等,它们往往和具体数学内容联系在一起,是解决某类数学问题的方法。

若按数学方法的运用功能可分为数学发现方法、数学证明方法等。

七、数学方法的特点

数学方法具有以下几个特点:

(一) 概括性

数学知识的学习离不开概括,且较之其他学科的知识更抽象、更概括。例如,物理学中的匀速直线运动的运动规律 $s = vt$（s、v、t分别表示运动的路程、速度和时间）和简谐运动的规律 $a = -\dfrac{k}{m}x$（m、x、a 分别表示小球的质量、离开平衡位置的位移和运动的加速度,k 是常数）均是对现实世界具体事物的抽象和概括,而数学上的正比例函数概念则是在上述基础上的再抽象和再概括。数学思想方法是不断从数学概念、数学命题和数学理论中提炼和概括的产物。正是由于数学对象本身的概括性以及数学思想方法又是对数学知识的提炼和再概括,使得概括性成为数学思想方法的最本质的特征。

数学思想方法一旦形成,便舍弃了具体的数学内容,只以形式而存在,从而可以运用到一切合适的场合之中。例如,数学中的关系映射反演法的建立标志着一般的化归方法达到更高更新的抽象概括程度,因而成为数学研究各个领域中有普遍应用价值的一般方法。

(二) 隶属性

数学思想方法高度的概括性,使它不同于具体的数学知识,而以元认知的形态与数学知识浑然一体地存在着,成为数学科学体系中两个不可分割的部分。数学知识内部蕴涵着丰富的数学思想方法,数学思想方法隶属于数学知识。形象地说,数学思想方法是生长在数学知识这块"皮"上的"毛"。数学知识成为数学思想方法的载体,数学思想方法通过数学知识来显化。例如,多项式恒等定理中蕴涵着待定系数法,待定系数法在因式分解、化部分分式、求函数解析式、解方程（组）

等数学内容中得到显化。正是由于这种隶属性,进行数学思想方法的教学时,应注意对教材的挖掘,从数学知识的教学开始,通过数学活动逐步明示相应的思想方法。

(三)层次性

层次性是由数学特点决定的。在全部数学内容中均包含着从客观现实到逐级抽象结果的不同层次。数学思想方法是概括的结果,概括程度的高低决定了数学思想方法具有不同的层次。思想又是方法的结晶与升华,思想相对于方法通常居更高层次。除了按其对认识的研究范围将数学思想方法分为宏观与微观之外,又有人将数学思想方法分为三个层次:一为数学核心思想(序化的思想),二为一般数学思想(公理化思想、转化思想、符号化思想、分类思想),三为具体数学思想。

如二元一次方程组的解法有三个层次:消元法——第一层次;为了消元,可考虑用加减消元或代入消元——第二层次;为此,需进行具体的恒等变形——第三层次。

(四)过程性

数学思想和数学方法紧密联系,强调指导思想时,称数学思想,强调操作过程时称数学方法。因此,数学思想方法总是在数学解题过程中、数学发现以及思考问题过程中显现出来的,数学思想方法在数学解题过程中一步一步地得到体现,直至问题的解决。

八、方法论与数学方法论

方法论,也叫方法学,是把某种共同的发展规律的研究方法作为讨论研究对象的一门学问,每个学科都有自己的方法论。"数学方法论是研究和讨论数学的发展规律、数学的思想方法以及数学中的发现、发明与创新法则的一门学问"。(徐利治《数学方法论选讲》)。也有人说:"数学方法论是对古往今来的数学方法进行概括、分类、评价以及如何运用的论述。"(张奠宙、过伯祥:《数学方法论稿》)这两种界说相比,前一种似乎框架太大了些,几乎包容了数学史、数学哲学乃至整个数学。

数学方法论是研究数学的发展规律,数学的思想、方法、原则,数学中的发现、发明和创新法则的学科,它隶属于科学方法论的范畴,是科学方法论在数学中的具体体现。

数学方法论有宏观和微观之分。把数学置于各门科学乃至客观世界中来认识,侧重于对数学发展的外部规律以及数学人才成长规律的研究,这属于宏观的数学方法论。

第二节　数学方法论在数学中的作用和地位

一、数学方法论研究的意义

从数学发展史上看,长期以来,数学家们对自己所从事研究的领域的思想方法是重视的,并有许多发明和创造。但是,对数学思想方法本身尤其是把它作为一个独立的领域或学问来进行研究,却是很不够的。究其原因,主要是对数学思想方法研究的意义缺乏应有的认识。那么,研究数学思想方法到底有何意义呢?

（一）有利于培养数学能力与改革数学教育

我们知道,数学教育的根本目的在于培养数学能力,即运用数学解决实际问题和进行发明创造的本领,而这种能力和本领,不仅表现在对数学知识的记忆,而且更主要地反映在数学思维方法的素养。事实上,我们说一个人数学能力强,有数学才能,并不简单地指他记忆了多少数学知识,而主要是说他运用数学思想方法解决实际问题和创造数学理论的本领。伽罗华之所以创立群论,罗巴切夫斯基之所以创立非欧几何,维纳之所以创立控制论,不仅仅在于数学知识的积累与记忆,而主要是由于他们在数学思想方法上实行了革命性的变革所致。对一个科技工作者来说,需要记忆的数学知识可多可少,但掌握数学思维方法则是绝对必要的,因为后者是创造的源泉,发展的基础,也是数学能力的集中体现。在过去的数学教育中,正是因为过于重视知识的传授和背诵,而忽略思想方法的讲解和分析,加之传统的考试制度,所以出现了"高分低能"现象。要想改变这种状况，就要狠抓数学思想方法的研究与教学，并把它作为数学教育改革的重要内容，坚持下去，取得成效。

（二）有利于充分发挥数学的功能

数学功能的发挥，同数学能力的培养一样，关键不在于知识的积累与传递，而在于思想方法的领会、运用以及创造新的思想方法上面。实践越来越证明，数学在科学技术各领域、社会科学各部门以及生产、生活的各行各业，都有广泛的应用。这是因为，任何事物都是量与质的统一体，要想真正认识某一事物，不仅要把握其质的规定性，而且还要了解其量的规定性，因此，数学能够应用于各种物质运动形态，马克思曾指出：一门科学只有当它达到了能够运用数学时，才算真正发展了。那么怎样在各方面更加广泛地应用数学呢？我们认为，加强数学教育，特别是加强数学思想方法的教育，是至关重要的。数学的科学功能的发挥，主要是靠数学思想方法向科学各领域的渗透与移植，把数学作为一种工具加以运用，从而促进其发展。当代科学数学化的趋势明显地反映出这一点。数学的思维功能的发挥也是如此。我们说数学是一种思维工具，实质上就是指它的思想方法。我们往往通过数学的考核来判定一个儿童的思维能力与智力水平，其根据也在于此。至于数学的社会功能的发挥，同样还是靠数学思想方法的运用。我们说某人办事有数学头脑，无非是说他能灵活地运用数学思想方法。欧拉作为一位数学家，之所以不仅在代数、数论、微积分等数学分支研究上取得了突出成果，而且还在力学、物理学、天文学、航海、造船、建筑等许多非数学领域做出重大贡献，集中到一点就是他具有深刻的数学思维和非凡的运用数学解决实际问题的才能。

（三）有利于深刻认识数学本质与全面把握数学发展规律

在数学思想方法研究中，我们可以通过对数学内容辩证性质的探讨，进一步认识数学的本质。马克思和恩格斯在自己的著作中，都对微积分内容的辩证性质作过精辟的分析，并从而概括其本质。马克思在《数学手稿》中，着重对导函数概念作了探讨，他认为，导函数生成的过程就是原函数经历了"否定之否定"的发展过程,并深刻指出:"理解微积分运算时的全部困难(正像理解否定的否定本身时那样),恰恰在于要看到微积分运算是怎样区别于这样简单手续并因此导出实际结果的。"恩格斯在谈到微积分的本质时,也曾经明确指出:"变数的数学——其中最重要的部分是微积分——本质上不外是辩证法在数学方面的运用。"事实上,微积分中所运用的思想方法就是辩证法。就拿微积分中最基本的牛顿—莱布尼茨公式来说,就是通过常量与变量的相互转化而推得的。本来作为曲边梯形面积的定积分是一个确定的常量,但为了推导牛顿—莱布尼茨公式,却特地把此定积分看作是上限函数,即把常量转化为变量。然后,在证明一个定理成立的基础上,又反过来把变量转化为常量,最终得到了这一公式。因此可以说,牛顿—莱布尼茨公式就是常量与变量辩证统一的结果。

关于通过数学思想方法的研究,可更加全面地把握数学规律的问题,前面已经讲过,它可从数学内部的矛盾运动这个侧面来发现和认识规律,以弥补过去只注重从外面研究的不足,比如,在关于数学潜形态的研究中,一方面可以提高对数学新思想萌发和形成规律的认识,另一方面,还可以加强对数学由"潜"到"显"转化机制的掌握。研究表明,对新事实的解释、对理论体系自身矛盾的研究、对个体结论的推广等,均是科学新思想产生的有效途径;树立科学成效观、积极开展自由论争、大力倡导科学伯乐精神、实行科学的组织管理等,都是加速科学由"潜"到"显"转化的重要机制。这对深入探讨数学由"潜"到"显"转化的规律,显然是有启示意义和参考价值的。

数学思想方法的研究,具有十分重要而深远的意义。我们相信,数学思想方法作为一个独立的研究领域,必将不断取得新的研究成果,为数学、自然科学、教育科学与哲学的发展,做出应有的贡献。

数学思想方法产生于数学知识,而数学知识又蕴藏着数学思想,两者相辅相成,密不可分。正是数学知识与数学思想方法的这种辩证统一性,决定了我们在传授数学知识的同时必须重视数学思想方法的教学。因此,在数学教学活动中,学生的认知活动不能仅限于掌握课本中的数学知识,更重要的是在知识的探索过程中领会和掌握数学思想方法。教学实践表明,在讲授数学概念、公式、定理的形成过程中渗透数学思想方法就能发展抽象概括能力和逻辑思维能力,在例题教学中运用数学思想方法启发学生发现解题思路,寻求解题规律,就能培养学生分析问题和解决问题的能力。

数学思想方法又是处理数学问题的指导思想和基本策略,是数学的灵魂。因此,引导学生领悟和掌握以数学知识为载体的数学思想方法,是使学生提高思维水平,真正懂得数学的价值,建立科学的数学观念,从而发展数学、运用数学的重要保证,也是现代教学思想与传统教学思想的根本区别之一。

总之,加强数学思想方法的教学能优化课堂教学,有利于把握好能力目标的发展点,培养学生的创新意识,进而提高学生的数学素质。

二、数学思想的内涵与外延

"数学思想"作为数学课程论的一个重要概念,我们完全有必要对它的内涵与外延形成较为明确的认识。关于这个概念的内涵,我们认为,数学思想是人们对数学科学研究的本质及规律的理性认识。这种认识的主体是人类历史上过去、现在以及将来有名与无名的数学家;而认识的客体,则包括数学科学的对象及其特性,研究途径与方法的特点,研究成就的精神文化价值及对物质世界的实际作用,内部各种成果或结论之间的互相关联和相互支持的关系等。由此可见,这些思想是历代与当代数学家研究成果的结晶,它们蕴涵于数学材料之中,有着丰富的内容。

通常认为数学思想包括方程思想、函数思想、数形结合思想、转化思想、分类讨论思想和公理化思想等。这些都是对数学活动经验通过概括而获得的认识成果。既然是认识就会有不同的见解,不同的看法。实际上也确实如此,例如,有人认为中学数学教材可以用集合思想作主线来编写,有人认为以函数思想贯穿中学数学内容更有利于提高数学教学效果,还有人认为中学数学内容应运用数学结构思想来处理等等。尽管看法各异,但笔者认为,只要是在充分分析、归纳概括数学材料的基础上来论述数学思想,那么所得的结论总是可能做到并行不悖、互为补充的,总是能在中学数学教材中起到积极的促进作用的。

关于这个概念的外延,从量的方面讲有宏观、中观和微观之分。属于宏观的,有数学观(数学的起源与发展、数学的本能和特征、数学与现实世界的关系),数学在科学中的文化地位,数学方法的认识论、方法论价值等;属于中观的,有关于数学内部各个部门之间分流的原因与结果,各个分支发展过程中积淀下来的内容上的对立与统一的相克相生的关系等;属于微观的,则包含着对各个分支及各种体系结构中特定内容和方法的认识,包括对所创立的新概念、新模型、新方法和新理论的认识。

从质的方面说,还可分成表层认识与深层认识、片面认识与完全认识、局部认识与全面认识、孤立认识与整体认识、静态认识与动态认识、唯心认识与唯物认识、谬误认识和正确认识等。

三、数学思想的特性和作用

数学思想是在数学发展史上形成和发展的,它是人类对数学及其研究对象,对数学知识(主要指概念、定理、法则和范例)以及数学方法的本质的认识。数学思想表现在对数学对象的开拓之中,表现在对数学概念、命题和数学模型的分析与概括之中,还表现在新的数学方法的产生过程中。它具有如下的突出特性和作用。

(一)数学思想凝聚成数学概念和命题,原则和方法

我们知道,不同层次的数学思想,凝聚成不同层次的数学模型和数学结构,从而构成数学的知识系统与结构。在这个系统与结构中,数学思想起着统帅的作用。

(二)数学思想深刻而概括,富有哲理性

各种各样具体的数学思想,是从众多具体的个性中抽取出来的且对个性具有普遍指导意义的共性。它比某个具体的数学问题(定理法则等)更具有一般性,其概括程度相对更高。现实生活中普遍存在的运动和变化、相辅相成、对立统一等"事实",都可作为数学思想进行哲学概括的材料,这样的概括能促使人们形成科学的世界观和方法论。

（三）数学思想富有创造性

借助于分析与归纳、类比与联想、猜想与验证等手段，可以使本来较抽象的结构获得相对直观的形象的解释，能使一些看似无处着手的问题转化成极具规律的数学模型，从而将一种关系结构变成或映射成另一种关系结构，又可反演回来，于是复杂问题被简单化了，不能解的问题的解找到了。如将著名的哥尼斯堡七桥问题转化成一笔画问题，便是典型的一例。当时，数学家们在作这些探讨时是很困难的，是零零碎碎的，有时为了一个模型的建立，一种思想的概括，要付出毕生精力才能得到，这使后人能从中体会到创造的艰辛，培养科学的精神。

四、数学思想的教学功能

世界各国都已经认识到，在当今和未来社会的许多行业，直接用到学校数学知识的机会并不太多，而且也不是固定不变的，更多的是受到数学思想的熏陶与启迪，以此去解决所面临的实际问题。因此，在数学教学中必须大力加强对数学思想和方法的教学。

（一）数学思想是教材体系的灵魂

从教材的构成体系来看，整个中小数学教材所涉及的数学知识点汇成了数学结构系统的两条"河流"：一条是由具体的知识点构成的易于被发现的"明河流"，它是构成数学教材的"骨架"；另一条是由数学思想方法构成的具有潜在价值的"暗河流"，它是构成数学教材的灵魂。有了这样的数学思想作灵魂，各种具体的数学知识点才不再成为孤立的、零散的东西。因为数学思想能将"游离"状态的知识点（块）凝结成优化的知识结构，有了它，数学概念和命题才能活起来，做到相互紧扣，相互支持，以组成一个有机的整体。可见，数学思想是数学的内在形式，是学生获得数学知识、发展思维能力的动力和工具。教师在教学中如能抓住数学思想这一主线，便能高屋建瓴，提挈教材进行再创造，才能使教学见效快，收益大。

（二）数学思想是我们进行教学设计的指导思想

笔者认为，数学课堂教学设计应分三个层次进行，即宏观设计、微观设计和情境设计。无论哪个层次上的设计，其目的都在于为了让学生"参与"到获得和发展真理性认识的数学活动过程中去。这种设计不能只是数学认识过程中的"还原"，一定要有数学思想的飞跃和创造。这就是说，一个好的教学设计，应当是历史上数学思想发生、发展过程的模拟和简缩。例如初中阶段的函数概念，便是概括了变量之间关系的简缩，也应当是渗透现代数学思想、使用现代手段实现的新的认识过程。又如高中阶段的函数概念，便渗透了集合关系的思想，还可以是在现实数学基础上的概括和延伸，这就需要搞清楚应概括怎样的共性，如何准确地提出新问题，需要怎样的新工具和新方法等等。对于这些问题，都需要进行预测和创造，而要顺利地完成这一任务，必须依靠数学思想作为指导。有了深刻的数学思想作指导，才能做出智慧熠烁的创新设计来，才能引发起学生的创造性的思维活动来。这样的教学设计，才能适应瞬息万变的技术革命的要求。靠一贯如此设计的课堂教学培养出来的人才，方能在21世纪的激烈竞争中立于不败之地。

（三）数学思想是课堂教学质量的重要保证

数学思想性高的教学设计，是进行高质量教学的基本保证。在数学课堂教学中，教师面对的是几十个学生，这几十个智慧的头脑会提出各种各样的问题。随着新技术手段的现代化，学生知识面的拓宽，他们提出的许多问题是教师难以解答的。面对这些活泼肯钻研的学生所提的问题，教师只有达到一定的思想深度，才能保证准确辨别各种各样问题的症结，给出中肯的分析；才能恰当适时地运用类比联想，给出生动的陈述，把抽象的问题形象化，复杂的问题简单化；才能敏锐地发现学生的思想火花，找到闪光点并及时加以提炼升华，鼓励学生大胆地进行创造，把众多学生牢牢地吸引住，并能积极主动地参与到教学活动中来，真正成为教学过程的主体；也才能使有一定思想的教学设计，真正变成高质量的数学教学活动过程。

有人把数学课堂教学质量理解为学生思维活动的质和量，就是学生知识结构，思维方法形成的清晰程度和他们参与思维活动的深度和广度。我们可以从"新、高、深"三个方面来衡量一堂数学课的教学效果。"新"指学生的思维活动要有新意，"高"指学生通过学习能形成一定高度的数学思想，"深"则指学生深入地参与到教学活动中来。

有思想深度的课，能给学生留下长久的思想激动和对知识的深刻理解，在以后的学习和工作中，他们可能把具体的数学知识忘了，但数学地思考问题的方法将永存。我们进行数学教学的根本目的，是通过数学知识和观念的培养，通过一些数学思想的传授，让学生形成一种"数学头脑"，使他们在观察问题和提出问题、解决问题的每一个过程中，都带有鲜明的"数学色彩"，这样的数学一定会有真正的实效和长效，真正提高人的素质。

数学课堂教学是教师"主体表演"的过程，是语言、动作、板书演示、语言交流、情感交流等融于一体的过程。在这个过程中，往往既能反映出教师专业基础知识的情况，又能反映出教师对教学理论的掌握情况，同时还可反映出教师的数学思想的有关情况。实践证明，数学思想、方法已经越来越多地得到人们的重视，特别是在数学教学中，如何使学生较快地理解和掌握数学思想、方法，更是我们广大数学教师所关心的问题。

五、学习数学思想方法的重要性

教学实践表明：中小学数学教育现代化，主要不是内容的现代化，而是数学思想、方法及教学手段的现代化。加强数学思想方法的教学是基础数学教育现代化的关键，特别是对能力培养这一问题的探讨与摸索，以及社会对数学价值的要求，使我们更进一步地认识到数学思想方法对数学教学的重要性。下面就数学思想方法对数学教学的作用谈几点认识。

（一）现实的需要决定数学思想方法对数学教学有着重要的作用

1. 形势发展的需要决定数学思想方法的作用

时代的前进依赖于科技的发展，现代科技日新月异，改革开放的大潮促进着社会主义市场经济的迅猛发展。现代科技高度发展的标志是数学化，例如市场经济中经济统计学、金融学等领域就极需要数学的支撑，在探索科技与经济发展的过程中，当然需要某些具体的数学知识,但更多地是依靠数学的思想与方法的运用,以便从数学的角度去思考周围的实际问题,建立数学模型,从而来预测发展的前景,决策下一步的行动……可以说,时代的发展越来越依赖于数学思想和方法的作用。

2. 教育目的的需要决定数学思想方法的作用

目前,我国正处在实施素质教育,深化教育改革的重要阶段。由于数学思想与方法的重要作用,使得数学教育在素质教育中具有特殊的地位。众所周知,数学是思维的体操,数学思想方法哺育着人养成诚实、正直、严肃认真、踏实细微、机智、顽强等当今时代迎接挑战不可缺少的精神。

当前国际教育界提出"大众数学"的口号,其目的是根据社会对数学的不同要求,为全体学生规划、提供水平适应的数学教育,为社会提供各层次、各类型的工作者。著名数学家 G·波利亚曾统计,中学生毕业后,研究数学和从事数学教育的人占 1％,使用数学的占 27％,基本不用或很少用数学的占 70％,当然,现在的情形有所改变。总之,对大多数学生来说,数学思想方法比形式化的数学知识更重要。因为前者更具有普遍性,社会各部门、各行业对数学知识的要求的深度与广度的差异是很大的,但对人的素质的要求是共性的,如要求走向社会的人,具备严谨的工作态度,具有善于分析情况、归纳总结、综合比较、分类评析、概括判断的工作方法,科研工作者,特别是决策部门的工作人员更需要逻辑论证、严密推测的科学方法与工作作风。这一切都是在数学思想方法的渗透、训练中培养而成的。从抽象概括而得到数学模型,与现实世界有着千丝万缕的联系,并且可以反过来应用于现实世界解决各种实际问题。

（二）认知的实现,让数学思想方法在数学教学中发挥着重要的作用

学习的认知结构理论告诉我们,数学学习过程就是一个数学认知过程,其实质是数学认知结构的发展变化过程,这个过程是通过同化和顺应两种方式实现的,在同化和顺应进行中,数学思想和方法在数学认知结构中发挥着极为重要的作用。

1. **数学思想方法对数学教学的同化过程起着重要作用**

数学学习中的同化，就是主体把新的数学学习内容纳入到自身原有的认知结构中去，这种纳入不是囫囵吞枣式地摄入，而是把新的数学材料进行加工改造，使之与原数学认知结构相适应。那么，怎样加工新的数学材料才能使它与原数学认知结构相适应呢？任意的、盲目的加工能达到这个目的吗？显然不能！这种加工要具有自觉的方向性和目的性，是在某种因素的指导下进行的。在数学认知结构中存在数学基础知识、数学思想方法、心理成分三种主要因素。数学基础知识显然不具备思维特点和能动性，不能指导"加工"过程的进行，就像材料本身不能自己变成产品一样。而心理成分只给主体提供愿望和动机，提供主体的认知特点仅凭它也不能实现"加工"过程，就像人们只有生产愿望和生产工具而没有生产产品的设计思想和技术照样生产不出产品一样。数学思想和方法担当起了指导"加工"的重任，它不仅提供思想策略（设计思想），而且还提供实施目标的具体手段（化归技能）。实际上，数学中的转化就是实施新旧知识的同化。总之，数学思想和方法对数学活动的同化过程起着重要作用。

2. **数学思想方法对数学教学的顺化过程起着指导作用**

数学学习中的顺应是指主体原有数学认识结构不能有效地同化新的学习材料时，主体调整或改造原有的数学认知结构去适应新的学习材料。这种对原认知结构的改造也不是任意盲目地进行的，与同化过程的分析一样，也必然是在数学思想方法的指导下进行的，离开了数学思想方法的顺应是不可理解的，也是不可能实现的。

3. **数学思想方法是数学认知结构发展的实现因素**

通过上面的分析看到，数学思想方法对同化和顺应的进行，进而对认知结构的发展起重要作用。实际上，无论是同化还是顺应，都是在原数学认知结构和新的数学内容之间，改造一方去适应另一方，这种改造就是转换或化归，而转换或化归是数学思想方法体系中的"主梁"和精髓。数学思想和方法产生于数学认知活动，又反回来对数学认知活动起重要作用，因此可以说，数学思想方法是数学认知结构中最积极、最活跃的因素，是认知的实现因素。

（三）认识的规律决定了数学思想方法对数学教学起着促进作用

1. 掌握了数学思想方法能够使数学知识更容易理解

心理学认为，"由于认知结构中原有的有关观念在包摄和概括水平上高于新学习的知识，因而新知识与旧知识所构成的这种类属关系又可称为下位关系，这种学习便称为下位学习。"当学生掌握了一些数学思想和方法后，再去学习相关的数学知识，就属于下位学习了。下位学习所学知识"具有足够的稳定性，有利于牢固地固定新学习的意义"，即可使新知识能够顺利地纳入到学生已有的认知结构中去。学生学习了数学思想、方法就能够更好地理解和掌握教学内容。

2. 有利于数学知识的记忆

布鲁纳认为，"除非把一件件事情放进构造得好的模型里面，否则很快就会遗忘"，"学习基本原理的目的，就在于保证记忆的丧失不是全部丧失，而遗留下来的东西将使我们在需要的时候得以把一件件事情重新构思起来。高明的理论不仅是现在用以理解现象的工具，而且也是明天用以回忆那个现象的工具"。由此可见，数学思想方法作为数学学科的"一般原理"，在数学学习中是至关重要的。无怪乎有人认为，对于中学生"不管他们将来从事什么工作，唯有深深地铭刻于头脑中的数学的精神、数学的思维方法、研究方法随时随地发生作用，使他们受益终身"。

3. 有利于"原理和态度的迁移"

布鲁纳认为，这种类型的迁移应该是教育过程的核心，这是用基本的和一般的观念来不断扩大和加深知识。曹才翰教授也认为，"如果学生认知结构中具有较高抽象、概括水平的观念，对于新学习是有利的"，"只有概括的、巩固的和清晰的知识才能实现迁移"。美国心理学家贾德通过实验证明，"学习迁移的发生应有个先决条件，就是学生需先掌握原理，形成类比，才能迁移到具体的类似学习中"。学生学习数学思想方法有利于实现学习迁移，特别是原理和态度的迁移，从而可以较快地提高学习质量和数学能力。

（四）数学思想方法对数学教学起着指导作用

1. 用数学思想可以指导基础知识教学，在基础知识教学中培养思想方法

基础知识的教学中要充分展现知识形成发展过程，揭示其中蕴涵的丰富的数学思想方法。如几何体体积公式的推导体系，集公理化思想、转化思想、等积类比思想及割补转换方法之大成，是这些思想方法灵活运用的完美范例。只有通过展现体积问题解决的思路分析，并同时形成系统的、条理的体积公式的推导线索，才能把这些思想方法明确地呈现在学生的眼前，学生才能从中领悟到当初数学家的创造思维进程，这对激发学生的创造思维、形成数学思想、掌握数学方法的作用是不可低估的。

注重知识在教学整体结构中的内在联系，揭示思想方法在知识互相联系、互相沟通中的纽带作用。如函数、方程、不等式的关系，当函数值等于、大于或小于一常数时，分别可得方程、不等式，联想函数图像可提供方程、不等式的解的几何意义。运用转化、数形结合的思想，这三块知识可相互为用。注意总结建构数学知识体系中的教学思想方法，揭示思想方法对形成科学的、系统的知识结构，把握知识的运用，深化对知识的理解等数学活动中的指导作用。如函数图像变换的复习中，可把散见于二次函数、反函数、正弦函数等知识中的平移、伸缩、对称变换作统一处理，引导学生运用化曲线间的关系为对应动点之间的关系的转化思想及求相关动点轨迹的方法，得出图像变换的一般结论。深化学生对图像变换的认识，提高学生解决问题的能力。

2. 用数学思想方法指导解题，提高学生自觉运用数学思想方法的意识

（1）注意分析探求解题思路时数学思想方法的运用。解题的过程就是在数学思想的指导下，合理联想，提取相关知识，调用一定的数学方法加工处理题设条件及知识，逐步缩小题设与题断间的差异的过程，即运用化归思想的过程。解题思想的寻求是运用思想方法分析解决问题的过程。

（2）注意数学思想方法在解决典型问题中的运用。如求解二面

角大小最常用的方法之一就是：根据已知条件，在二面角内寻找或作出过一个面内一点到另一个面上的垂线，过这点再作二面角的垂线，然后连结两垂足，这样二面角即为所得的直角三角形的一锐角。这个通法就是在化立体问题为平面问题的转化思想的指导下求得的。三垂线定理在构图中的运用，也是分析、联想等数学思维方法运用之所得。调整思路，克服思维障碍时，应特别注意数学思想方法的运用。通过认真观察以产生新的联想；分类讨论；使条件确切，结论易求；化一般为特殊，化抽象为具体，使问题简化等都值得我们一试。分析、归纳、类比等数学思维方法，以及数形结合、分类讨论、转化等数学思想是走出思维困境的武器与指南。用数学思想指导知识、方法的灵活运用，进行一题多解的练习；培养思维的发散性、灵活性、敏捷性；对习题灵活变通，引申推广，培养思维的深刻性、抽象性；组织引导对解法简捷性的反思评估，不断优化思维品质，培养思维的严谨性、批判性。对同一数学问题的多角度的审视引发的不同联想，是一题多解的思维本源。丰富、合理的联想，是对知识的深刻理解，运用类比、转化、数形结合、函数与方程等数学思想的必然。数学方法、数学思想的自觉运用往往使我们运算简捷、推理机敏，是提高数学能力的必由之路。

第二章

数学方法论的发展和演进

 数学是一门古老的学科，它从萌芽发展至今已经有数千年的历史。数学的发展史不只是一些新概念、新命题的简单堆砌，它包含着数学思想和方法的积淀，尤其是数学本身许多质的飞跃，即数学思想方法的重大突破。

 对数学思想方法从历史的角度进行考察，并分析其演变、发展的规律是数学思想方法研究的首要内容。其具体可分为两大类：第一，数学思想方法的系统进化，即从整体上进行研究。比如，从古至今，数学思想方法发生了多少次重大转折，每一次转折如从算术到代数、从综合几何到几何代数化、从常量数学到变量数学、从必然数学到或然数学、从明晰数学到模糊数学以及从手工证明到机器证明等，都是怎么孕育和产生的，其要点和作用是什么，均属于这一类。第二，数学思想方法的个体发育，主要是研究每一个数学思想产生、演变和发展的规律，以及本身的特征，在数学发展中的作用和方法论价值等。广义一点讲，从思想方法角度来研究概念、运算、公式、定理乃至学科产生发展的历史，也可看成是此类研究的范围。

 数学，作为一门科学，来源于人类社会实践，并促进人类社会实践能力的提高，同时也随着人类社会的进步而发展。数学的起源可以追溯到原始社会，经历了数学萌芽时期、常量数学时期、变量（近代）数学时期、现代数学时期四个历史阶段。每个时期数学的发展，都深深体现了当时社会实践与社会文化的烙印。数学作为一门基础学科，其重要性毋庸置疑。因此，了解数学思想的发展历史和规律，对于人们认识数学是完全必要的。

第一节　数学思想方法的发展历史

一、古代的数学思想和方法

从远古到公元前 5 世纪左右的数学萌芽时期是一个漫长的历史过程。人们积累了算术和几何方面的零碎知识，逐渐形成了抽象意义下的数和图形的概念，产生了计数法和各种数制下的算法，出现了测地术。此时尚未形成一般的数学理论，还谈不上有什么重要的数学思想。但是——对应的计数法（对应思想）和记数符号的使用有力地推动了数学的发展。另外，直接的观察和体验被作为最重要的认识方法。

数学萌芽时期（远古—公元前 6 世纪）的特点，是人们从现实世界里零零星星地认识了数学中最古老、最原始的概念——"数"（自然数）和"形"（简单几何图形）。数的概念起源于数（读 shǔ）。原始社会人们采用"结绳记数"，就是把打猎所获得的猎物与绳子的"结"进行比较，得出猎物的个数。从我国出土的甲骨文中，发现大约公元前 14 世纪—公元前 11 世纪的数字是采用十进位制记数法，最大数是 3 万。由此可见，数已从具体事物中分离出来，抽象为"数"的概念，但仍然打上了十个手指数数的烙印。另一方面，人类还在采集果实、打造石器、烧土制陶的活动中，对各种物体加以比较，区分直曲方圆，逐渐形成了"形"的概念。我国出土的"仰韶文化"的彩陶中，就有由三角形和直线组成或由圆和曲线组成的图案。

数学经过漫长的萌芽时期，在古巴比伦、埃及和中国积累了大量的数学知识之后，汇成了两股不同的数学源流，形成了两个各具特色、风格各异的数学体系：一个是以巴比伦和埃及数学为源头，在希腊汇合后又得到长足进步与发展的古希腊数学，另一个则是以解决问题为宗旨、以注重算法为特点的古代中国数学。

古希腊的数学融数学与哲学为一体,以哲学促进数学理论的建立,提出了一系列思辩性的数学观点、理论和方法。首先,古希腊人对数学的认识有了根本性的变化,他们认为数学不仅可用来解决一些实际问题,更重要的是他们试图用数学来理解世界,把数学看作是理解宇宙的一把钥匙,是研究自然的一部分,其深刻的数学思想对后世影响很大。其次,古希腊人用演绎证明方法研究几何,使几何学成为一个演绎系统。欧几里得的《几何原本》和阿波罗尼斯的《圆锥曲线》是演绎数学的代表著作。把逻辑证明系统地引入数学,把数学奠基于逻辑之上,这是对数学认识的一个质的飞跃。由此得出,数学思想方法的更新——公理化的思想和演绎推理进入了数学。值得一提的是,古希腊虽然非常强调演绎推理,但数学思想发展的历史表明,他们的数学创造也离不开观察、实验,离不开归纳、猜想和分析。

数学萌芽时期,人们认识的"数"和"形"只是零星的数学知识,并未构成逻辑体系。到了公元前5世纪,古埃及由于尼罗河长期泛滥,冲毁了土地,需要重新丈量,由此积累了丰富的几何知识。后来,古埃及人把几何知识传到古希腊,由欧几里得把人们长期实践发现、积累的几何知识,按照演绎的方法写成了《几何原本》。同一个时期,人们为了解决实践中的一些实际应用问题,如研究天文历法中的问题,促使算术、代数的发展。数学从原始自然数、分数发展扩充到正负实数。成书于东汉时期的《九章算术》,就是人们在长期实践中,用数学解决实际问题的经验总结。

公元前3世纪至公元2世纪撰写成的《几何原本》和《九章算术》,标志着古典的初等数学体系的形成。

《几何原本》全书共13卷,主要以空间形式为研究对象,以逻辑思维为主线,从5条公设、23个定义和5条公理推出了467条定理,从而建立了公理化演绎体系。《九章算术》则由246个数学问题、答案和术文组成,全书主要研究对象是数量关系,该书以直觉思维为主线,按算法分为方田、粟米、衰分、少广、商广、均输、盈不足、方程、勾股等九章,构成了以题解为中心的机械化算法体系。

二、近代的数学思想和方法

变量数学时期（17—19世纪）的特点，是"运动"成为自然科学研究的中心课题，数学由研究现实世界的相对静止的事物或现象进而探索运动变化的规律，常量数学已发展到变量数学。16世纪，欧洲社会萌芽了资本主义，手工业生产转向了机器工业生产，迫使自然科学对"运动"和各种"过程"开展研究，进而产生了"变量"与"函数"的概念。

17世纪上半叶，笛卡尔将几何内容的课题与代数形式的方法相结合，产生了解析几何学，这标志着变量数学时期的开始。17世纪60年代，牛顿和莱布尼茨各自从运动学和几何学研究的需要，创建了微积分。随后，相继建立了级数理论、微分方程论、变分学等分析学领域的各个分支。15—18世纪，人们还研究了大量的随机现象，发现存在着某种完全不确定规律性，从而开辟了或然数学的新领域，建立了概率论。

这个时期，数学的研究对象已由常量进入变量，由有限进入无限，由确定性进入非确定性；数学研究的基本方法也由传统的几何演绎方法转变为算术、代数的分析方法。

马克思主义奠基人之一的恩格斯，在考察了18世纪前整个数学发展的历史基础上指出："数和形的概念不是从任何地方得来的，而仅仅是从现实世界中得来的"。"纯数学是以现实世界的空间形式和数量关系——这是非常现实的材料——为对象的"。这些论断揭示了科学的数学本质。

19世纪以来，由于社会发展的需要，以及数学自身的逻辑矛盾不断产生许多新问题，促使处于数学核心部分的几个主要分支——代数、几何、分析学科的内容发生了深刻变化，并产生了许多新的数学分支，由寻求一元 n 次方程的解而建立了群论，创建了抽象代数学。代数学已由研究具体的数和用字母代表的任意数，以及它们之间的运算，发展到研究各种代数系统的结构和更一般的运算：同构、同态、反演、映射等。由试证欧氏几何的第五公设开创了非欧几何学。非欧几何的发现拓广了空间概念,欧氏空间不再是描述现实世界唯一可能的空间,除此而外还有 n 维空间、无穷维空间以至于更抽象的空间。由研究分析学的基础创建了"集合论",建立了抽象分析学和数理逻辑。数学分析最基础的概念是函数、极限、连续、导数(微分)和积分,分析的精确化(严密化),是由 Cauchy 给极限概念下严密定义而开始的,最后由 Dedekind 和 Cantor 等人相继完成了连续的理论,才为数学分析的精确化奠定了坚实的基础。由此建立的 Cantor 集合论,对数学发展的影响极其深远。此外,Schwartz 等人对经典函数概念进行了拓广,提出并系统发展了广义函数论。其中泛函分析就是在抽象代数的新方法、几何空间概念的拓广以及分析精确化工作等方面的影响下建立起来的一门新学科。泛函分析可以看作无限维空间的解析几何和数学分析,它研究的对象不再是某个具体的函数,而是具有某种特征和关系的"函数空间"。

三、现代的数学思想和方法

从时间上来看,19 世纪末以后通常被称为现代数学时期,其中主要是 20 世纪。这个时期,数学发展的特点是,由研究现实世界的一般抽象形式和关系,进入到研究更抽象、更一般的形式和关系,数学各分支互相渗透融合。随着计算机的出现和日益普及,数学越来越显示出科学和技术的双重品质。

20 世纪以来,数学的发展更是迅猛异常,产生了"优选学"、"规划论"、"对策论"、"排队论"、"计算机理论"等等。尤其是第二次世界大战以后,由于科学技术和工程技术上的计算问题的越来越复杂,需要高速、准确地计算许多非线性的、多维的,或为方程组形式的数学问题,为此电子计算机应运而生。随着计算机的出现,与高新科技紧密相关的数学理论,如控制论、突变论、拓扑稳定性和大范围分析等理论也随之产生。今日的数学不仅是一门独立的科学,而且是一种普遍性的技术,它"兼有科学和技术的两种品质"。

显然,现代数学的许多分支的研究对象,远远突破了传统的"空间形式"和"数量关系"的范围。如果我们对"空间形式"和"数量关系"作更广义的理解,如"空间形式"并非只有二维和三维欧氏空间,还有 n 维欧氏空间、Lobachevsky 空间、拓扑空间等;"数量关系"也扩展到向量、张量等,恩格斯关于数学本质的科学论断依然是恰当的。事实上,数学发展至今,"数学研究的对象不能只限于我们直接经验到的数量关系与空间形式,而必须包括越来越多的'人类悟性的自由创造物'"。正如数学家丁石孙所说:"数学的研究对象是客观世界的逻辑可能的数量关系和结构关系。"如代数结构、拓扑结构,以及同态、同调等各种关系,甚至转换、映照等,都成为当今数学研究的纯粹的"量"。

必须指出,数学研究的对象似乎抽象成为"远离实际的东西",但是许许多多抽象出的数学对象与现实世界仍然有着密切的联系。例如,复数诞生之时就起了一个"虚幻"的名字——虚数,可是它在电学、空气动力学中却有广泛的应用;又如,Galois 群论,在被人们搁置了数十年之后,却在晶体学中找到了应用。再如,我国的概率论专家王梓坤,利用概率统计理论创造了"随机转移"、"相关区"等数学方法,成功地预报了 1976 年四川松藩大地震。

第二节　数学思想方法的几次重大突破

一、从算术到代数

算术和代数是数学中最基础而又最古老的分支学科,两者有着密切的联系。算术是代数的基础,代数由算术演进而来。从算术演进到代数,是数学在思想方法上发生的一次重大突破。

(一) 代数学产生的历史必然性

代数学作为数学的一个研究领域,其最初而又最基础的分支是初等代数。初等代数研究的对象是代数式的运算和方程的求解。从历史上看,初等代数是算术发展的继续和推广,算术自身运动的矛盾以及社会实践发展的需要,为初等代数的产生提供了前提和基础。

我们知道,算术的主要内容是自然数、分数和小数的性质与四则运算。算术的产生,表明人类在现实世界数量关系认识上迈出了具有决定性意义的第一步。算术是人类社会实践活动中不可缺少的数学工具,在人类社会各部门都有广泛而重要的应用,离开算术这一数学工具,科学技术的进步几乎难以想象。

在算术的发展过程中,由于算术理论和实践发展的要求,提出了许多新问题,其中一个重要问题就是算术解题法的局限性在很大程度上限制了数学的应用范围。

算术解题法的局限性,主要表现在它只限于对具体的、已知的数进行运算,不允许有抽象的、未知的数参加运算。也就是说,利用算术解应用题时,首先要围绕所求的数量,收集和整理各种已知的数据,并依据问题的条件列出关于这些具体数据的算式,然后通过加、减、乘、除四则运算求出算式的结果。许多古老的数学应用问题,如行程问题、工程问题、流水问题、分配问题、盈亏问题等,都是借助这种方法求解的。算术解题法的关键是正确地列出算术,即通过加、减、乘、除符号把有关的已知数据连接起来,建立能够反映实际问题本质特征的数学模型。对于那些只具有简单数量关系的实际问题,列出相应的算式并不难,但对于那些具有复杂数量关系的实际问题,列出相应的算式,往往就不是一件容易的事了,有时需要很高的技巧才行。特别是对于那些含有几个未知数的实际问题,要想通过建立已知数的算式来求解,有时甚至是不可能的。

算式自身运算的局限性,不仅限制了数学的应用,而且也影响和束缚了数学自身的继续发展。随着数学自身和社会实践的深入发展,算术解题法的局限性日益暴露出来,于是一种新的解题法——代数解题法的产生也就成为历史的必然。

代数解题法的基本思想是,首先依据问题的条件组成包含已知数和未知数的代数式,并按等量关系列出方程,然后通过对方程进行恒等变换求出未知数的值。初等代数的中心内容是解方程,因而通常把初等代数理解为解方程的科学。

初等代数与算术的根本区别,在于前者允许把未知数作为运算的对象,后者则把未知数排斥在运算之外。如果说在算术中也论及某个未知数的话,那么这个未知数也只能起运算结果符号等价物的作用,只能单独地处在等式的左边,在算术中,未知数没有参加运算的权利。而在代数中,方程作为由已知数构成的条件等式,本身就意味着其中所包含的已知数和未知数有着同等的运算地位,即未知数也变成了运算的对象,和已知数一样,它们可以参与各种运算,并可以依照某种法则从等式的一边移到另一边。解方程的过程,实质上就是通过对已知数和未知数的重新组合,把未知数转化为已知数的过程,即把未知数置于等式的一边,已知数置于等式的另一边。从这种意义上看,算术运算不过是代数运算的特殊情况,代数运算是算术运算的发展和推广。

由于代数运算具有较大的普遍性和灵活性,因而代数的产生极大地扩展了数学的应用范围,许多算术无能为力的问题,在代数中却能轻而易举地得到解决。不仅如此,代数学的产生对整个数学的进展产生了巨大而深远的影响,许多重大发现都与代数的思想方法有关。例如,对二次方程的求解,导致虚数的发现;对五次以上方程的求解,导致群论的诞生;把代数应用于几何问题,导致解析几何的创立等等。正因为如此,我们把代数的产生作为数学思想方法发生第一次重大转折的标志。

(二)代数学体系结构的形成

"代数"一词,原意是指"解方程的科学"。因此,最初的代数学也就是初等代数。初等代数,作为一门独立的数学分支学科,其形成经历了一个漫长的历史过程,我们很难以某一个具体的年代作为它问世的标志。从历史上看,它大体上经历了三个不同的阶段:① 文词代数,即用文字语言来表达运算对象和过程;② 简字代数,即用简化了的文词来表示运算内容和步骤;③ 符号代数,即普遍使用抽象的字母符号。从文词代数演进到符号代数的过程,也就是初等代数由不成熟到较为成熟的发育过程。在这个过程中,17 世纪法国数学家笛卡儿做出了突出贡献,他是第一个提倡用 x, y, z 代表未知数的人,他提出和使用的许多符号,同现代的写法基本一致。

随着数学的发展和社会实践的深化,代数学的研究对象不断得到扩大,其思想方法不断得到创新,代数学也就由低级形态演进到高级

形态,由初等代数发展到高等代数。高等代数有着丰富的内容和众多的分支学科,其中最基本的分支学科有如下几个:

(1) 线性代数:讨论线性方程(一次方程)的代数部分,其重要工具是行列式和矩阵。

(2) 多项式代数:主要借助多项式的性质来讨论代数方程的根的计算和分布,包括整除性理论、最大公因式、因式分解定理、重因式等内容。

(3) 群论:研究群的性质的代数学分支学科,属于抽象代数的一个领域。群是带有一种运算的抽象代数系统。群的概念是 19 世纪初由法国青年数学家伽罗华最先提出的,伽罗华由此成为群论的创立者。群论发展到现在,已经获得丰富的内容和广泛的应用。

(4) 环论:研究环的性质的代数学分支学科,是正在发展着的一个抽象代数领域。环是带有两种运算的抽象代数系统,有许多独特的性质。一种特殊的环称为域,如果域的元素是数,则称为数域。以域的概念为基础,形成了抽象代数学的另一个领域——域论。

(5) 布尔代数:也称二值代数、逻辑代数或开关代数,是带有三种运算的抽象代数系统。布尔代数由英国数学家布尔于 19 世纪 40 年代创立。近几十年来,布尔代数在线路设计、自动化系统和电子计算机设计方面得到广泛应用。

此外,还有格论、李代数和同调代数等分支学科。

高等代数与初等代数在思想方法上有很大的差别。初等代数属于计算性的,并且只限于研究实数和复数等特定的数系,而高等代数是概念性、公理化的,它的对象是一般的抽象代数系统。因此,高等代数比初等代数具有更高的抽象性和更大的普遍性,这就使高等代数的应用范围更加广泛。向抽象性和普遍性方向发展,是现代代数学的一个重要特征。

二、从综合几何到几何代数化

几何学与代数学一样,也是数学中最基础而又最古老的分支学科之一。几何学经过漫长的发展历史,其思想方法发生了一系列重大的变革。在这些变革中,起决定性的第一重大变革,则是从综合几何到几何代数化的历史演进。

(一) 几何代数化思想的由来

数学的发展是以数和形两个基本概念作为主干的,数学思想方法的各种变革也是通过这两个概念进行的。在数学的萌芽时期,数和形的研究并不是互相割裂的,长度、面积和体积的度量把数和形紧密地联系起来。可是,在尔后的数学发展中,数和形的联系却长期没能得到进一步的深化。这突出表现在几何和代数的不协调性发展上。

我们知道,几何学作为一门独立的数学学科,最先是在古希腊学者手中形成的,欧几里得《几何原本》的问世就是重要的标志。那时,代数尚处于潜科学阶段,尚未形成严谨的逻辑体系,只是以零散、片断的知识形态存在着。因此,从公元前 3 世纪到 14 世纪,几何学在数学中占据着主导地位,而代数则处于从属的地位。由于几何学有着严谨的推理方法和直观的图形,可以把种种空间性质、图形关系问题的探讨,归结成一系列基本概念和基本命题来推演、论证,所以数学家们大都喜欢运用几何思维方式来处理数学问题,甚至把代数看成是与几何不相干的学科。这种人为的割裂,不仅延误了代数的发展,也影响了几何学的进步。

随着数学研究范围的扩大,用几何方法来解决数学问题越来越困难,因为许多问题特别是证明问题往往需要高超的技巧才能奏效,而且推演、论证的步骤又显得相当繁难,缺乏一般性方法。正当几何学难于深入进展时,代数学日趋成熟起来。尤其是在 16 世纪代数学得到了突破性进展,不仅形成了一整套简明的字母符号,而且成功地解决了二次、三次、四次方程的求根问题。这就使代数学在数学中的地位逐渐得到上升,于是综合几何思维占统治地位的局面开始被打破。

历史上最先明确认识到代数力量的是 16 世纪法国数学家韦达,他尝试用代数方法来解决几何作图问题,并隐约出现了用方程表示曲线的思想。韦达指出,几何作图中线段的加减乘除可以通过代数的术语表出,所以它们实质上属于代数的运算。随着代数方法向几何学的渗透,代数方法的普遍性优点日益显露出来,于是用代数方法来改造传统的综合几何思维,把代数和几何有机结合起来,互相取长补短,便成为十分必要的了。

实现代数与几何有机结合的关键,在于空间几何结构的数量化,即把形与数统一起来。这一项工作是由法国数学家笛卡儿完成的。笛卡儿继承和发展了韦达等人的先进数学思想,他充分看到代数思想的灵活性和方法的普遍性,为寻求一种能够把代数全面应用到几何中去的新方法思考了20多年。1619年,他悟出建立新方法的关键,在于借助坐标系建立起平面上的点和数对之间的对应关系,由此可用方程来表示曲线。1637年,他的《几何学》作为《方法论》一书的附录出版,在这个附录中,他明确提出了坐标几何的思想,并用于解决许多几何问题。此书的问世,标志着解析几何的诞生。与笛卡儿同一时代、同一国度的另一位数学家费尔马,也几乎同时独立地发现了解析几何的基本原理,他的思想集中体现在他的《轨迹引论》一书中。

解析几何的出现开创了几何代数化的新时代,它借助坐标实现了空间几何结构的数量化,由此把形与数、几何与代数统一了起来。而坐标本身就是几何代数化的产物,是点与数的统一体,它既是点的位置的数量关系表现,又是数量关系的几何直观,因此它有形与数的二重性。有了坐标概念,就可以把空间形式的研究转化为数量关系的研究了。

例如,求两点间的距离,如果两点的坐标(x_1,y_1)和(x_2,y_2)给定,则其距离就表示为一个代数式$\sqrt{(x_2-x_1)^2+(y_2-y_1)^2}$,于是几何学上两点之间的测量问题就转化成代数上求一个代数式的值的问题。

再如,求两条曲线的交点,这是几何学中比较困难的一个问题,如果两条曲线的方程给定,那么通过解联立方程组就可求出交点的位置,因为方程组的解恰是两条曲线交点的坐标。

随着解析几何的发展,几何代数的内容和方法不断得到丰富。1704年,牛顿运用坐标方法研究了三次曲线;1748年,欧拉在《分析引论》一书中全面而系统地论述了平面解析几何的理论;1788年,拉格朗日又把力、速度和加速度给予了算术化,由此开创了解析几何中的向量理论研究方向。与此同时,坐标概念本身也在不断地丰富,除直角坐标系外,又相续产生了斜坐标、极坐标、柱坐标和球坐标。坐标系也从二维扩展到三维以及多维和无穷维,从而又出现了多维解析几何和无穷维解析几何,由此又导致了代数几何和泛函分析的产生。

(二) 几何代数化的意义

几何代数化对于数学的发展有着重要的意义,这里仅就几个方面加以分析。

1. 把几何学推到一个新的阶段

几何代数化不仅为几何学提供了新方法,使许多难以解决的几何问题变得简单易解,更重要的是为几何学的发展注入了新的活力,增添了崭新的内容。

首先,传统几何学逻辑基础主要是推理,基本上是定性研究,如直线的平行线、曲线的相交、图形的全等等。几何代数化的出现,使得图形性质的研究变成方程的讨论和求解,而方程的研究又主要是数量上的分析,这就把几何学从定性研究阶段推到定量分析阶段。

其次,在传统几何学中,空间概念是在人们的社会实践活动中逐渐抽象和确立起来,这种空间概念具有明显的直观性和经验性,如一维的直线、二维的平面和三维的立体。几何代数化的出现,使得空间的几何结构实现了数量化,而数量化了的空间几何结构已不再局限于一维、二维和三维,它可以是 n 维乃至无穷维的,这就把几何学的空间概念从低维扩张到了高维,即把几何学研究的内容从现实空间图形的性质扩展到抽象空间图形的性质。

第三,传统几何学主要研究固定不变的图形,如各种各样的直线形和曲线形,这些图形虽然可以移动和相互变换,但图形本身的结构却是"死"的,即传统几何学是一种静态几何学。几何代数化的出现,可把曲线看作是由"点"通过运动而生成的,这就使人们对形的认识由静态发展到了动态。

2. 为代数学研究提供了新的工具

几何代数化不仅直接影响和改造了传统的几何学,扩大了几何学的研究对象,丰富和发展了几何学的思想方法,而且也使代数学获得了新的生命力。

首先,几何学的概念和术语进入代数学,使许多代数课题具有了直观性。我们知道,与几何学相比,代数学具有更高的抽象性,许多抽象的代数式和方程使人难以把握它们的现实意义。几何代数化的出现,为抽象的代数式和方程提供了形象而直观的模型。如可把方程的解看作是曲线的交点的坐标,可把二次方程根与系数关系的研究转化为考察和分析圆锥曲线与坐标轴的相对位置。

其次,几何学思想方法向代数学的移植和渗透,开拓了代数学新的研究领域。如以线性方程(一次方程)为主要对象的线性代数,就是在线性空间概念的基础上构造起来的,这里的"线性"、"空间"等概念并不是代数学本身所固有的,而是从几何学中借用的。

3. 为微积分的创立准备了必要条件

几何代数化思想形成的标志是解析几何的创立,笛卡儿在创立解析几何的过程中,不仅提出了代数与几何相结合的思想,而且把变数引进了数学。变数的引进,对于数学的发展有着极为重要的意义,特别是为微积分的创立准备了重要工具,加速了微积分形成的历史进程。从这种意义上看,可把解析几何的产生看作是微积分创立的前奏。对此,恩格斯曾高度评价:"数学中的转折点是笛卡儿的变数。有了变数,运动进入了数学,有了变数,辩证法进入了数学,有了变数,微分和积分也就立刻成为必要的了。"

4. 为数学的机械化证明提供了重要启示

定理的机械化证明,是现代数学新兴的一个研究领域,从机械化算法上看,它的方法论基础是利用代数方法把推理程序机械化。因此,定理机械化证明的思想渊源可追溯到几何的代数化。

此外,几何代数化的思想还给数学研究从方法论上提供了许多重要启示。如数学家们把点与数对、曲线与方程相对应的思想加以发展,提出了函数与点、函数集与空间相对应的思想,在此基础上进而创立了泛函分析这一新的理论。

三、从常量数学到变量数学

数学发展的第三时期,是变量数学时期。从 17 世纪开始,变量数学逐渐登上历史舞台。变量数学时期大致从 17 世纪中叶到 19 世纪 20 年代。这一时期数学的特征在于研究变数以及变数之间的关系,对此,恩格斯曾作出如下清楚的刻画:

17 世纪对于数学发展具有重大意义的事件,除了解析几何开辟了几何代数化这一新的方向外,还有微积分的创立使常量数学过渡到变量数学。从常量数学到变量数学,是数学思想方法的又一次重大突破。

(一) 变量数学产生的历史背景

这一时期的主要成果,一是笛卡儿引进了变数,并开始用代数方法解决几何问题,建立了解析几何;二是莱布尼茨(Leibniz,1646—1716)给出了一般的函数概念;三是牛顿(Newton,1643—1727)和莱布尼茨创立了微积分学的原理,他们和他们的学生发展了数学分析工具,成为解决力学与流体力学、天文学与光学问题的重要武器,哈雷彗星在 1759 年回归的预言是数学分析方法的胜利。此外,从 18 世纪到 19 世纪这一百年间,还研究了偏微分方程,创立了变分学,并且产生和发展了概率论。数学发展进入了崭新的黄金时代。

变量数学是相对常量数学而言的数学领域。常量数学的对象主要是固定不变的图形和数量,包括算术、初等代数、初等几何和三角等分支学科。常量数学是描述静态事物的有力工具,可是对于描述事物的运动和变化却是无能为力的。因此,从常量数学发展到变量数学,就成为历史的必然了。

变量数学之所以产生于 17 世纪,是有其特定的历史背景的。

从自然科学的发展来看,变量数学是在回答 16、17 世纪自然科学提出的大量数学问题过程中酝酿和创立起来的。我们知道,随着欧洲封建社会的解体和资本主义工厂手工业向机器大生产的过渡,自然科学开始从神学的桎梏下解放出来,大踏步地前进。这时,社会生产和自然科学向数学提出了一系列与运动变化有关的新问题。这些新问题,大体可以分为以下五种类型:

第一类问题是描述非匀速运动物体的轨迹,如行星绕日运动的轨迹、各种抛射物体的运动轨迹。

第二类问题是求变速运动物体的速度、加速度和路程。如已知变速运动物体在某段时间内经过的路程,求物体在任意时刻的速度和加速度,或反过来由速度求路程。

第三类问题是求曲线上任一点的切线。如光线在曲面上的反射角问题,运动物体在其轨迹上任一点的运动方向问题。

第四类问题是求变量的值。如斜抛物体的最大水平距离问题,行星绕日运动的近日点和远日点问题。

第五类问题是计算曲线长度、曲边形面积、曲面体体积、物体的重心以及大质量物体之间的引力等。

上述各类问题尽管内容和提法不同,但从思想方法上看,它们有一个共同的特征,就是要求研究变量及其相互关系。这是 16、17 世纪数学研究的中心课题,正是对这个中心课题的深入研究,最终导致了变量数学的产生。

从数学的发展来看,变量数学的基础理论——微积分,早在微积分诞生之前的 2000 多年,就已经有了它的思想萌芽。

公元前 5 世纪,希腊学者德漠克利特为解决不可公度问题,创立起数学的原子论。它的基本思想是:直线可分为若干小线段,小线段又可再分成更小的线段,直至成为点而不可再分,故称点为直线的数学原子即不可分量。平面图形同样可以如此分下去,使得线段成为平面图形的数学原子。利用数学原子概念,德漠克利特求得锥体的体积等于等底等高柱体的 $\frac{1}{3}$。

公元前 4 世纪,希腊学者欧道克斯在前人工作的基础上,创立起求曲边形面积和曲面体体积的一般方法——穷竭法。运用此法,他成功地证明了"圆面积与直径的平方成正比例"和"球体积与其直径的立方成比例"等命题。

微积分的早期先驱者主要是阿基米德,他继承和发展了穷竭法,并应用这一方法解决了诸如抛物线弓形等许多复杂的曲边形面积。继阿基米德之后,微积分的思想方法逐渐成熟起来,其中作出重大贡献的有开普勒、伽利略、卡瓦列利、华利斯、笛卡儿、费尔马和巴罗等人。巴罗甚至接触到了微积分的基本原理——微分和积分的互逆关系。

总之,变量数学的产生不仅有其特定的生产和自然科学背景,而且也是数学自身矛盾运动的必然结果。它是经过相当长时间的酝酿,在 16、17 世纪生产和自然科学需要的刺激下,经过许多人的努力而准备好由"潜"到"显"过渡的条件的。

(二) 变量数学的创始及其意义

变量数学由"潜"到"显"的过渡经历了两个具有决定性的重大步骤:一是解析几何的产生,二是微积分的创立。前者为变量数学的创始提供了直接的前提,后者是变量数学创始的主要标志。

微积分的主要创始人是牛顿和莱布尼茨,他们最大的功绩是明确地提出了微分法和积分法,并把两者有机结合起来,建立了微积分的基本原理(牛顿—莱布尼茨公式)。

牛顿主要是从运动学来研究和建立微积分的。他的微积分思想最早出现在 1665 年 5 月 20 日的一页文件中,这一天可作为微积分诞生的日子。他称连续的变量为"流动量",用符号 x,y,z 等字母表示,称它们的导数为"流数",用加小点的字母来表示,如 $\dot{x}$,$\dot{y}$,$\dot{z}$ 等,称微分为"瞬"。

莱布尼茨是从几何学的角度创立微积分的。他的微积分思想最先出现在 1675 年的手稿之中,他所发明的微积分符号,远远优于牛顿的符号,对微积分后来的发展有重大的影响。现今通用的符号 $\mathrm{d}x$、$\mathrm{d}y$、$\int$ 等,就是莱布尼茨当年精心选择和创设的。

继牛顿和莱布尼茨之后,18 世纪对微积分的创立和发展作出卓越贡献的有欧拉、伯努利家族、泰勒、马克劳林、达朗贝尔、拉格朗日等人。17、18 世纪的数学,几乎让微积分占据了主导地位,绝大部分的数学家都被这一新兴的学科所吸引,可见微积分产生意义之重大。定量数学创始的两个决定性步骤都是在 17 世纪完成的,因此 17 世纪也就成了常量数学向变量数学转变的时期。变量数学的产生,是数学史乃至整个科学史上的一件大事。他来自于生产技术、自然科学发展的需要以及数学自身的矛盾运动,又回过头来对生产技术、自然科学以及数学自身的发展产生巨大而深远的影响。

首先,变量数学的产生,为自然科学描述现实世界的各种运动和变化提供了有效的工具。我们知道,在现实世界中"静"和"不变"总是暂时的、相对的,"动"和"变"则是永恒的、绝对的。"整个自然界,从最小的东西到最大的东西,从沙粒到太阳,从原生生物到人,都处于永恒的产生和消灭中,处于不断的流动中,处于无休止的运动和变化中。"可见,自然科学研究的对象是运动变化着的物质世界,变量数学的产生,为自然科学精确地描述物质世界的运动、变化规律提供了不可缺少的工具。变量数学对于现代生产技术、自然科学的发展,就像望远镜对于天文学、显微镜对于生物学的发展一样重要。假设没有变量数学,现代物质文明建设将是不可想象的事。

其次,变量数学的产生,带来了数学自身的巨大进步。变量数学是从常量数学发展的基础上出现的,它的产生又反过来深深影响了常量数学的发展,特别是常量数学的各个分支学科由于变量数学的渗透而在内容上得到极大的丰富,在思想方法上发生一连串深刻的变革,并由此产生出许多新的分支学科。解析数论和微分几何等分支学科,就是变量数学的思想方法向传统数论和传统几何渗透的产物。就变量数学本身而言,由于它在生产技术和自然科学中有着广泛的应用,所以它一产生出来就得到蓬勃而迅速的发展,并由此相继派生出许多新的分支学科,逐渐形成一个庞大的体系,如级数论、常微分方程论、偏微分方程论、差分学、复变函数论、实变函数论、积分方程、泛函分析等。总之,变量数学无论从内容、思想方法上,还是从应用的范围上,很快就在整个数学中占据了主导地位,长时期以来一直规定和影响着近、现代数学发展的方向。

此外,变量数学的产生还有着深远的哲学意义。众所周知,变量数学的许多基本概念,诸如变量、函数、导数和微分,以及微分法和积分法,从哲学上看,不外是辩证法在数学中的运用,而且是辩证法在数学中取得的一次根本性胜利。

四、从必然数学到或然数学

在现实世界中存在着两类性质截然不同的现象:一类是必然现

象,另一类是或然现象。描述和研究必然现象的量及其关系的数学部分,称为必然数学;描述和研究或然现象的量及其关系的数学部分,称为或然数学。从必然数学到或然数学,是数学研究对象的一次显著扩张,也是数学思想方法的又一次重大突破。

(一)或然数学的现实基础

或然数学的对象是或然现象。所谓或然现象,是指这样的一类现象:它在一定条件下可能会引起某种结果,也可能不引起这种结果。也就是说,在或然现象中,条件和结果之间不存在必然性的联系。例如,投掷一枚硬币,可能出现正面,也可能出现反面。

与或然现象不同,在必然现象中,只要条件具备,某种结果就一定会发生,即条件和结果之间存在着必然性联系。因此,对于必然现象,可由条件预知结果如何。这一点正是必然数学的现实基础。例如,当我们用微分方程定量描述某些必然现象的运动和变化过程时,只要建立起相应的微分方程式,并给定问题的初始条件,就可以通过求解微分方程预知未来某时刻这种现象的状态。19世纪英国天文学家亚当斯借助微分方程预言海王星的存在及其在天空中的位置,就是典型的一例。

由于或然现象的条件和结果之间不存在必然性的联系,因此无法用必然数学来加以精确的定量描述。例如,投掷一枚质量均匀的硬币,要想预先准确计算出它一定会出现正面或一定会出现反面,是不可能的。但是,这并不意味着或然现象不存在着数量规律,也不意味着不能从量上来描述和研究或然现象的规律。

从表面上看,或然现象是杂乱无章的,无任何规律可谈,但如果仔细考察,就会发现当同类的或然现象大量重复出现时,它在总体上将会呈现出某种规律性。

大量同类或然现象所呈现出来的集体规律性,叫做统计规律性。这种统计规律性的存在,就是或然数学的现实基础。

统计规律性是基于大量或然现象而言的。这里的"大量"包含两层意思:其一是某一或然现象在相同的条件下多次甚至无限地重复出现,如多次投掷硬币,连续发射炮弹,连日观测气温等。其二是众多的同类或然现象同时发生,如容器内的气体分子,电子束中的电子,小麦的催芽实验等。

由于统计规律是一种宏观的、总体性的规律,不同于单个事物或现象表现出那种"微观性"的规律,因此或然数学在研究方法上有其自身的特殊性。统计方法就是它的一种基本研究方法。统计方法的基本思想是:从一组样本分析、判断整个对象系统的性质和特征。统计方法的逻辑依据是"由局部到整体"、"由特殊到一般",是归纳推理在数学上的一种具体应用。

(二)或然数学的产生和发展

概率论是或然数学的一门基础理论,也是历史上最先出现的或然数学的分支学科。它的创立可作为或然数学产生的标志。

概率论创立于 17 世纪,但它的思想萌芽至少可追溯到 16 世纪。在自然界和社会生活中存在着各种各类的或然现象,但最先引起数学家们注意的则是赌博中的问题。16 世纪意大利数学家卡当曾计算过掷两颗或三颗子时,在所有可能方法中有多少种方法能得到某一预想的总点数。他的研究成果集中体现在他的《论赌博》一书中。由于赌博中的概率问题最为典型,因此从这类问题着手研究或然现象的数量规律,便成为当时数学研究的一个重要课题。促使概率论产生的直接动力是社会保险事业的需要。17 世纪资本主义工业与商业的兴起和发展,使社会保险事业应运而生。这就刺激了数学家们对概率问题研究的兴趣,因为保险公司需要计算各种意外事件发生的概率,如火灾、水灾和死亡等。由于概率论的思想与方法在保险理论、人口统计、射击理论、财政预算、产品检验以及医学、物理学和天文学中有着广泛的应用,所以它很快就成为许多数学家认真探讨的一个研究领域。作为数学的一个分支学科,它是经 17 世纪许多数学家之手创立起来的,其中作出突出贡献的有帕斯卡、费尔马、惠更斯和雅各·伯努利等人。

概率论的许多重要定理是在 18 世纪提出和建立起来的。例如,美佛在他的《机会的学问》一书中,提出了著名的"美佛—拉普拉斯中心极限定理"的一种特殊情况。拉普拉斯提出了这一定理的一般情况,他撰写的两部著作《分析概率论》和《概率的哲学探讨》,具有重要的理论和应用价值。蒲丰在其《或然算术实验》一书中,提出了有名的"蒲丰问题",对这一问题的研究,后来导致了著名的蒙特卡洛方法的产生。高斯和泊松也对概率论作出了重要贡献,高斯奠定了最小二乘法和误差理论的基础,泊松提出了一种重要的概率分布——泊松分布。

从 19 世纪末开始,随着生产和科学技术中概率问题的大量出现,概率论得到迅速发展,并不断地派生出一系列新的分支理论。俄国的马尔科夫过程论,在原子物理、理论物理、化学和公共事业等方面有着广泛的应用。此外,还有平稳随机过程论、随机微分方程论、多元分析、试验分析、概率逻辑、数理统计、统计物理学、统计生物学、统计医学等等。目前,或然数学已成为具有众多分支的庞大数学部门,它仍处于发展之中,它的理论和方法在科学技术、工农业生产、国防和国民经济各部门日益得到更加广泛的应用。

五、从明晰数学到模糊数学

20 世纪 60 年代,随着现代科学技术的发展,数学领域又产生出了一支新秀——模糊数学。模糊数学无论在研究对象还是在思想方法上,都与已有的数学有着质的不同,它的产生不仅极大地拓展了数学的研究范围,而且带来了数学思想方法的一次重大突破。

(一)模糊数学产生的背景

模糊数学是在特定的历史背景中产生的,它是数学适应现代科学技术需要的产物。

首先,现实世界中存在着大量模糊的量,对这类量的描述和研究需要一种新的数学工具。我们知道,现实世界中的量是多种多样的,如果按着界限是否分明,可把这无限多样的量分为两类:一类是明晰的,另一类是模糊的。实践表明,在自然界、生产、科学技术以及生活中,模糊的量是普遍存在的。如"高压"、"低温"、"偏上"、"适度"、"附近"、"美丽"、"温和"、"老年"、"健康"等等这些概念作为现实世界事物和现象的状态反映,在量上是没有明晰界限的。

模糊数学产生之前的数学,只能精确地描述和研究那些界限分明的量,即明晰的量,把它们用于描述和研究模糊的量就失效了。对那些模糊的量,只有用一种"模糊"的方法去描述和处理,才能使结果符合实际。因此,随着社会实践的深化和科学技术的发展,对"模糊"数学方法进行研究也就成为十分必要的了。

其次,电子计算机的发展为模糊数学的诞生准备了摇篮。自20世纪40年代电子计算机问世以来,电子计算机在生产、科学技术各领域的应用日益广泛。电子计算机发展的一个重要方向是模拟人脑的思维,以便能处理生物系统、航天系统以及各种复杂的社会系统。而人脑本身就是一种极其复杂的系统。人脑中的思维活动之所以具有高度的灵活性,能够应付复杂多变的环境,一个重要的原因是逻辑思维和非逻辑思维同时在起作用。一般说来,逻辑思维活动可用明晰数学来描述和刻画,而非逻辑思维活动却具有很大的模糊性,无法用明晰数学来描述和刻画。因此,以二值逻辑为理论基础的电子计算机,也就无法真实地模拟人脑的思维活动,自然也就不具备人脑处理复杂问题的能力。这对电子计算机特别是人工智能的发展,无疑是一个极大的障碍。为了把人的自然语言算法化并编入程序,让电子计算机能够描述和处理那些具有模糊量的事物,从而完成更为复杂的工作,就必须建立起一种能够描述和处理模糊的量及其关系的数学理论,这就是模糊数学产生的直接背景。

模糊数学的创立者是美国加利福尼亚大学的札德教授。为了改进和提高电子计算机,他认真研究了传统数学的基础——集合论。他认为,要想从根本上解决电子计算机发展与数学工具局限性的矛盾,必须建立起一种新的集合理论。1966年,他发表了题为《模糊集合》的论文,由此开拓出了模糊数学这一新的数学领域。

(二) 模糊数学的理论基础

明晰数学的理论基础是普通集合论,模糊数学的理论基础则是模糊集合论。札德也正是从模糊集合论着手,建立起模糊数学的。

模糊集合论与普通集合论的根本区别,在于两者赖以存在的基本理论——集合的意义不同。普通集合论的基本概念是普通集合,即明晰集合。对于这种集合,一个事物与它有着明确的隶属关系,要么属

于这个集合,要么不属于这个集合,两者必居其一,不能模棱两可,如果用函数关系式表示,可写成

$$A(u) = \begin{cases} 1, & \text{当 } u \in A \text{ 时,} \\ 0, & \text{当 } u \notin A \text{ 时.} \end{cases}$$

这里的 $A(u)$ 称为集合 A 的特征函数。特征函数的逻辑基础是二值逻辑,它是对事物"非此即彼"状态的定量描述,但不能用于刻画某些事物在中介过渡时多呈现出的"亦此亦彼"性。例如,取 A 为老年人集合,u 为一个年龄为 50 岁的人,我们拿不出什么令人信服的理由来确定 $A(u)$ 的值是 1 还是 0。这正是普通集合论的局限之所在。

与普通集合不同,模糊集合的逻辑基础是多值逻辑。对于这种集合,一个事物与它没有"属于"或"不属于"这种绝对分明的隶属关系,因而也就不能用特征函数 $A(u)$ 来描述。那么,怎样才能定量地描述模糊集合的性质和特征呢?模糊集合论的创立者札德给出了隶属函数的概念,用以代替普通集合论中的特征函数概念。隶属函数的实质,是将特征函数由二值$\{0,1\}$推广到$[0,1]$闭区间上的任意值。通常把隶属函数表示为 $\mu(u)$,它满足

$0 \leqslant \mu(u) \leqslant 1$(或记作 $\mu(u) \in [0,1]$)。

有了隶属函数概念,就可给模糊集合下一个准确的定义了。札德在 1965 年的论文中给出了如下的定义:

所谓给定了论域 U 上的一个模糊子集 A,是指:对于任意 $u \in U$,都指定了一个数 $\mu_A(u) \in [0, 1]$,叫做 u 对 A 的隶属度,函数 μ_A 叫做 A 的隶属函数。

隶属函数的选取是一个较为复杂的问题,目前还没有一个固定和通用的模式,它依问题的不同可以有不同的表达形式。在许多情况下,它是凭借经验或统计分析确定的。

例如,某小组有五名同学,记作 u_1,u_2,u_3,u_4,u_5,取论域 $U = \{u_1, u_2, u_3, u_4, u_5\}$,现在取 A 为由"性格稳重"的同学组成的集合,显然这是一个模糊集合。为确定每个同学隶属于 A 的程度,我们分别给每个同学的性格稳重程度打分,按百分制给分,再除以 100,这里实际上就是在求隶属函数 $\mu_A(u)$。如果打分的结果是

u_1 得 85 分

u_2 得 75 分

u_3 得 98 分

u_4 得 30 分

u_5 得 60 分

那么隶属函数的值应是

$\mu_A(u_1) = 0.85$

$\mu_A(u_2) = 0.75$

$\mu_A(u_3) = 0.98$

$\mu_A(u_4) = 0.30$

$\mu_A(u_5) = 0.60$

可表示为

$A = (0.85, 0.75, 0.98, 0.30, 0.60)$,

还可表示为

$$A = \frac{0.85}{u_1} + \frac{0.75}{u_2} + \frac{0.98}{u_3} + \frac{0.30}{u_4} + \frac{0.60}{u_5}$$

或 $A = \{(0.85, u_1), (0.75, u_2), (0.98, u_3), (0.30, u_4), (0.60, u_5)\}$。

　　普通集合与模糊集合有着内在的联系,这可由特征函数 $A(\mu)$ 和隶属函数 $\mu_A(u)$ 的关系来分析。事实上,当隶属函数 $\mu_A(u)$ 只取 $[0, 1]$ 闭区间的两个端点值 $\{0, 1\}$ 时,隶属函数 $\mu_A(u)$ 也就退化为特征函数 $A(u)$,从而模糊子集 A 也就转化为普通集合 A。这就表明,普通集合是模糊集合的特殊情况,模糊集合是普通集合的推广,它们既相互区别,又相互联结,而且在一定条件下相互转化。正因为有此内在的联系,决定了模糊数学可以广泛地使用明晰数学的方法,从明晰数学到模糊数学存在着由此达彼的桥梁。

　　模糊数学作为一门新兴的数学学科,虽然它的历史很短,但由于它是在现代科学技术迫切需要下应运而生的,因而对于它的研究,无论是基础理论还是实际应用,都得到了迅速的发展。

　　就其基础理论而言,模糊数学研究的课题已涉及到广泛的范围,如模糊数、模糊关系、模糊矩阵、模糊图、模糊映射和变换、模糊概率、模糊判断、模糊规划、模糊逻辑、模糊识别和模糊控制等。

在应用方面,模糊数学的思想与方法正在广泛渗透到科学和技术的各个领域,如物理学、化学、生物学、医学、心理学、气象学、地质学、经济学、语言学、系统论、信息论、控制论和人工智能等,同时在工农业生产的许多部门已取得明显的社会效益。

六、从手工证明到机器证明

机器证明是 20 世纪 50 年代开始兴起的一个数学领域,也是现代人工智能发展的一个重要方向。从传统的手工证明到定理的机器证明,是现代数学思想方法的一次重大突破。

(一)机器证明的必要性和可能性

定理机器证明的出现不是偶然的,而是有其客观必然性,它既是电子计算机和人工智能发展的产物,也是数学自身发展的需要。

首先,现代数学的发展迫切需要把数学家从繁难的逻辑推演中解放出来。我们知道,任何数学命题的确立都需要严格的逻辑证明,而数学命题的证明是一种极其复杂而又富有创造性的思维活动,它不仅需要根据已有知识和给定条件进行逻辑推理的能力,而且常常需要相当高的技巧、灵感和洞察力。有时为寻找一个定理的证明,还需要开拓一种全新的思路,而这种思路的形成竟要数学家们付出几十年、几百年乃至上千年的艰苦努力。如果把定理的证明交给计算机去完成,那就可以使数学家从冗长繁难的逻辑推演中解放出来,从而可以把精力和聪明才智更多地用于富有开创性的工作,诸如建立新的数学概念,提出新的数学猜想,构造新的数学命题,创造新的数学方法,开辟新的数学领域等等,由此提高数学创造的效率。

其次,机器证明的必要性,还表现在数学中存在着大量传统的单纯人脑支配手工操作的研究方法难以奏效的证明问题。这些问题往往因为证明步骤过于冗长,工作量十分巨大,使数学家在有生之年无法完成。电子计算机具有信息存储量大,信息加工及变换的速度快等优越性,这就突破了人脑生理机制的局限性与时空障碍。也就是说,如果借助电子计算机的优势就有可能使某些复杂繁难的证明问题得以解决。"四色猜想"的证明就是一个令人信服的范例。"四色猜想"提出于 19 世纪中叶,它的内容简单说来就是:对于平面或球面的任何地图,用四种颜色,就可使相邻的国家或地区区分开。沿着传统的手工式证明的道路,数学家们做了各种尝试,结果都未能奏效。直到 1976 年,由于借助于电子计算机才解决了这道百年难题。为证明它,高速电子计算机花费了 120 个机器小时,完成了 300 多亿个逻辑判断。如果这项工作由一个人用手工去完成,大约需要 30 万年。

第三,机器证明的可能性,从认识论上看,是由创造性工作和非创造性工作之间的关系决定的。我们知道,在定理的证明过程中,既有创造性思维活动,又有非创造性思维活动,而思维活动中的创造性工作和非创造性工作并不是完全割裂的,而是互为前提、相互制约、相互转化的,非创造性工作是创造性工作的基础,创造性工作又可以通过某种途径部分地转化为非创造性工作。当我们通过算法程序把定理证明中的创造性工作转化为非创造性工作之后,也就有可能把定理的证明交给计算机去完成。

第四,理论研究已经表明,的确有不少类型的定理证明可以机械化,可以放心地让计算机完成。希尔伯特和塔尔斯基的机械化定理,就是对定理证明机械化可能性的一种理论探讨。吴文俊教授对几何定理证明机械化的可能性曾作过深入的研究,他将可施行机械化证明的实现划分为三种不同的类型,并给出了实现机器证明的一个行之有效的一般方法,这个一般化方法的基本思想是:首先借助坐标系,把定理的假设与求证部分用一些代数关系式来表示,然后再把定理的假设与求证部分用一些代数关系式来表示,然后再把表示代数关系的多项式做适当处理,即把终结多项式中的坐标逐个消去,当消去的结果为零时,定理也就得证。

目前,机器证明作为数学研究的一种方法,还存在着许多理论和技术上的问题,这些问题的解决将有待于算法理论,计算机科学和人工智能等各个领域出现新的重大突破。

(二)机器证明的兴起和进展

机器证明的思想渊源可追溯到几何代数化思想的出现,然而历史上最先从理论上明确提出定理证明机械化思想的是希尔伯特。1899年,他在《几何基础》这部经典著作中指出,初等几何中涉及从属平行的定理可以实现证明的机械化,他还提出了有名的"希尔伯特机械化定理"。希尔伯特的几何机械化思想遵循的就是一条几何代数化的道路:从公理系统出发,建立坐标系,引进数系统,把几何定理的证明转化为代数式的计算。这是一条从公理化走向代数化直至数值化的道路。1950年,波兰数理逻辑学家塔尔斯基进一步从理论上证明,初等代数和初等几何的定理可以机械化。他还提出了以他的名字命名的机械化定理以及制造证明机的设想。

机器证明史上的第一项奠基性的突破,是由美国的卡内基大学——兰德公司协作组做出的。1956年,这个协作组的西蒙、纽厄尔和肖乌等人在电子计算机上成功地证明了罗素和怀特海所著的《数学原理》第二章52条定理中的38条。这一年可作为历史上计算机证明定理的开端。1963年,他们又在计算机上证明了全部的52条定理,西蒙等人使用的是LT(逻辑理论机)程序。这种程序不是刻板的固定算法程序,而是使用了心理学方法,将人脑在进行演绎推理时的逻辑过程、所遵循的一般规则和经常采用的策略、技巧,以及简化步骤的一些方法等编进计算机程序,让计算机具有自己去探索解题途径的某种能力。这一程序为机器证明提供了一个切实可行的算法,通常称它为"启发式程序"。

在机器证明的开拓者中,还有著名的美籍华人王浩教授。1959年,他只用9分钟的机器时间,就在计算机上证明了罗素和怀特海《数学原理》一书中的一阶逻辑部分的全部定理350多条,在当时数学界引起了轰动。

改进算法程序是提高机器证明效率的一个重要方面。在这方面,美国数学家鲁滨逊首先取得了重大突破。1965年,他提出了有名的归结原理。这一原理的基本出发点是,要证明任何一个命题为真,都可以通过证明其否定为假来得到。它要求把问题用一阶逻辑表示出来,并且变为只具有永真式或永假式性质的公式。由于许多定理都可以在一阶逻辑中得到表示,因而这一程序具有较大的实用性,对提高机器证明的效率有着重要的方法论意义,大大推动了机器证明的研究。

20世纪70年代,机器证明得到了重大进展。1976年,美国数学家阿佩尔和黑肯借助计算机成功地解决了"四色猜想"的证明问题。这是机器证明首次解决传统人脑支配手工操作所长期没能解决的重大问题。1971—1977年间,莱得索等人给出了分析拓扑学和集合论方面的一些著名定理的机器证明。1979年,波依尔和穆尔等人作出了递归函数方面的机器证明系统。

我国数学家在机器证明研究上取得了显著的成果,引起了国内外学术界的关注。1977年,吴文俊教授证明了初等几何主要一些定理的证明可以机械化。1980年,他还用一部微机在20和60个机器小时左右分别发现了两个几何学的新定理。吉林大学和武汉大学的研究人员也在定理的机器证明方面取得了许多可喜的成果。

上面我们考察和分析了数学史上发生的6次重大突破。除了这6次重大突破外,还有许多重大事件也都具有一定的突破性,它们都不同程度地带来了数学思想方法的重大变化。如非欧几何的发展,群论的产生,勒贝格积分的建立,突变理论的出现,非标准分析的诞生,就是这样的事件。现代科学技术革命的兴起,向数学提出了一系列新的重大课题,可以预想,对这些课题的探讨,必将会引起数学在思想方法上发生重大突破,使数学的面貌发生新的改观。

第三章

数学悖论与数学危机

数学悖论是数学发展过程中的一个重要存在形态,它的出现,本来并没有引起人们的重视,可是 19 世纪 90 年代以来,由于数学基础学科集合论中出现的悖论,才开始引起数学家的注意。为了排除数学悖论,20 世纪初形成了三大学派,从而推动了 20 世纪数学的发展。本章就数学悖论的含义,数学悖论与三次数学危机的关系,以及数学基础的三大学派作概括性的介绍。

第一节 数 学 悖 论

一、悖论的定义

笼统地说,悖论是指这样的推理过程:它看上去是合理的,但结果却得出了逻辑矛盾。

关于悖论的定义,有各种不同的说法,徐利治教授主张采用弗兰克尔和巴—希勒尔的说法较合理。弗兰克尔和巴—希勒尔(Fraenkel 和 Bar‑Hillel)在《集合论基础》中给出了如下的定义:如果某一理论的公理看上去是真实的,它的推理规则看上去也是有效的,但在该理论中却证明了两个互相矛盾的命题,或者证明了这样一个复合命题,它表现为两个互相矛盾的命题的等价式。那么,就说这个理论是包含悖论的。

这个定义中明确了如下三点：① 悖论总是相对于某一理论而言的；② 一个悖论可以表现为某一理论中两个互相矛盾的命题的形式；③ 悖论也可集中地表现为肯定等价于否定的复合命题。

所谓悖论与一定的历史条件相联系，与人们在相应的历史条件下的认识水平密切相关，其实质在于悖论是相对于特定的理论体系而言的。面对悖论，人们也就努力去探索或建立新的理论，使之既不损坏原有理论的精华，又能消除悖论。因此，客观上悖论推动了理论的研究和发展。数学中的悖论推动了数学的发展。

二、历史上一些重要的悖论

关于悖论的起源问题，早在古希腊就出现了。下面我们举些常见的悖论。

（一）芝诺悖论

公元前 400 多年，古希腊埃利亚学派巴门尼德的门徒芝诺（Zeno of Elea，约公元前 490—约公元前 430）大约创设了 40 个悖论，流传下来的有 8 个，其中用来反对赫拉克利特的流动说，以维护埃利亚学派的静止说的、与运动有关的 4 个悖论最有名，分别是：

二分法悖论：提出这一悖论的目的在于否定运动的存在，其理由是："在你穿过一段距离之前，必先穿过这个距离的一半。"意思是说，从 A 点出发，为了通过 AB，必须先到达 AB 的中点 C，为了到达 C，必先到达 AC 的中点 D。如此无限继续下去，以至这种运动永远不能开始。

阿基里斯悖论："跑得最快的阿基里斯永远追不上爬得最慢的乌龟。"意思是说，甲跑的速度远大于乙，但乙比甲先行了一段距离，甲为了赶上乙，必须超过乙开始的 A 点，但甲到了 A 点，乙已进到了 A_1 点，而当甲到 A_1 点时，乙又进到了 A_2 点。如此继续下去，以至于甲永远也追不上乙。

飞箭静止悖论："飞着的箭是静止的。"因为，如果每一件东西在占据一个与它自身相等的空间时是静止的，而飞着的东西在任何一定的瞬间总是占据一个与它自身相等的空间,那么它就不能动了。

运动场(stadium)悖论:"一半时间和整个时间相等。"假设有三列物体,其中的一列{A},当其他二列{B、C}以相等的速度作相反方向运动时是静止的,在它们都走过同样的一段距离的时间中,B越过A列物体的数目,要比它越过C列物体的数目少一半。因此它用来越过A列的时间要比它越过C列的时间短一半。但是B和C用来走过A的位置的时间都是相等的,所以整个的时间等于一半的时间(图3-1)。

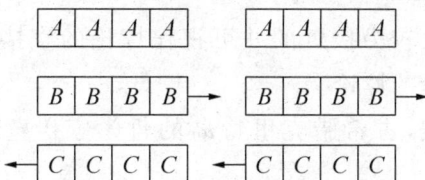

图 3-1

芝诺悖论除了涉及空间和时间概念外,还与无限问题有密切的联系,这表明当时人们对无限的认识是缺乏严密逻辑基础的。因此,芝诺悖论的提出也影响了数学的发展。

芝诺悖论似是而非:经验告诉人们,运动是客观存在的;直觉也告诉人们,阿基里斯赶上乌龟不费吹灰之力。但芝诺的论证又无懈可击,那么问题出在什么地方呢? 人们发现,芝诺所有的悖论都是建立在空间和时间可以无限分割这一假说基础之上的,如果抛弃了这一可分性,芝诺悖论将不再成立。

(二) 伽利略悖论

由于主观认识上的错误而造成的悖论就不是推理看上去好像是合理的问题,而是传统观念貌似事实的事了。伽利略悖论就属于这类悖论。

1638年,伽利略指出如下事实;

如果在正整数和正整数的平方数之间建立一一对应,如图3-2所示。

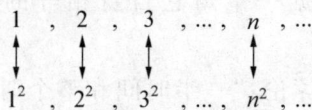

$$1 \quad , \quad 2 \quad , \quad 3 \quad , \cdots, \quad n \quad , \cdots$$
$$\updownarrow \qquad \updownarrow \qquad \updownarrow \qquad\qquad \updownarrow$$
$$1^2 \quad , \quad 2^2 \quad , \quad 3^2 \quad , \cdots, \quad n^2 , \cdots$$

图 3-2

这样一来,整体和部分就相等了。但是,人们的传统观念总认为"整体是大于部分的",却不知道这只能适用于有限量,而不能应用于无穷量,因此,上述论证就被看成是一个悖论。这就是伽利略悖论。

(三) 说谎悖论

与定义的含义较为接近的并可视作悖论的直接起源的是如下的实际上构不成悖论的悖论。

公元前 6 世纪,古希腊克里特岛的哲学家伊壁门尼德斯有如下断言:

"所有的克里特人所说的每一句话都是谎言。"

试问这句话是真还是假。如果它是真,由于伊壁门尼德斯本人也是克里特岛人,从而可推出它假。因之,由它为真可导致它为假。反之,由它为假,并不导致任何矛盾。但是,经过公元 4 世纪欧布里德的改进,就变成了下面的悖论。

撒谎者悖论:"我现在所说的是假话。"

如果这句话为真,则可推出它为假。反之,由它的假,可导致它为真。这就构成了悖论。但是这样一个前提太强,给人的感觉是在人为地制造悖论。后来,人们构造了等价于撒谎者悖论的强化了的撒谎者悖论,即"永恒性撒谎者悖论",现陈述如下:由于上述除了这句话本身之外别无它话,因此,若该话为真,则要承认说话之结论,从而推出该话为假。反之,若该话为假,则应肯定该话结论的反面为真,从而推出该话为真。这个悖论的症结在于作论断的话与被论断的话混而为一。要排除这种悖论在于语言的分层,这正是语义学所研究的内容。这类悖论称为"语义学悖论",是指这样一种悖论:"对于这种悖论的构造来说,像'表明'、'描述'、'真'等这样一些语义项是必不可少的。"此外,这类悖论的构造中还必须进行语义的分析。

（四）逻辑—数学悖论

仅借以逻辑和数学的符号而得以构造的悖论就叫做"逻辑—数学悖论"，它主要包括布拉里—福蒂、康托尔悖论和罗素悖论。

1897年意大利数学家布拉里—福蒂在超穷序列理论中得到一个悖论，这就是布拉里—福蒂悖论，这个悖论的内容为：序数按照它们的自然顺序，形成一个良序集。这个良序集合根据定义也有一个序数 Ω，这个叙述 Ω 由定义应该属于这个良序集。可是由序数的定义，序数序列中任何一段的序数要大于这段之内的任何序数，因此，Ω 应该比任何序数都大，从而不属于这个良序集，矛盾。

在1899年，康托尔发现一个悖论，人们叫做康托尔悖论，现叙述如下：依据基数理论可证明：任何集合 M 的基数 $\overline{M}$ 小于集合 M 的幂集 $P(M)$ 的基数 $\overline{P(M)}$，即 $\overline{M}<\overline{P(M)}$。这一事实在集合论中称康托尔定理。

根据集合论的概括原则，可有一切集合所组成的集合 S。由康托尔定理知 $\overline{S}<\overline{P(M)}$；但又可证 $P(S)$ 是 S 的子集，故又有 $\overline{P(S)}<\overline{S}$，矛盾。这就是康托尔悖论。

1902年，英国著名哲学家、逻辑学家 B·罗素提出一个最有影响的悖论，现在叙述如下：由于对于任一集合都可以考虑其是否属于自身的问题，因此依据概括原则，就可从谓词"不属于自身"出发去构造出一个新的集合 S_0，它是由所有那些不属于自身的集合所组成的，即 $S_0 = \{x \mid x \notin x\}$。

由于 S_0 也是集合，因此又可进而考虑"S_0 是否属于自身的问题。依据排中律，这时必然有 $S_0 \in S_0$，则由 S_0 的定义就可知 S_0 不属于自身，即 $S_0 \notin S_0$，这是自相矛盾的。

而如果 $S_0 \notin S_0$，则由于 S_0 不属于自身，由 S_0 的定义可知 S_0 属于 S_0，即 $S_0 \in S_0$，这又是自相矛盾的。

于是，不论哪种说法都避免不了矛盾，这就是罗素悖论。1919年罗素又把他提出的这一悖论通俗化为如下的理发师悖论：

萨魏尔村有一位理发师，他给自己立了一条规则：他只给村子里自己不给自己刮胡子的人刮胡子。

请问：这位理发师该不该给自己刮胡子？

如果他不给自己刮胡子，那么，他属于"自己不给自己刮胡子"的那一类村民，按约定，他必须给自己刮胡子。反之，如果他给自己刮胡子，那么他属于"自己给自己刮胡子"的那一类村民，按约定，他决不应该给自己刮胡子。

不论哪种说法，都导致矛盾，这就是理发师悖论。

不仅在数学基础的集合论中存在悖论，在其他数学学科如概率、统计也都存在悖论。在其他非数学学科如天文学和现代物理中，关于时空的悖论更为广泛和复杂，这里我们就不一一列举了。

第二节 数 学 危 机

数学基础包含了哲学、方法论和逻辑三方面的问题，对它们的研究，现在已经发展成为一门关于"数学真理的性质和依据"的重要数学分支。实际上，它包括了数学概念、数学理论的构成，数学证明的方法和依据，数学理论的真理性。

所谓数学危机，是源自那些威胁到整个数学基础的矛盾，或者说是人们对数学基础理论的一种普遍危机感。在数学中存在着各种各样的矛盾，如正与负，有理数与无理数，有限与无限，连续与离散，积分与微分等等。整个的数学发展史，贯穿着矛盾的斗争与解放。而当矛盾达到白热化以至于影响数学基础时，就产生了数学危机。悖论在数学基础理论中出现，就是矛盾出现白热化，从而冲击了人们的传统观念，引起了普遍的危机感。这种危机感在数学史上出现了三次。

一、"毕达哥拉斯悖论"与第一次数学危机

数学史上第一次数学危机发生在古希腊时期，导致这一危机的直接原因是不可公度线段的出现。

（一）第一次数学危机产生的经过

公元前 5 世纪，古希腊的毕达哥拉斯（Pythagoras）学派的希帕索斯，发现了等腰直角三角形的直角边与斜边不可通约。这本来是人类

对数认识的一次重大飞跃,是数学史上的伟大发现,但由于毕达哥拉斯学派被自己的哲学偏见所禁锢,使他们陷入极度不安的深渊之中。这一发现不仅对毕氏学派的学说是致命的损害,而且对人们当时的见解也是极大的冲击。当时,人们刚刚由自然数扩充到有理数,根据经验完全确信"一切量都可以用有理数表示"。这也就是说,在任何精度范围内的任何量,都可以表示成有理数,这在当时的希腊是人们的一种普通信仰,这是毕达哥拉斯学派的基本信条。因此,按照毕达哥拉斯学派的这种信条,不可公度的线段是不可能存在的。但是,另一方面,可以证明正方形的对角线长就是不可公度的线段,矛盾。这就形成了一个悖论,这一悖论人们叫做毕达哥拉斯悖论。这一悖论触犯了毕达哥拉斯的根本信条,因此在当时直接导致了认识上的"危机",从而产生了数学第一次危机。

相传,希帕索斯的科学发现,不但没有获得应得的奖赏,反而被他们的同伙抛进大海,给予"淹死"惩罚。希帕索斯为发现真理而献出了宝贵的生命,成为第一次数学危机的殉葬品。但是希帕索斯的发现却是淹不死的,它以顽强的生命力被广为流传,迫使人们去认识和理解自然数及其比不能包括一切几何量。

(二) 第一次数学危机的产物——公理几何与逻辑的诞生

因为整数实际上是表示离散的量,而可公度比实际上也是站在把每个量看作是单位量的离散的集合的基础上表示两个离散量的关系。但是现实的量除了离散的量,还存在着连续的量,这就是不可公度比产生的原因。由此看来,毕达哥拉斯悖论是由于主观认识上的错误而造成的。他们没有认识到"一切数量都是可以归结为整数比"的结论的相对性,因此,使这一结论与$\sqrt{2}$的无理性的证明就构成了矛盾,即形成了毕达哥拉斯悖论。

古希腊著名哲学家亚里士多德在《分析论前书》中给出了$\sqrt{2}$是无理数的证明。

假设$\sqrt{2}$是有理数,则可设$\sqrt{2} = \dfrac{p}{q}$ $\left(\dfrac{p}{q}\text{是既约分数}\right)$,

式子两边平方,则有 $2 = \dfrac{p^2}{q^2}$,即 $p^2 = 2q^2$。

对这个式子简单讨论一下。因为式子右边是偶数,所以显见 p 为偶数。而 p、q 都是偶数,这与 $\dfrac{p}{q}$ 为既约分数矛盾。因而假设错误,于是我们证明了 $\sqrt{2}$ 是无理数。

希帕索斯的发现,一方面促使人们进一步去认识和理解无理数,另一方面导致了公理几何学和古典逻辑的诞生。几何量不能完全由整数及其比表示。反之,数都可以由几何量表示。整数受人尊崇的地位动摇了。几何学开始在希腊数学中占有特殊地位了。同时也反映出,直觉和经验不一定靠得住,推理证明才是可靠的。从此希腊人开始重视几何的演绎推理,并由此建立了几何的公理体系。这是数学思想上的一次巨大革命。同时也迫使毕达哥拉斯学派提出原子概念去解决毕达哥拉斯悖论,但是这又引起了芝诺的悖论。所以,毕达哥拉斯悖论连同芝诺悖论一起构成了第一次数学危机。

芝诺悖论产生的症结在于把量的离散性与连续性的对立统一先割裂开来,过分强调矛盾的一方,然后再把矛盾的双方机械地联系起来。两分法悖论片面强调"空间无限可分性"上。箭的悖论突出地表现在片面强调就一个孤立的点来考虑箭的运动上。

二、"贝克莱悖论"与第二次数学危机

(一) 第二次数学危机产生的经过

微积分,作为人类思维的伟大成果之一,诞生于 17 世纪,完善于 19 世纪。微积分思想是与许多概念联系在一起的,如连续、极限、无限(无穷大、无穷小)等。当毕达哥拉斯学派在发现不可公度量的存在时,他们已经面对了"离散与连续的关系"这一难题。

数学史上把 18 世纪微积分诞生以来在数学界出现的混乱局面叫做数学的第二次危机。17 世纪建立起来的微积分理论在实践中取得了成功的应用。大部分数学家对于这一理论的可靠性深信不移;但是,当时的微积分理论主要是建立在无穷小分析之上的,而无穷小分

数学方法论

析后来被证明是包含逻辑矛盾的。这就是所谓的"贝克莱悖论"。粗略地,贝克莱悖论可以表述为"无穷小量究竟是否为 0"的问题:就无穷小量的实际应用而言,它必须既是 0,又不是 0;但从形式逻辑的角度看,这无疑是一个矛盾。我们通过下面的例子来详细叙述。

1696 年,在牛顿所著的小册子《运用无穷多项方程的分析学》中有如下一题:

已知一条曲线 y,如图 3-3 所示,曲线下的面积为 z,且

$$z = ax^m;$$ 　　　　(1)

图 3-3

x 变化,得到无穷小增量"o",牛顿称为"瞬",则 z 的增量为

$$z + ay = a(x+o)^m = a\left(x^m + mox^{m-1} + \frac{m(m-1)}{2}o^2x^{m-2} + \cdots + o^m\right)。$$

　　　　(2)

式(2)-式(1) 得

$$oy = mao^{m-1} + \frac{m(m-1)}{2}ao^2x^{m-2} + \cdots + ao^m。$$ 　　(3)

式(3) 除以无穷小量 o,得

$$y = amx^{m-1} + \frac{m(m-1)}{2}aox^{m-2} + \cdots + ao^{m-1}。$$ 　　(4)

在式(4)中舍去含有无穷小增量 o 的项,得

$$y = max^{m-1}。$$ 　　　　(5)

式(5)说明,面积在 x 点的变化率是曲线在 x 处的 y 的值;反之,如果曲线是 $y = max^{m-1}$,那么在它下面的面积 $z = ax^m$。这也说明求面积与求它的变化率的过程是可逆的。这是微积分的基本定理。

从上述牛顿推导过程来看,把 x 变为 $x+o$,因而 ax^m 变为 $a(x+o)^m$,接着应用二项式定理予以展开,再用 o 除等式两边,这只有假定 o 不为零时,式(3)才能变成式(4),这就是说 o 应不为零。然而由式(4)得式(5),o 又应该是零,否则,是不能随便去掉等式(3)等号右边第二项以后那些项的。

正由于在无穷小方法中包含这一矛盾,早在 1694 年,荷兰数学家

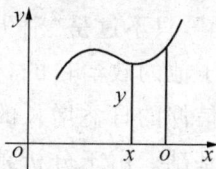

纽文蒂就对无穷小量的应用提出了指责。1734 年英国大主教贝克莱在他著的《分析学家》的小册子中指责更加厉害,他说牛顿先认为无穷小量不是零,然后又让它等于零,这违背了背反律。他说牛顿所得的变化率实质上是 $\dfrac{0}{0}$,它既不是有限量,也不是无穷小量,但又不是"无",只不过是"消失了量的鬼魂"。贝克莱对微积分的激烈攻击,是出于他的政治目的,他极端恐惧于当时自然科学的发展所造成的对宗教信仰的日益增长的威胁,但当时的微积分理论也的确没有一个牢固的基础。由于分析领域中的一个一个成就不断涌现,但与这个相对照的却是由于基础的含糊不清所导致的矛盾愈来愈尖锐,这就迫使数学家认真清除贝克莱悖论,从而开始了柯西—魏尔斯特的微积分理论的奠基时代。

贝克莱悖论的症结在于无穷小量的辩证性与数学方法的形式特性之间的矛盾的集中表现。无穷小量是极限为零的变量,说它是零,是指它是运动、变化过程的终结,而所谓它是非零,是指它是过程的起点,但在数学中又必须要求对象的明确性和一义性,这是数学的形式逻辑方法所决定的,而数学方法这种形式逻辑的特性就决定了无穷小量的辩证性不可能直接在数学中得到表现。为了在数学中处理无穷小量,这实质上就是通过过程来把握结果,因此,无穷小量方法在实际应用中是有效的。但是,割裂开来的对立双方被推向极端、片面夸大到绝对、僵化的程度,再把它们机械地联结起来,悖论的出现就不可避免了。

(二) 第二次数学危机的产物——分析基础理论的完善与集合论的创立

为了解决第二次数学危机,数学家们做了大量的工作,其中柯西是起着承前启后作用的人,他把趋于极限的,特别是趋于极限零的变量概念作为微积分的起点,从而把极限原理和无穷小量、无穷大量原理综合起来。柯西是按如下线索来展开微积分的:

变量、函数→变量的极限→无穷小量、无穷大量→函数的连续性概念→导数的定义等等。

起着关键作用的是极限概念,其定义为:

当一个变量逐次所取的值无限趋近于一个定值,最终使变量的值和该定值之差要多么小就有多么小,这个定值就叫做所有其他值的极限。

柯西用无穷小的极限来定义连续性,用极限和无穷小量来定义连续函数的导数,而无穷小量是用极限来定义的,这样一来,柯西把微积分理论的基础完全建筑在"极限"之上。对极限概念给出了比较"严密"的数学形式的定义,从而使微积分有一个初步的能为大多数数学家所接受的逻辑基础。但在柯西的极限定义中,尚有许多不严格的地方,例如:"无限趋近"、"想要多么小就多么小"、"一个变量趋于它的极限"等之类的话不是严格的逻辑叙述,而是依靠了运动、几何直观的东西。

在柯西的思想中,函数不会直接趋于极限,而必须经过含有无限小的表达式,他把无限小量视作极限论的令人满意的基础。在他的证明过程中,既包括无穷小量,又含有极限。柯西一方面排除了无穷小量的形而上学的绝对存在,而在某些情况下,他又把无穷小量当作某种独立量来使用,允许无穷小量参加运算,没有完全用极限来代替无穷小量。

柯西的极限论是一种潜无限。所谓潜无限,就是把无限作为一种变化着、成长着、被不断地产生出来的东西来解释,它永远处在构造中,永远没有完成。它是一种潜在的,而不是一种实在。极限还是一种无限。所谓实无限,是把无限集合的整体本身作为一个现成的单位来考虑,它是已经构造完成了的东西。

魏尔斯特拉斯进一步改进了柯西的工作,把微积分奠基于算术概念的基础上。他认为"一个变量趋于一个极限"的说法还留有运动观念的痕迹,如果把一个变量简单地解释为一个字母,让字母代表它可以取值的集合中的任何一个数,这样一来,运动的观念就不见了。魏尔斯特拉斯用 $\varepsilon-\delta$ 语言来给函数极限的定义作了精确的阐述。现将其叙述如下:

$\forall \varepsilon > 0$,存在一个正数 δ,使得对于区间 $|x-x_0| < \delta$ 内的所有 x,都有 $|f(x)-A| < \varepsilon$,则 $f(x)$ 在 $x = x_0$ 处有极限 A。

把极限理论建立在 $\varepsilon-\delta$ 准则之上就使极限理论精确化了。在上述定义中，$f(x)$ 事实上就代表了一个潜无限的过程，而 A 则是这一过程的结果，即实无限性的表现。因此，所谓 $\varepsilon-\delta$ 准则，实质上就是过程和结果之间的联系的反映，而依据这一准则，我们就可以通过对过程的分析来把握相应的结果。而这种动态过程是通过 $\varepsilon-\delta$ 这种静态的有限量为路标来刻画的。恩格斯曾说，运动应当从它的反面即从静止找到它的量度，用 $\varepsilon-\delta$ 方法定义函数的极限，实质上就是用相对稳定的方式来描述一个变量的运动变化情况。这具体反映在 ε 的任意给定上。给定反映了运动的相对稳定，它静态描述了函数 $f(x)$ 的特征，但是 ε 又是任意的。我们可以取 ε 的一系列趋于零的正数，这一系列的"静态"描述恰好反映了函数 $f(x)$ 的"动态"特性。正如放电影一样，一系列动态画面使人有动态的感觉。

由于在严格的极限理论中，极限是作为一种"定义对象"出现的，而不再被看成是相应结果的直接表现，因此，过程与结果之间的联系就被切断了。这样一来，作为一个单独从过程来考察的极限理论，就不再包含任何直接的矛盾，而无穷小量则完全排除掉了。

魏尔斯特拉斯用排除无穷小量的办法来解决贝克莱悖论，而到 20 世纪 60 年代，鲁滨逊又把无穷小量请了回来，引进了超实数的概念，从而建立了非标准分析，同样也能精确描述微积分，进而也解决了贝克莱悖论。但我们必须注意，无论是极限理论，还是非标准分析，它们的相容性都没有得到证明。因为它们的无矛盾性归结为实数理论的无矛盾性，而实数理论的无矛盾性又依赖于集合论的无矛盾，但集合论的无矛盾性至今并没有彻底解决。因此，所谓贝克莱悖论已得到解决，只是在一定条件下，得到了相对意义下的解决，像贝克莱悖论这样的悖论得到绝对的解决是不可能的。

由于第二次数学危机，促使数学家深入探讨数学分析的基础——实数理论。19 世纪 70 年代初，魏尔斯特拉斯、康托尔、戴德全等人独立地建立了实数理论。而极限理论又是建立在实数理论的基础上，从而使数学分析奠定在严格的实数理论的基础上，并进而导致集合论的诞生。

三、集合论悖论与第三次数学危机

（一）第三次数学危机产生的经过

19世纪下半叶,康托尔创立了著名的集合论,在集合论刚产生时,曾遭到许多人的猛烈攻击。但不久这一开创性成果就为广大数学家所接受了,并且获得广泛而高度的赞誉。数学家们发现,从自然数与康托尔集合论出发可建立起整个数学大厦,因而集合论成为现代数学的基石。"一切数学成果可建立在集合论基础上",这一发现使数学家们为之陶醉。1900年于巴黎召开的国际数学会议上,大数学家彭加勒宣称:"数学的严格性,看来直到今天才可以说是实现了。"事实上,当时的数学界是喜气洋洋,一片乐观。

可是,好景不长。在彭加勒胜利宣告数学的严格性已达到不过两年,一个震惊数学界的消息传出:集合论有漏洞! 这就是英国数学家罗素提出的著名的罗素悖论。

1903年,英国逻辑学家、哲学家罗素宣布了一条惊人的消息:集合论是自相矛盾的,没有相容性! 这就是罗素在集合中发现的矛盾,数学史家称之为罗素悖论。由于这一新发现,使刚刚平静的数学界又掀起"轩然大波"。整个数学界也为之大震,好多大数学家为之大惊失色,不知所措。

其实,在罗素之前集合论中就已经发现了最大基数悖论,例如,1897年,布拉里和福尔蒂提出了最大序数悖论。1899年,康托尔自己发现了最大基数悖论。但是,由于这两个悖论都涉及集合中许多复杂的理论,所以只是在数学界激起了一点小涟漪,未能引起大的注意。罗素悖论则不同,它非常浅显易懂,而且涉及的只是集合论中最基本的东西。所以,罗素悖论一提出就在当时的数学界与逻辑学界内引起了极大震动。如德国数学家G·佛雷格在收到罗素介绍这一悖论的信后伤心地说:"一个科学家所遇到的最不合心意的事莫过于是在他的工作即将结束时,其基础崩溃了。罗素先生的一封信正好把我置于这个境地。"戴德金也因此推迟了他的《什么是数的本质和作用》一文的再版。可以说,这一悖论就像在平静的数学水面上投下了一块巨石,而它所引起的巨大反响导致了第三次数学危机。

为什么罗素悖论使整个数学界大受震动呢?这是因为它不仅涉及集合论中最基本的概念"集合",而且还涉及集合论中经常使用的一个基本原则。只要承认并使用这个原则和过程,则牵一发而动全身,数学中许多原有结论就失效了。直到现在,这仍是数学界特别是数理逻辑学界一个争论不休的问题。集合论悖论的出现引起了数学界的争论,同时又伴随出现了尖锐的哲学思想的论争。这就是一般称作的第三次数学危机。

(二)第三次数学危机的产物——数理逻辑的发展与一批现代数学的产生

罗素认为解决集合悖论的关键在确定这样的条件,在这种条件下,使相应的集合存在。罗素指出了分析这种条件的三种可能方向:"量性限制理论"、"曲折理论"、"非集合理论"。后来悖论研究基本上按着罗素所指引的方向前进。

由德国数学家 E·策墨罗等人发展起来的公理集合化,可以视作量性限制理论的一个具体体现。策墨罗认为,悖论的出现是由于使用了太大的集合,因此必须对康托尔的朴素集合论加以限制,限制到足以排除悖论,同时要保留这个理论所有价值的东西。策墨罗等人研究的结果就是集合论中所谓的 ZF 系统。在这个系统中能把布拉里—福尔蒂悖论、康托尔悖论等予以排除。如果在 ZF 系统中再加上选择公理,就构成 ZFC 系统,只要这个系统无矛盾,那么严格的微积分理论就能在 ZFC 公理集合论上建立起来。然而 ZFC 系统本身是否有矛盾至今还没有得到证明。

为了排除集合论悖论,策墨罗等人用公理集合论致力于集合论的改造,罗素等人用类型论致力于集合论的改造,这是两个主要的改造方案。除此之外,数学家在实践中还提出了另一些可排除悖论的方法,这里我们就不再详述了。

作为对罗素悖论的研究与分析的一个间接结果就是哥德尔获得如下的不完备性定理:如果形式算术系统是无矛盾的,则存在着这样一个命题,该命题与其否定在该系统中都不能证明,亦即它是不完备的。

这一定理是数理逻辑发展史上的重大研究成果,是数学与逻辑发展史上的一个里程碑。获得这一结果,正是分析悖论中获得方法上的启发,可见从方法论角度来看悖论的研究确有重大的意义。数学基础、逻辑学、语言学和哲学的研究都与悖论的研究有直接的关系。因此对悖论问题的研究有着重要意义。

本节简单地介绍了数学史上由于数学悖论而导致的三次数学危机与渡过,从中我们不难看到数学悖论在推动数学发展中的巨大作用。有人说:"提出问题就是解决问题的一半",而数学悖论提出的正是让数学家无法回避的问题。它对数学说:"解决我,不然我将吞掉你的体系!"悖论的出现逼迫数学家投入最大的热情去解决它。而在解决悖论的过程中,各种理论应运而生:第一次数学危机促成了公理几何与逻辑的诞生;第二次数学危机促成了分析基础理论的完善与集合论的创立;第三次数学危机促成了数理逻辑的发展与一批现代数学的产生。

第三节 数学基础的三大学派

什么是数学基础?要想给出一个确切的定义是比较困难的,不过我们把纯数学研究中的如何由某个基本的数学理论出发展开出其他的数学理论和由此引起的数学可靠性的哲学分析,可以看作数学基础研究的对象,也许是符合它的形成和发展历史的。围绕着数学基础之争,形成了现代数学史上著名的三大数学流派,而各派的工作又都促进了数学的大发展等。

从 20 世纪初开始到 30 年代左右,由于集合悖论的发现,使许多数学家卷入一场大辩论之中。他们看到这次数学危机动摇了数学大厦的根基,因此必须对数学基础进行严密的考察。原来还不十分明显的意见分歧扩展成为学派之争,相应于数学是什么这个问题的回答,数学基础从它诞生开始便分成了三大哲学流派,这就是以罗素为代表的逻辑派,以布劳威为代表的直觉派,以希尔伯特为代表的形式公理派。

一、逻辑派

逻辑派的主要代表人物是罗素和弗雷格,他们的主要宗旨是把数学还原为逻辑,这就是:从少量的逻辑概念出发,去定义出全部的数学概念;从少量的逻辑命题出发,去演绎出全部的数学定理。

(一)逻辑派的产生

逻辑派的思想萌芽,可追溯到莱布尼兹,但他本人并没有做具体的工作。弗雷格在研究算术公理化时发现,所有的算术概念都可以借助于逻辑概念来定义,所有的算术法则也都可以借助于逻辑法则来证明,从而弗雷格逐渐形成了数学还原为逻辑的观点。他的研究成果发表在《算术基础》和《算术的基本定理》中。罗素在吸收前人成果的基础上,采用了皮亚诺的自然数公理系统来作为自己的基础研究的出发点,于 1903 年完成了他的《数学的原理》,第一次系统地介绍了自己用逻辑来推算出的数学成果。1910—1913 年,罗素与怀特海合著了《数学原理》,完整和更为详细地从公理出发,借助符号逻辑的手段把数学加以严格的处理。

(二)逻辑派的失败

在《数学原理》中并没有把数学还原为逻辑。罗素和怀特海在定义无穷基数时,不得不加一条"无穷公理",不然就不能定义出自然数全体和无理数,就无法建立一个超穷数理论和实数理论。在证明"非归纳数必定是自反数"时,又必须引进选择公理,否则有很多数学定理就不成立,而"无穷公理"和"选择公理"都不是逻辑公理。另外,在用类型论来处理分析中的问题时,为了避免复杂性,他们又引进了"可化归公理"。由于这一公理随意性很大,因此受到众人的反对。所以逻辑派将数学还原为逻辑的企图不得不以失败而告终。逻辑派之所以失败,最根本的原因在于过分夸大数学与逻辑之间的同一性,而对于数学与逻辑之间质的区别完全抹杀了。我们说数学与逻辑既有同一性,又有它们之间的差别性。它们的同一性首先表现在相互依赖上。

数学离不开逻辑,如数学中的公理化方法实质上就是逻辑方法在数学中的直接应用,在公理系统中所有的命题和有关概念都是逻辑地联系起来的。另一方面,数学也促进了逻辑的发展,由传统逻辑向数理逻辑的演进正是数学方法的应用结果。其次,数学与逻辑的同一性表现在两者的共同特性上,这种共同特性最重要的在于它们研究对象的高度抽象性。数学与逻辑的差异性主要表现在研究对象的不同上,尽管它们都是抽象的,但抽象的内容不同,逻辑是研究如何单纯地依据语句的逻辑结构去解决推理的有效性问题,而数学舍弃了事物质的属性,从量的侧面研究客观世界的量的规律性。

(三) 逻辑派的贡献

尽管逻辑派的数学哲学观是错误的,但他们在数学研究方面的贡献还是应该肯定的,这主要表现在:

(1) 由于弗雷格、罗素等逻辑学派者的工作,形式逻辑基本上实现了从传统逻辑到数理逻辑的发展;

(2)《数学原理》已相当成功地把古典数学纳入了一个统一的公理系统,这就为公理化方法的近代发展奠定了一个必要的基础;

(3) 罗素的类型论对于排除悖论具有重要的意义。

二、直觉派

直觉派的主要代表人物是布劳威,其宗旨是以"直觉上的可构造性"作为"可信性"的标准对全部已有数学进行彻底的审查和改造。

(一) 直觉派的产生

直觉派认为,集合论悖论决不是偶然现象,它是整个数学所感染的疾病的一种症状,因此,悖论问题不可能通过对已有数学作某些局部的修改和限制加以解决,而必须依据可信性标准对已有数学作全面的审视和改造。那么什么样的概念和方法才是可信的呢? 在直觉派看来,这就是"直觉上的可构造性"。直觉派有句著名的口号是:"存在必须是被构造"。这就是说,数学中的概念和方法都必须是构造性的。非构造性的证明是直觉主义者所不能接受的。直觉主义者所说的"直觉"并不是指主体对于客观事物的一种直接把握的能力,而是指思维的本能,是一种心智活动。直觉派把数学建立在自然数理论基础之上。而自然数理论,在他们看来,是直接建立在原始数学直觉之上的,从而也就不需要其他的基础了。所谓原始直觉,就是一个人某一时刻集中注意某一对象,紧接着又集中注意另一对象,这就形成了数 1,2,接着由构造法形成 3,4,等等,如此构造下去就可以产生出任何一个自然数。为了进一步展开直觉派数学,布劳威又依构造性的标准建立实数理论。

(二) 直觉派的失败

直觉派由于"存在必须被构造"的原则出发,对古典逻辑中的排中律、双重否定律等相当一部分原则持排斥态度,对古典数学中的非构造性的结论采取否定态度,对数学中的实无限的对象和方法采取不承认的态度,从而也就抛弃了相当多的数学理论。这是因为直觉派并没有按照他们的目标来重建古典数学。即使直觉派建立起的直觉数学与古典数学相比,有很多地方显得非常烦琐,也并不直观,因此按照直觉派的观点来重建数学是失败的。直觉派重建数学其失败的症结在于他们完全否定数学的客观性。否定非构造性数学和传统逻辑是行不通的。由于直觉派在本质上是主观的和荒谬的,因此,他们以直觉上的可构造性为由来绝对地肯定直觉派数学也就必定是不正确的。离开实践就不可能真正解决数学理论的可靠性。

(三) 直觉派的贡献

直觉派的数学哲学理论观点在总体上是错误的,但他们所进行的具体数学工作至今在计算机科学中有着重大的现实意义。

三、形式公理派

形式公理派的创始人是希尔伯特。希尔伯特规划是他在数基础问题上的数学观的主要体现,其核心是:以形式公理化为基础,以有限立场的推理为工具,去证明整个数学的相容性,从而把整个数学建立在一个牢固的可靠基础上。

(一) 形式公理派的产生

为了解决悖论问题,希尔伯特指出:只要证明了数学理论的无矛盾性,那么悖论自然就永远被排除了。在 1922 年汉堡一次会议上,希尔伯特提出了数学基础研究的具体规划,这就是首先将数学理论组织成形式系统,然后,再用有限的方法证明这一系统的无矛盾性。这里所说的形式系统就是形式公理化,所谓的一个数学理论的形式公理化,就是要纯化掉数学对象的一切与形式无关的内容和解释,使数学能从一组公理出发,构成一个纯形式的演绎系统。在这个系统中那些作为出发点的命题就是公理或基本假设,而其余一切命题或定理都能遵循某些假定形式规划与符号逻辑法则逐个地推演出来。

在希尔伯特看来,可信性只存在于有限之中,而对于无限的任何涉及都是不可靠的。为了确保数学的可靠性,希尔伯特把数学划分为"真实数学"和"理想数学"两大类。凡涉及实无限概念和超穷推理方法的数学都称为理想数学,其余的为真实数学。把理想数学组织成形式系统,然后证明其不矛盾性。这样就使无限的思想成分的应用与有限性的观点获得统一,从而也就解决了数学基础问题。

希尔伯特规划包含了对于形式系统的全面研究,其基本内容有以下几点:

(1) 证明古典数学的每个分支都可公理化;

(2) 证明这样的系统是完备的;

(3) 证明这样的系统是不矛盾的;

(4) 证明每个这样的系统所相应的模型是同构的;

(5) 寻找这样的一种方法,借助于它,可以在有限步骤内判定任一命题的可证明性。

(二) 形式公理派的失败

1931 年哥德尔公布了"不完备性定理",这一定理证明了希尔伯特规划是不可能实现的。希尔伯特规划之所以失败就在于他在基础研究中坚持的立场是错误的。他完全否认了无限概念和方法的客观意义,过分夸大了形式研究的作用。事实上,数学的真理性并不存在于形式系统的严格证明里,而归根结底要在与物质世界联系的实践过程中去验证。

(三) 形式公理派的贡献

尽管希尔伯特规划失败了,但他们对数学的发展还是作出了重要贡献的,这主要表现在以下几个方面:

(1) 由希尔伯特奠定的形式化研究方法有广泛的应用价值,具有重大的方法论意义。

(2) 希尔伯特在进行形式公理化研究时涉及到作为研究对象的系统(称之为对象系统),而对"对象系统"进行研究时所用到的数学理论,即"元数学",亦即形式化研究导致"元数学"的产生。把数学证明作为对象进行研究就产生了"证明论"。证明论这个新兴数学分支的产生,正是希尔伯特致力于其规划的结果,其意义在于使数学研究达到了一个新的高度。

第四章

数学抽象与数学建模

第一节　数学抽象方法

　　数学从内容到方法都显示出极其高度的抽象性。数学方法是进行科学抽象的一种思维方式，它具有两个基本特征：概括性和深刻性。数学在考虑事物时，把这些事物的物理属性、化学属性或生物属性全撇开，而只考虑其量的特征、形的特征；同时数学的思维具有一定的深刻性，它往往借助于数学概念及以数学概念为基础的规律所进行的推理、判断来达到事物的本质，洞察事物的底蕴。

　　哥尼斯堡七桥问题是欧拉探究解决并对于开创拓扑学数学分支有重大意义的一个典型例子。

　　18世纪的哥尼斯堡是德国的一个美丽的城市（现属于俄罗斯）。布勒尔河穿城而过，它有两个支流，在哥尼斯堡城中心汇成大河，河中间有一个小岛，河上有七座桥（图4-1），岛上有一座古老的大学，一座教堂，还有哲学家康德的墓地及塑像。当地的居民，特别是大学生们常常到七桥附近散步。渐渐地大家热衷于一个问题：即一个人如何能不重复地一次走遍这七座桥而返回出发点？很多人作过尝试，但都未能实现，这便产生了数学史上著名的"七桥问题"，1735年一群大学生写信给著名的数学家欧拉。

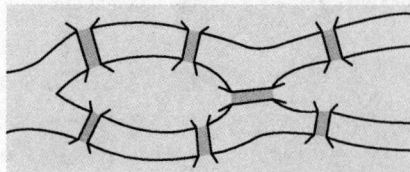

图 4-1

欧拉首先从千百人次的失败中猜想,也许根本不可能不重复地一次走遍这七座桥,但如何来证明它呢?欧拉是这样探究这个问题的:

他想,既然岛与半岛无非是桥的连接地点,两岸陆地也是桥通往的地点,那么就不妨把这四处地点抽象成四个点,并把七座桥抽象成七条线(图 4-2),这样不改变问题的实质,问题就成了一个有关几何图形的问题(图 4-3),即人们步行走过这些地方和七座桥时,就相当于用笔画出此图。于是问题转化为:能否用笔不重复地一笔画出此图。

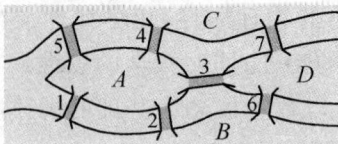

图 4-2

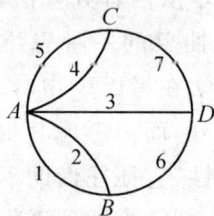

图 4-3

接着欧拉进一步探讨了这一笔画问题的结构和特征。一笔画有一个起点和一个终点,它们重合时称为封闭图形,否则称为开放图形。除起点和终点外,一笔画中间可能出现一些曲线的交点,在这些交点处曲线一进一出,因此通过的曲线总是偶数条,这些交点就称为"偶点",由此看来,只有起点和终点通过的曲线可能是奇数条,此起点和终点称为"奇点",特别地,当起点和终点重合时,便成为一个偶点,不再是奇点。

正是经过上面的探究,欧拉断言:任何一个一笔画,要么没有"奇点",要么有两个"奇点",而在"七桥问题"所对应的图形中,四个点都是"奇点"，因此它不能一笔画成，从而人们不可能不重复地一次走过哥尼斯堡的七座桥。

欧拉没有满足于"七桥问题"的解决，而是继续深入研究，终于用严密的数学语言证明了一个可鉴别任一图形能否一笔画的"一笔画定理"：一个网络（任意一个由有限条弧线构成的图形，且每条弧线都有两个相异的端点）是一笔画，当且仅当该网络是连通的，并且奇顶点的个数是 0 或 2。

欧拉解决这一问题所用的思维方法，就是抽象方法，即由感性认识到理性抽象，再由理性抽象上升到理性认识，这也是人们认识事物常用的一种抽象思维方法。"七桥问题"有力地说明，数学抽象将实际关系中许多无关紧要的东西（如桥的大小、形状之类）舍掉，而紧紧抓住其中带有本质特征的东西，从而构造出一些在逻辑上无矛盾的"纯粹的"数学关系。

一、数学抽象的概念

数学抽象是抽象方法在数学中的具体运用，也就是利用抽象方法把大量生动的关于现实世界空间形式和数量关系的直观背景材料进行去伪存真，由此及彼，由表及里的加工和制作，提炼数学概念，构造数学模型，建立数学理论。

二、数学抽象的特点

（1）数学抽象的特殊内容：数学只是量的科学。

（2）数学抽象的特殊高度：和一般的自然科学相比，数学抽象的又一特点在于它所达到的高度，数学的抽象程度远远超过了自然科学中的一般抽象。

首先，数学抽象往往是在其他学科抽象基础上的再抽象。例如，正比例函数是物理学中匀速直线运动和简谐运动的再抽象。

其次，数学抽象具有逐级抽象的特点。更为重要的是，数学抽象的特殊性表现在数学中一些概念与真实世界的距离是如此遥远以致常常被看成"思维的自由想象物和创造物"，即数学中所谓的"理想元

素"(如无穷远点)

（3）数学抽象的特殊方法。

数学抽象就是一种建构活动,数学的研究对象是通过逻辑建构活动来得到构造的。

三、数学抽象的基本方法

（一）理想化抽象

在纯粹理想的状态下,对事物进行简单化与完善化的加工处理,撇开事物的具体内容,排除次要的、偶然的因素,聚合事物的一般的、本质的属性,抽象出相应数学内容的方法。

（二）强抽象与弱抽象

强抽象是指在已知概念中,加强对某一属性的限制,抽象出作为原概念特例的新概念的方法,即通过扩大原概念的内涵来建立新概念的抽象方法。

例如：从四边形概念出发,从两组对边给予适当限制,则得平行四边形和梯形的概念。

若从平行四边形概念出发,再对边或角分别适当限制,可得到矩形、菱形及正方形的概念。

弱抽象是指在已知概念中,减弱对某一属性的限制,抽象出比原概念更为广泛的新概念,使原概念成为新概念的特例的方法,即通过缩小原概念的内涵来建立新概念的抽象方法。

例如：从全等三角形概念出发,借助弱抽象就可获得相似形与等积形的概念,它们分别保留了"形状相同"及"面积相等"的特性。

（三）等置抽象

从一类对象(具体的或抽象的个体)中抽象出其中的某种共同属性的抽象方法。

例如：自然数的概念就是用等置抽象的思想建立起来的。每个自然数实际上都是一类等价集合的标记,它反映这类集合中元素的数目是该类集合的类的标记,它反映这类集合中元素的数目,是该类集合的类的特征。

（四）存在性抽象

先用假设的方法肯定抽象出来的数学概念存在，并由此发展出一定的数学理论，然后在理论和实践中加以验证，从而确认新的数学理论的合理性。

例如：自然数"无限延伸"以及无理数、负数、虚数都是由存在性抽象方法建立起来的。

【例1】　自然数集合$\{n\}$是经过三个层次抽象而成的，被称为三度抽象物。古代人们在生产实践中，用"结绳记数"的方法，由计算个别具体数量而得到个别自然数$1,2,\cdots$等概念。这是第一步抽象。第二步，人们从数个别自然数中发现进行"加一"的运算，可以得到后继数，这样无限制地运算下去就得到无限序列：$1,2,\cdots,n,\cdots$ 这就抽象出了一般的任意自然数n的概念。第三步，从无限序列：$1,2,\cdots,n,\cdots$发现，每一个自然数都具有相同特征，根据 Cantor 的"概括原则"，抽象出一切自然数能构成无穷集合$\{n\}$，从而形成了自然数集合的概念。

【例2】　由四边形逐次抽象能派生出一系列特殊四边形概念，如图 4-4 所示。

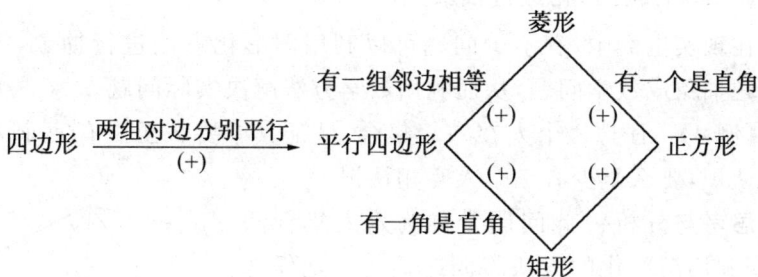

图 4-4

图 4-4 中的符号"$\xrightarrow{(+)}$"表示强抽象的关系。这些概念的抽象过程，是一系列的强抽象过程，即前一个概念比后一个概念更具一般性。

【例3】　函数概念的历史演变，也是经过若干层次的抽象而形成的，如图 4-5 所示。

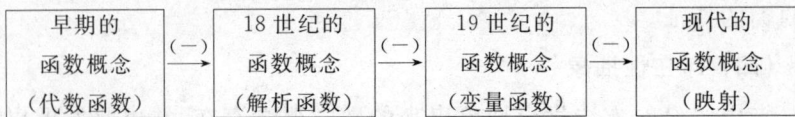

早期的 函数概念 （代数函数）	$\xrightarrow{(一)}$	18 世纪的 函数概念 （解析函数）	$\xrightarrow{(一)}$	19 世纪的 函数概念 （变量函数）	$\xrightarrow{(一)}$	现代的 函数概念 （映射）

图 4-5

函数概念的历史演变，也是一系列弱抽象（符号 $\xrightarrow{(一)}$ 表示弱抽象）的过程。就拿早期函数概念——代数函数来讲，它是变量和常数经过有限次的代数运算而构成的，适用范围过于狭窄。解析函数范围就扩张了，对于变量和常数可以经过有限次或无限次的运算而得到的一个解析式，如 $\sin x = \sum_{n=0}^{\infty} \frac{(-1)^n}{(2n+1)!} x^{2n+1} = x - \frac{x^3}{3!} + \frac{x^5}{5!} - \cdots$，就是解析函数。将变量函数经过弱抽象，即用任意对象去取代具体的数量，并用集合论的数学语言来表述，我们就可获得更一般的"映射"概念。

四、利用抽象法解决数学问题的方法

"图形化"和"数字化"是抽象法的两种常用方法，利用这两种方法往往能够把题目化繁为简，化难为易。事实上，欧拉解决哥尼斯堡七桥问题就是应用图形化方法的典型范例。

（一）利用图形化进行抽象

在现实生活中，有不少问题可以利用图形化方法进行抽象，把实际问题抽象成数学问题，从而利用数学方法解决实际问题。

【例 4】 任选六个人在一起集合，试证其中要么至少有三个人彼此不认识，要么至少有三个人互相认识。

思考与分析 此问题常称为六人集合问题，现利用图形化的方法将问题简化。把任选的六个人抽象为平面上任选的六个点，分别用字母 A、B、C、D、E、F 来表示。如果其中有两人互相认识，就在代表这两人的两点之间连一条红色线段，否则就连一条蓝色线段。这样六点中的任意两点都要连线，不是连红线就是连蓝线。从这六点中任意取一点 A，它与其他五点有 5 条连线（图 4-6）。由于 5 条线段只有两种颜色，根据抽屉原

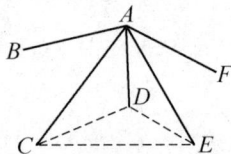

图 4-6

理,其中至少有 3 条线段是同一颜色的。不妨设 AC、AD 和 AE 是三条蓝色连线,那么 CE、CD、DE 三条连线中,只要有一条蓝色的,就有一个三边是蓝色的三角形,这表明这个三角形的三个顶点代表的三个人互相都不认识;如果 CE、CD、DE 都不是蓝色的,那么△CDE 的三边都是红色的(图中用虚线表示),这表明 C、D、E 三个人互相认识。如果三条同颜色的线段是红色的,也可以用同样的方法证明。

(二)利用数字化进行抽象

在现实生活中,有不少问题不像数学问题,为了能用数学方法求解,可以利用数字化将原问题抽象为数学问题。

【例 5】　几个点 v_1,v_2,…,v_n 按顺序排列在同一条直线上,每个点涂上红色或蓝色,如果相邻点间的线段 $v_i v_{i+1}$ 的两端颜色不同,我们把它叫做标准线段,已知 v_1 和 v_n 的颜色不同,证明标准线段的个数一定是奇数。

思考与分析　涂成红色或蓝色的点 v_1,v_2,…,v_n,将它们数字化为

$$a_i = \begin{cases} 1,若\ v_i\ 为红色点; \\ -1,若\ v_i\ 为蓝色点。 \end{cases}$$

$$-1 = a_1 a_n = a_1 a_2^2 a_3^2 \cdots a_{n-1}^2 a_n = (a_1 a_2)(a_2 a_3) \cdots (a_{n-1} a_n)$$

如果其中标准线段条数为 $k(k \in n, 1 \leqslant k \leqslant n)$,则

$$-1 = (-1)^k,$$

所以 k 为奇数。

故标准线段的个数 k 为奇数。

【例 6】　有 9 只杯子,杯口全部向上。如果每次将其中 4 只同时翻转,使杯口向下,问:能不能经过许多次翻转,使杯口全部向下?为什么?

思考与分析　把实际问题利用数字化抽象为数学问题,$+1$ 表示杯口朝上,-1 表示杯口朝下。

起始状态:

$(-1)(-1)(-1)(-1)(-1)(-1)(-1)(-1)(-1)$

终点状态是九个 -1,即 $(-1)^9$。

翻转一只杯子使其朝向相反,不是 $+1 \rightarrow -1$,就是 $-1 \rightarrow +1$,也即

在$(+1)$或(-1)上乘以(-1)。现欲将四只杯子同时翻转,可见每次"运算"(即翻转杯子)的总结果是乘以$(-1)^4$。

原问题就抽象为如下问题:

能否每次同时改变四个符号使起始状态变为终点状态?

显然不可能,这是因为起始状态结果为$+1$,终点状态为-1。

因此,不能经过许多次翻转,使得杯口全部向下。

【例7】 男女若干人围坐一个圆桌,在相邻两人间插上一朵花;同性者中间插一朵红花,异性者中间插一朵蓝花。若所插的红花与蓝花一样多,证明:男女人数总和是4的倍数。

解法一 思考与分析 将人数化为a_1,a_2,$\cdots$,a_n

$$a_i = \begin{cases} 1, & a_i \text{ 表示男性,} \\ -1, & a_i \text{ 表示女性。} \end{cases} \qquad ①$$

则花可以数字化为乘法:

$$a_i a_{i+1} = \begin{cases} 1, & a_i \text{ 与 } a_{i+1} \text{ 之间插红花,} \\ -1, & a_i \text{ 与 } a_{i+1} \text{ 之间插蓝花。} \end{cases}$$

其中$a_{n+1} = a_1$。

由红花、蓝花一样多知n为偶数且

$$\begin{cases} a_1 a_2 + a_2 a_3 + \cdots + a_n a_1 = 0, \\ n = 2k。 \end{cases} \qquad ②$$

又将所有的$a_i a_{i+1}$作乘法,有

$$(+1)^k (-1)^k = (a_1 a_2)(a_2 a_3) \cdots (a_n a_1) = (a_1 a_2 \cdots a_n)^2 = 1。$$

所以,k为偶数,从而$4 \mid n$。

解法二 思考与分析 数字化得出①、②后,注意到

$$(1 + a_i)(1 - a_{i+1}) = \begin{cases} 0, & a_i = -1 \text{ 或 } a_{i+1} = 1 \\ 4, & a_i = 1 \text{ 且 } a_{i+1} = -1 \end{cases}$$

是4的倍数,求和也是4的倍数,得

$$\begin{aligned} 4m &= (1 + a_1)(1 - a_2) + (1 + a_2)(1 - a_3) + \cdots + (1 + a_n)(1 - a_1) \\ &= n + (a_1 - a_2 + a_2 - a_3 + \cdots + a_n - a_1) - (a_1 a_2 + a_2 a_3 + \cdots + a_n a_1) \\ &= n \end{aligned}$$

即 n 是 4 的倍数。

总之,数学的抽象法在数学解题和教学中有着十分重要的意义。同时,在利用数学抽象法解题时,应该注意掌握好简单化与完善化的分寸,既不能将问题过于简单化,与实际问题情形有很大的出入,也不能使抽象后的数学问题过于复杂化,以致失去典型性意义。

(三) 利用奇偶分析抽象解决问题

通过数字奇偶性质的分析而获得解题重大进展的技巧,常称作奇偶分析,这种技巧与分类、染色、数字化都有联系。

【例 8】 假设 $a_1, a_2, \cdots, a_n$ 是数 $1, 2, \cdots, n$ 的某种排列。证明:如果 n 是奇数,则乘积 $(a_1-1)(a_2-2)\cdots(a_n-n)$ 是偶数。

证法一 (反证法)设乘积为奇数,则 $a_1-1, a_2-2, \cdots, a_n-n$ 均为奇数,奇数个数之和应为奇数,有

$$奇数 = (a_1-1)+(a_2-2)+\cdots+(a_n-n)$$
$$= (a_1+a_2+\cdots+a_n)-(1+2+\cdots+n) = 0(为偶数)。$$

这一矛盾说明,乘积必为偶数。

评析 这个解法,简捷明快,体现了整体处理的优点,同时也"掩盖"着乘积为偶数的原因。

证法二 假设乘积为奇数,则 a_i 与 i 的奇偶性相反($i=1, 2, \cdots, n$,n 为奇数),即 $\{a_1, a_2, \cdots, a_n\}$ 中的奇(偶)数与 $\{1, 2, \cdots, n\}$ 中的偶(奇)数个数相同,但

$$A = \{a_1, a_2, \cdots, a_n\} = \{1, 2, \cdots, n\},$$

故 A 中的奇数与偶数的个数相同,从而 $|A|=n$ 应为偶数,这与已知 n 为奇数矛盾,所以,乘积只能为偶数。

评析 这一解法的实质是,要建立 A 到 A 之间"奇数与偶数"的一一对应是不可能的,因为其必要条件是 $|A|\equiv 0(\mathrm{mod}2)$,但 $|A|\equiv 1(\mathrm{mod}2)$,故不可能。这个解法揭示了乘积为偶数的原因——$n$ 为奇数。这抓住了问题的实质,从而 n 个数是否相连是非实质的。故可编出下列两题。

(1) 设 $a_1, a_2, \cdots, a_7$ 是整数,$b_1, b_2, \cdots, b_7$ 是它们的一个排列。证明:数 $(a_1-b_1)(a_2-b_2)\cdots(a_7-b_7)$ 是偶数。

(2) π 的前 24 位数值是 3.141592653589793238462643，记 a_1，a_2，$\cdots$，a_{23}，a_{24} 为该 24 个数字的任一排列，求证：乘积 $(a_1-a_2)(a_3-a_4)$ $\cdots(a_{23}-a_{24})$ 必为偶数。

证明三 在 1，2，$\cdots$，n，a_1，a_2，$\cdots$，a_n 这 $2n$ 个数中，共有 $n+1$ 个奇数，将其放进 n 个括号中作差 $(a_1-1)(a_2-2)\cdots(a_n-n)$，必有一个括号里的两个数都是奇数，从而这个括号为偶数，乘积当然也是偶数了。

评析 这个解法揭示了乘积为偶数的根本原因——有一个括号是两个奇数的差。

【例 9】 已知 $\triangle ABC$ 内部有 n 个点，连同 A、B、C 共有 $n+3$ 个点，以这些点为顶点把 $\triangle ABC$ 分割成若干个互不重叠的小三角形，现把 A、B、C 分别染上红、黄、蓝三色，其余的点任意染成红、黄、蓝三色之一。证明：三顶点都不同色的小三角形的总数必是奇数。

证法一 给这些小三角形赋值：当边的两端点同色时，记为 0；当边的两端点异色时，记为 1。

再用三边数值之和给小三角形赋值：当三顶点同色时，和值为 0，记这样的小三角形有 a 个；当三顶点中仅有两点同色时，和值为 2，记这样的小三角形有 b 个；当三顶点两两异色时，和值为 3（奇数），记这样的三角形有 c 个，下面用两种方法计算所有三角形赋值的总和 S。

一方面，$S=0 \cdot a+2 \cdot b+3 \cdot c=2b+3c$。

另一方面，AB，BC，CA 的赋值均为 1；而 $\triangle ABC$ 内的每一条连线，在上述 S 的计算中都被计算两次，和应为偶数；这两者之和得 S 为奇数，记为 $2k+1$，故有 $2k+1=2b+3c$。

可见，c 为奇数。

评析 此解法的奇偶分析是在数字化的基础上进行的，当中还使用了计算两次的技巧。

证法二 设在大三角形内部的红蓝边（一端为红，另一端为蓝）有 k 条。又设三个顶点分别为红、黄、蓝的小三角形有 p 个；三顶点分别为红、红、蓝或蓝、蓝、红的小三角形有 q 个，其余的小三角形共 r 个。下面用两种方法来计算红蓝边的条数 e。一方面，逐一计算每个小三角形的红蓝边,再求和,得 $e=p+2q$。

另一方面,每一条红蓝边在大三角形内都被计算了两次,而大三角形本身的红蓝边只计算了一次,故 $e=2k+1$ 为奇数,得 $p+2q=2k+1$,即 $p=2(k-q)+1(k>q)$。

这表明,三个顶点颜色各不相同的小三角形有奇数个。

评析 这两个解法虽有形式上的不同,但奇偶分析、计算两次的运用是相同的;并且,"恰有一条红蓝边的三角形"与"三顶点异色的三角形"是一码事。

第二节 数 学 建 模

一、数学建模概述

模型是我们所研究的客观事物有关属性的模拟,它应当具有事物中使我们感兴趣的主要性质。数学模型是关于部分现实世界的为一定目的而作的抽象、简化的数学结构,它用数学符号、公式、图表等刻画客观事物的本质属性与内在规律。数学模型是系统的某种特征的本质的数学表达式,是对所研究对象的数学模拟,是一种理想化和抽象化的方法,是科学研究中一种重要的方法。例如,考虑两个物体之间的相互作用时,对于它们之间的相互吸引这种属性,可以用数学公式(万有引力公式 $F=k\dfrac{m_1 m_2}{r^2}$)来表示吸引力与其他因素之间的关系,这就是物质相互吸引的数学模型。

数学建模在科学发展史上应用十分广泛,西方天文学发展的根本思路是:在已有的实测资料基础上,以数学方法构造模型,再用演绎方法从模型中预言新的天象;如预言的天象被新的观测证实,就表明模型成功,否则就修改模型。在现代天体力学、天体物理学兴起之前,模型都是几何模型——托勒密、哥白尼、第谷乃至创立行星运动三大定律的开普勒都是建几何模型的高手。后来则主要是物理模型,但总的思路仍无不同,直至今日还是如此。当代著名天文学家当容对此说得非常透彻:"自古希腊的希巴恰斯以来两千多年,天文学的方法没有什么改变。"

数学建模是由对实际问题进行抽象、简化,建立数学模型,求解数学模型,解释验证步骤组成(必要时循环执行)的过程,可以说有数学应用的地方就有数学建模。现在,数学建模已成为国际数学教育中稳定的内容和热点之一。随着新颁发的《国家数学课程标准(实验稿)》对数学应用能力要求的提高,数学建模将在中学数学教学中越来越受到人们的重视。

二、数学建模步骤

数学建模的大致过程是解决实际问题的过程,是在阅读材料、理解题意的基础上,把实际问题抽象转化为数学问题,然后再用相应的数学知识去解决。在这一过程中,建立数学模型是最关键、最重要的环节,也是学生的困难所在。它需要运用数学的语言和工具,对部分现实世界的信息(现象、数据等)加以简化、抽象、翻译、归纳,通常采用机理分析和统计分析两种方法。机理分析法是指人们根据客观事物的特征,分析其内部的机理,弄清其因果关系,再在适当的简化假设下,利用合适的数学工具描述事物特征的数学模型。统计分析法是指通过测试得到一串数据,再利用数理统计知识对这串数据进行处理,从而得到数学模型。

解题步骤如下(图 4 - 7):

(1)阅读、审题:要做到简缩问题,删掉次要语句,深入理解关键字句;为便于数据处理,最好运用表格(或图形)处理数据,便于寻找数量关系。

(2)建模:将问题简单化、符号化,尽量借鉴标准形式,建立数学关系式。

(3)合理求解纯数学问题。

(4)解释并回答实际问题。

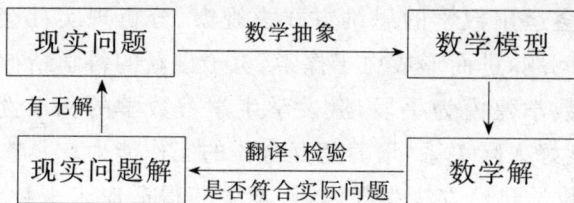

图 4-7　数学建模步骤

　　数学建模的过程,能使学生体验从实际情景中发展数学的过程。因此,数学教学应重视引导学生动手实践、自主探索与合作交流,通过各种活动将新旧知识联系起来,思考现实中的数量关系和空间形式,由此发展他们对数学的理解。实际上,学生数学学习基本上是一种符号化语言与生活实际相结合的学习,两者之间的相互融合与转化,成为学生主动建构的重要途径。具体实施可如下:

　　(1) 让学生动手操作。老师要不断挖掘能借助动手操作来理解的内容,如用小棒、圆片来理解均分,用小棒搭建若干三角形、四边形并探索规律;用搭积木、折叠等方式,理解空间图形与平面图形之间的关系。在实施过程中要注意留给学生足够的思维空间,并且操作活动要适量、适度。

　　(2) 将学生分组并布置不同的学习任务,分组人数一般为4~6人为佳。

　　(3) 学生通过协作来完成任务,教师适时进行引导,但主要还是以监控、分析和调节学生各种能力的发展为工作重点。

　　(4) 鼓励学生合作交流。引导学生进行交流、讨论,并汇报小组讨论结果,各组之间可以互相提出意见或问题,教师也参与其中,从而共同完成数学建模过程。

三、数学建模教学的基本理念

　　数学建模教学的基本理念是:

　　(1) 使学生体会数学与自然及人类社会的密切联系,体会数学的应用价值,培养数学的应用意识,增进对数学的理解和应用数学的信心;

（2）学会运用数学的思维方式去观察、分析现实社会，去解决日常生活中的问题，进而形成勇于探索、勇于创新的科学精神；

（3）以数学建模为手段，激发学生学习数学的积极性，学会团结协作，建立良好人际关系，培养相互合作的工作能力；

（4）以数学建模方法为载体，使学生获得适应未来社会生活和进一步发展所必需的重要数学事实（包括数学知识、数学活动经验）以及基本的思想方法和必要的应用技能。

四、数学建模教学的课堂环节

数学建模教学的课堂环节以"问题情景——建立模型——解释、应用与拓展"为基本叙述方式，使学生在问题情景中，通过观察、操作、思考、交流和运用，掌握重要的现代数学观念和数学的思想方法，逐步形成良好的数学思维习惯，强化运用意识。这种教学模式要求教师以建模的视角来对待和处理教学内容，把基础数学知识学习与应用结合起来，使之符合"具体——抽象——具体"的认识规律。五个基本环节是：

（1）创设问题情景，激发求知欲；

（2）抽象概括，建立模型，导入学习课题；

（3）研究模型，形成数学知识；

（4）解决实际应用问题，享受成功的喜悦；

（5）归纳总结，深化目标。

五、数学建模教学的方式

数学建模教学的方式常有：

（1）从课本中的数学出发，注重对课本原题的改变；

（2）从生活中的数学问题出发，强化应用意识；

（3）以社会热点问题出发，介绍建模方法；

（4）通过实践活动或游戏中的数学，从中培养学生的应用意识和数学建模应用能力；

（5）从其他学科中选择应用题，培养学生应用数学工具解决该学科难题的能力；

（6）探索数学应用于跨学科的综合应用题，培养学生的综合能力和创新能力，提高学生的综合素质。

六、数学建模教学的意义

数学建模教学的意义有：

（1）促进理论与实践相结合，培养学生应用数学的意识，能使学生更好地掌握数学基础知识，学会数学的思想、方法、语言，促进学生树立正确的数学观，全面认识数学及其与科学、技术、社会的关系，提高分析问题和解决实际问题的能力；

（2）培养学生的能力，如数学语言表达能力、运用数学的能力、交流合作的能力、创造的能力等；

（3）发挥学生的参与意识，体现了学生主体性，学生是学习过程的真正主体。

学生对数学的认知一般为：基本背景——基础知识——基本技能——基本应用。这要求我们在教学中不能"掐头，去尾，烧中段"，既要重视对"数学建模"过程中的问题提出的基本背景进行分析，又要重视"数学建模"中数学基础知识和基本技能的灵活转化和应用，还要重视接受实践的检验，在实践中不断拓广和发展，只有通过这样的"数学建模"教学，才能让学生真正掌握数学的内涵，促进学生全面素质的提高，让他们具备一定的数学素质，在生活中能自觉、主动地运用数学进行建模，提出问题、分析问题、解决问题，进一步培养实践能力和创新精神。

七、应用举例

【例 10】 问题：椅子能在不平的地面上放稳吗？

思考与分析 放稳即四个脚着地；而椅角着地可视为椅脚与地面的距离为零，不着地即椅脚与地面的距离大于零，从而可用距离刻画椅脚的着地情况。

假设：1. 椅子四条腿一样长，椅脚与地面接触处可视为一个点，

四脚的连线呈正方形;

2. 地面高度是连续变化的,沿任何方向都不会出现间断(没有像台阶那样的情况),即地面可视为数学上的连续曲面;

3. 对于椅脚的间距和椅腿的长度而言,地面是相对平坦的,使椅子的任何位置至少有三只脚同时着地。

模型构成:椅脚连线为正方形 $ABCD$(图 4-8)。

设 t 为椅子绕中心点 O 旋转角度,
$f(t)$ 为 A,C 两脚与地面距离之和,
$g(t)$ 为 B,D 两脚与地面距离之和,
则 $f(t)$, $g(t) \geqslant 0$。

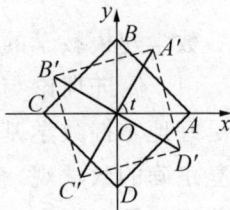

图 4-8

由假设 1,$f(t)$ 和 $g(t)$ 都是连续函数。由假设 3,椅子在任何位置至少有三只脚同时着地,即对任意 t,$f(t)$ 和 $g(t)$ 中至少有一个为 0。

当 $t=0$ 时,不妨设 $g(t)=0$,$f(t)>0$,即四脚中,B、D 脚着地,A、C 中有一脚不着地,不妨设为 A 脚。

原题归结为证明如下的数学命题:已知 $f(t)$ 和 $g(t)$ 是 t 的连续函数,对任意 t,$f(t) \cdot g(t)=0$,且 $g(0)=0$,$f(0)>0$,则存在 t_0,使 $f(t_0)=g(t_0)=0$。

将椅子旋转 $90°$,对角线 AC 与 BD 互换。由 $f(0)>0$,$g(0)=0$,可知 $f\left(\dfrac{\pi}{2}\right)=0$,$g\left(\dfrac{\pi}{2}\right)>0$。令 $h(t)=f(t)-g(t)$,则 $h(0)>0$,$h\left(\dfrac{\pi}{2}\right)<0$。由 $f(t)$ 和 $g(t)$ 的连续性知 $h(t)$ 也是连续函数。根据连续函数的基本性质,必存在 $t_0 \left(0<t_0<\dfrac{\pi}{2}\right)$,使 $h(t_0)=0$,即 $f(t_0)=g(t_0)$。

最后,因为 $f(t) \cdot g(t)=0$,所以 $f(t_0)=g(t_0)=0$。

【例 11】 (落料问题)某机械厂要把一批长为 135 厘米的合金钢截成 17 厘米长和 24 厘米长两种规格,问怎样落料能使材料利用率最高?

思考与分析 要使材料利用率最高,也就是要使落料时废弃的材料最少,因此截成的两种规格合金钢的根数是正整数,落料方案可以

建立以下数学模型：

解　设截成 17 厘米和 24 厘米长的合金钢分别是 x 根和 y 根，则得

$$17x + 24y = 135(x, y \in \mathbf{N}),$$

即 $\dfrac{x}{7.94} + \dfrac{y}{5.63} = 1(x, y \in \mathbf{N})。$

在坐标纸上建立坐标系，作出直线 $\dfrac{x}{7.94} + \dfrac{y}{5.63} = 1(x, y \in \mathbf{N})，$ 然后在坐标系中寻找满足上述不等式且坐标为正整数的点，同时，要求这些点与所作直线从下方尽可能靠近。

从图 4－9 上可以看出，A、B、C 三点在直线的左下方且与它比较靠近。

对于 $A(2,4)$，因为 $2 \times 17 + 4 \times 24 = 130$，所以利用率为 96.3%；

对于 $B(5,2)$，因为 $5 \times 17 + 2 \times 24 = 133$，所以利用率为 98.5%；

对于 $C(6,1)$，因为 $6 \times 17 + 1 \times 24 = 126$，所以利用率为 93.3%。

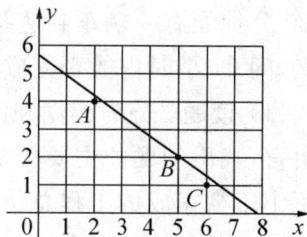

图 4－9

由此可见，截成 17 厘米和 24 厘米长的合金钢分别为 5 根和 2 根时，剩下的废料最少，该落料方案最佳。

【例 12】　建筑学规定，民用住宅的窗户面积必须小于地板面积，但按采光标准，窗户面积与地板面积的比应不小于 10%，并且这个比越大，住宅的采光条件越好。问同时增加相等的窗户面积和地板面积，住宅的采光条件是变好了，还是变坏了？请说明理由。

思考与分析　这是一个优化问题。欲知住宅的采光条件是变好还是变坏，就是看同时增加相等的窗户面积和地板面积后，窗户面积与地板面积的比是变大还是变小。设原来的窗户面积和地板面积分别为 a，b（平方单位），同时增加的面积为 m（平方单位），则原实际问题转化为在约束条件 $0 < a < b \leqslant 10a$，$m > 0$ 下，比较 $\dfrac{a+m}{b+m}$ 与 $\dfrac{a}{b}$ 的大小。由不等式知识可知，采光条件变好了。

【例 13】　求方程 $x_1 + x_2 + x_3 + x_4 + x_5 = 25$ 的非负整数解的个数。

思考与分析 由于所求的是非负整数解,故可设想用 4 块木块把 25 个相同的小球分成 5 组,某些组可以没有小球,于是 25 个小球和 4 块木板共有 29 个位置,从这 29 个位置中任选 4 个位置放木块,则共有 C_{29}^4 种放法,即为所求方程的解的个数。

【例 14】 高速公路指挥部接到预报,24 小时后将有一场超历史纪录的大暴雨,为确保万无一失,指挥部决定在 24 小时内筑一道堤坝以防山洪淹没正在紧张施工的华蓥山隧道工程。经测算,其工程量除现有施工人员连续奋战外,还需要 20 辆翻斗车同时作业 24 小时。但是,除了有一辆车可立即投入施工外,其余车辆需从各处紧急抽调,每隔 20 分钟能有一辆车到达并投入施工。已知指挥部最多可组织到 25 辆车,问 24 小时内能否完成防洪堤坝工程?说明理由。

(1)**读题**:分为读懂和深刻理解两个层次,把"问题情景"译为数学语言,找出问题的主要关系(目标与条件的关系):各车的工程量之和不小于欲完成的工程总量 20×24(车·小时)。

(2)**建模**:把问题的主要关系近似化、形式化,抽象成数学问题。设从第一辆车投入工作算起,各车的工作时间为 a_1, a_2, …, a_{25} 小时,依题意,这些数组成一个公差为 $d=-\dfrac{1}{3}$(小时)的等差数列,且 $a_1\leqslant 24$……(1)。

(3)**求解**:把数学问题化归为常规问题,选择合适的数学方法求解。本题有两种方案:

方案 1:由 20 辆车同时工作 24 小时可以完成全部工程知,每辆车、每小时的工作效率为 $\dfrac{1}{480}$,若在 24 小时内能完成全工程,则

$$\frac{a_1}{480}+\frac{a_2}{480}+\cdots+\frac{a_{25}}{480}\geqslant 1\cdots\cdots(2),$$

即 $\dfrac{1}{2}(a_1+a_{25})\times 25\geqslant 480\Rightarrow 2a_1-\dfrac{24}{3}\geqslant\dfrac{192}{5}$,从而 $a_1\geqslant 23\dfrac{1}{5}$,由于 $23\dfrac{1}{5}<24$,可见 a_1 的工作时间满足要求(1),即工程可以在 24 小时内完成。

方案 2：当 $a_1 = 24$ 时，应有 $a_1 + a_2 + \cdots + a_{25} \geqslant 20 \times 24$，即 $25a_{13}$ $\geqslant 480$，将 $a_{13} = a_1 - \dfrac{12}{3} = 24 - 4 = 20$ 代入得：$25 \times 20 \geqslant 480$，可见 25 辆车陆续投入作业可以完成 20 辆车同时作业 24 小时的工程量。

（4）**评价**：对结果进行验证或评估，对错误加以调节（此为解题者的自我调节），最后将结果应用于现实，作出解释或预测。

八、数学建模报告的写作、评价

建模报告的写作一般可分为准备、主要部分和附录三部分。

首先，报告的第一页应该是题目，题目要求清楚、直接，避免有技术性的术语，要尽可能地简单反映出报告的主题。题目下面是作者、单位、日期等。接下来是摘要。摘要必须简明扼要，要反映出报告的主要思想、特点、方法以及主要结果。摘要后面最好列一下你所用的变量的符号、单位等的说明，所有的符号要统一。

报告的主要部分要从问题的重述开始，重述要解决问题的背景，明确建模的目的和目标。目标与报告的结论要相适应。接下来是假设，假设必须清楚、合理。在模型中很可能包括一些数据，数据要清楚地用表格或图表给出，也要给出其来源。如果数据很多，最好把它放在附录中。再下来是建模，即模型的形成、求解以及解的解释等。如果用了什么软件包则要说明，在什么类型的机器上实现的也要提一下，如果有很多的代数运算最好放在附录中。如果结论很长，可以把一些次要的放在附录中。最后可以谈谈改进扩展的可能或进一步的建议等。在附录中可以放一些在正文中要用的细节，可以包括图表以及另外一些值得说明的问题等。报告的最后是参考文献。

评价学生在数学建模中的表现时，要重过程、重参与。不要苛求数学建模过程的严密、结果的准确。评价内容应关注以下几个方面：

（1）创新性：问题的提出和解决的方案有新意。

（2）现实性：问题来源于学生的现实。

（3）真实性：确实是学生本人参与制作的，数据是真实的。

（4）合理性：建模过程中使用的数学方法得当，求解过程合乎常理。

（5）有效性：建模的结果有一定的实际意义。

以上几个方面不必追求全面，只要有一项做得比较好就应该予以肯定。

对数学建模的评价可以采取答辩会、报告会、交流会等形式进行，通过师生之间、学生之间的提问交流给出定性的评价，应该特别鼓励学生工作中的"闪光点"。

第五章

常见的数学思想与数学解题

第一节 符号化思想

数学的世界是一个符号化的世界,数学符号在很大程度上决定了数学发展的进程,符号化思想方法也是数学中最基本、最原始、最重要、最根本的思想方法之一。

"符号是交流与传播数学思想的媒介"。一般说来,符号是人们约定用来指称一定对象的标志物,是用以表达和交换思想的工具。

符号的产生源于人类的"给予意义"的行为,即给予某种事物以某种意义,从某种事物中领会出某种意义。最简单的例子是日常生活中的命名行为,给某事物赋予特别的名称,使这一名称具有特定的含义。

符号是传播意识的一种意愿标志,其核心就是用"某事物代表某事物"。任何符号总依赖于两个"某事物"之间的相互依存关系。人们就把这两项依次称作"符号形式(能指)"和"符号内容(所指)"。还有些学者把这两项称为"表达平面"和"内容平面"。任何一个符号都包括两个方面,即符号形式与符号内容。符号的功能是用符号的形式代表符号的内容,基础是"符号形式"和"符号内容"之间的相互依存关系。对于每一种符号来说,根据约定俗成、表达的含义等因素,一般都相对稳定地表示一定的内容。而对于某种事物,人们常常习惯于用某种特定的符号形式来表示。例如用"△、⊙、≈、≌、∵、∴"来表示三角形、圆、约等于、全等、因为、所以。对于一个符号来说,缺少这两项里的任何一项,"符号"以至"符号功能"都不能成立。如果只有一定的内容,没有给予一定的表示形式,也谈不上是"符号"或"符号内容"。现代,符号的概念已不再局限于人类言语活动的一些标志,它已扩展到人类社会的很多方面。正如著名语言学家皮埃尔·吉罗所说:"我们是生活在符号之间。"

数学的语言系统是一个符号化的系统。现代数学如果没有精确化的符号是难以想像的。用符号化表述数学的方法和内容是数学学科的一大特色。正因为数学语言的符号化,不同于一般的语言系统,如汉语、英语、法语、德语、俄语等,数学语言则才有可能成为一个国际化的语言。数学符号,按其性质可分为元素符号、关系符号、运算符号、约定和辅助符号。

数学符号一般具有以下几个方面的特征:

1. 物质性

作为事物表示形式的符号,都具有一定的意义,在形式上表现为一定的物质运动或存在形式;符号是以一定的物质形式为背景,经过人的加工抽象而成,代表物质世界一定的对象。

2. 抽象性

数学学科本身的基本特点就是抽象性。数学是一种抽象化了的思想材料。例如,世界上根本就没有方程,自然也就不具备物质的意义,方程是人们从现实世界量的关系中抽象出来的思想材料。而化学中的元素符号 C、H、O 等,则具有客观存在的物质意义,它还客观存在于人脑之外的现实中。数学中的符号比一般科学中的符号更抽象。

3. 精确性

数学符号不同于日常生活术语中的符号,意义含糊不清。数学中的结论不同于实验科学的结论,实验科学主要是通过重复实验来"验证",而数学主要是依靠严格的推理来演绎"证明"。如果符号不精确,就很难保证推理能够正确进行。

4. 规范性

符号与它指代的对象必须具有相对的稳定性,不能任意改变符号的意义,或乱用符号来表示。常用的数学符号在国际上一般都有规范的统一的写法,表示同样的含义,以保证数学语言成为一种国际通用的语言,便于国际间的交流。

5. 开放性

数学符号系统是一个开放的系统,随着数学自身的不断发展而不断完善。伟大的哲学家、数学家莱布尼茨被称为"符号学之父",这是因为他在前人的基础上完善了无穷小运算的符号体系。一般说来,前人所创设的数学符号往往在后继的实践中能得以完善,并促进数学的发展。

数学的发展推动了数学符号的发展,同时数学符号的发展又促进了数学的发展。"数学的一切进步都是对引入符号的反应"。在数学发展史上,有人把 17 世纪叫做"天才的时期"。也有人把 18 世纪叫做"发明的时期"。这两个世纪的数学为什么会有较大的发展呢?原因之一就是这两个世纪大量地创造了数学符号。

历史表明,数学符号与数学方法有密切的关系。数学上对一般方法论的关心出现于 16—17 世纪之间,它正是由于代数符号体系的建立而引起的。数学中的符号化思想方法受到近年数学方法论研究的格外重视。有人甚至认为,没有数学符号,就没有现今的数学。

1. 符号对数学发展的影响

数学符号演化的自身规律表明,数学的符号化必须适应数学体系发展的需要。符号的优劣直接影响数学发展的速度。在数学的发展过程中,一方面对符号的改革不断发展,另一方面符号的改进又加速了数学学科的发展。欧洲在阿拉伯数码输入之前,使用罗马数码。这种计数法中用 $Ⅰ,Ⅱ,Ⅲ,Ⅳ,Ⅴ,Ⅵ,Ⅶ,Ⅷ,Ⅸ,Ⅹ,L,C,D,M$ 分别表示 $1,2,3,4,5,6,7,8,9,10,50,100,500,1000$。它不是进位制的,一个简单的数要写成长长的一串,这种笨拙的记数法在 12 世纪以前盛行于欧洲,有的国家直到 16 世纪还在使用。那时,"做加减法已相当困难,会乘除法就可以称为专家了"。数学史料中记载了当时算术教科书中的一个乘法实例——235×4 的计算过程：

235 写成 CCⅩⅩⅩⅤ。乘以 4(Ⅳ)，第一步是将 CC,ⅩⅩⅩ,Ⅴ
分别重复写 4 遍：

CC　　　CC　　　CC　　　CC
ⅩⅩⅩ　　ⅩⅩⅩ　　ⅩⅩⅩ　　ⅩⅩⅩ
Ⅴ　　　　Ⅴ　　　　Ⅴ　　　　Ⅴ

第一行共有 8 个 C,将 5 个 C 缩写成 D(500),第二行 10 个 Ⅹ 缩写
成 C(100),第三行缩写成 ⅩⅩ(20),于是简写成：

D　　　C　　　C　　　C
　　　C　　　　Ⅹ　　　Ⅹ
　　　　　Ⅹ　　　　Ⅹ

再进一步合作,得到结果 DCCCCⅩL(ⅩL 是 40)。

这只是用一位数去乘的情形,如果是多位数乘多位数,其复杂的
程度不难想象。加法并不比乘法简单多少,乘法只是重复写若干遍,
而加法要逐个数有多少个Ⅰ,多少个Ⅴ,多少个Ⅹ……然后再缩写成
所求答案。至于分数运算,德文里有这样的谚语,形容一个人已经陷
入绝境,束手待毙,就说他已"掉到分数里去了"。

这种情形严重地阻碍了数学的发展。正因为如此,用印度·阿拉
伯数码代替罗马数码就势在必行;而印度·阿拉伯数码的使用就明显
地促使数学得到迅速发展。

大陆派的学者在接受了莱布尼茨优越的符号以后,经过伯努利家
族、欧拉、达朗贝尔、拉格朗日、拉普拉斯等人的进一步工作,很快地获
得了丰硕的成果,渗透到各个数学分支中去。英国的情况如何呢？苏
格兰的克莱格(J. Craig)在 1685 年采用了莱布尼茨的概念和符号。30
多年后,由于英国人狭隘的民族偏见加上对牛顿的盲目崇拜,放弃这
种符号而使用牛顿的"流数术",迟迟不肯接受大陆派的成就,因此,其
进展相应地落后了。

2. 数学符号导致新的数学分支的产生

数学符号的产生不仅影响了数学发展的进程,同时也导致了新的
数学分支的产生。符号化使得数学本身以及以数学为主要工具的科

学的面貌发生革命性的变化。

近代，代数学的发展起源于对方程的研究。代数和算术的主要区别在于：在计算过程中引入未知量，根据问题的条件列出方程，然后求出未知量的值。代数学的发展首要的一步就是用符号代表数字，用符号代表文字叙述。韦达第一个比较有意识地、系统地使用数学符号表示数字和算式，并对字母符号进行运算。正是因为这些符号的运用，才使得"代数"能够逐渐成为一门正式的学科而独立出来。

第二节　方程与函数思想

函数与方程是中学数学的重要内容之一，又是初等数学和高等数学衔接的枢纽，特别在应用意识日益加深的今天，函数与方程的实质是揭示客观世界中量的相互依存又相互制约的关系，因而函数与方程思想的教学，既有不可替代的重要位置，又有着重要的现实意义。

一、方程思想

方程的发展在很大程度上依赖于符号的创造、使用和推广。现在数学中使用的符号几乎都是 15 世纪以后产生的，虽然在此之前人们也使用一些符号，但是数量极少，而且不具有统一性和延续性。

古代数学主要是由各地、各民族自己的文字语言直接描述客观现象中的数量关系，这样也就极大地阻碍了方程的发展。

纵观方程思想的发展，我们可以发现，在解方程理论的初期形成阶段，人们关心的是解决实际问题，其次才是方法上的完善。随着数学模型的建立，人们对模型本身和方法的研究就大大地超过了对实际问题的考虑。因此，我们有理由说，方程的思想本质上体现了模式构造的思想。

方程思想的核心是运用数学的符号化语言，将问题中已知量和未知量（或参变量）之间的数量关系，抽象为方程（或方程组）、不等式等数学模型，然后通过对方程（或方程组）、不等式的变换求出未知量的

值,使问题获解,方程思想体现了已知与未知的对立统一。因此,掌握方程思想可分为三步:

1. 学会代数设想

假定问题已解,即未知量客观存在且假设它已求出,然后用字母代表未知量,且与已知量平等对待。

2. 学会代数翻译

透彻分析实际问题中已知量和未知量之间的关系,将用自然语言表达的实际问题翻译成用符号化语言表达的方程或不等式。

3. 掌握解方程的思想

（1）将函数问题转化为方程问题。

【例1】 已知抛物线 $y=ax^2+4x+a+3$ 的最高点的纵坐标为 0,求 a 的值。

思考与分析 $y=ax^2+4x+a+3$ 的最高点的纵坐标为 0,说明顶点在 x 轴上,即抛物线与 x 轴只有一个交点,所以方程 $ax^2+4x+a+3=0$ 有两个相同的实数根,于是 $\Delta=0$,从而可求得 a。

（2）构造方程探索问题的解。

【例2】 若 $9\cos B+3\sin A+\tan C=0$($B\neq k\pi+\dfrac{\pi}{2}$,$k\in \mathbf{Z}$),且 $\sin^2 A-4\cos B\tan C=0$,求证:$\tan C=9\cos B$。

思考与分析 由已知等式中的常数 $9=3^2$,联想到构造一元二次方程

$$\cos B\cdot x^2+\sin A\cdot x+\tan C=0 \quad (1)$$

可以根据韦达定理考察方程（1）的两个根的特点。又因为 $\Delta=\sin^2 A-4\cos B\cdot \tan C=0$,所以方程（1）有两个相等的根,$x_1=x_2=3$,由韦达定理可得 $\tan C=9\cos B$。

利用恒等式或等式和方程间的内在联系构造方程来解答,可以很巧妙地化繁为简。

【例3】 若 $(z-x)^2-4(x-y)(y-z)=0$,求证:x,y,z 成等差数列。

思考与分析 因为所给等式左边可写成 $b^2-4ac=0$ 的形式,所以

数学方法论

想到构造方程

$$(x-y)t^2-(z-x)t+(y-z)=0。$$

若 $x=y$，则由已知又得到 $x=z$，结论显然成立；若 $x\neq y$，由方程各项系数之关系 $\Delta=0$ 可得，方程有两个相等的实数根 1，所以 $1=\dfrac{y-z}{x-y}$，即 $x-y=y-z$，所以，x,y,z 成等差数列。

【例 4】 已知 $a、b、c\in\mathbf{R}$，且 $a+b+c=0$，$abc=1$，求证：a,b,c 中必有一个不小于 $\dfrac{3}{2}$。

思考与分析 由所给条件的形式，容易联想到韦达定理。因为 $a、b、c$ 必有一个大于 0，不妨设 $c>0$，则 $a+b=-c$，$ab=\dfrac{1}{c}$，于是，$a、b$ 是方程 $x^2+cx+\dfrac{1}{c}=0$ 的两根。再由已知条件和根的判别式可得 $c\geqslant\dfrac{3}{2}$。

例 3 的解答中，方程的构造利用了根的判别式。例 4 的解答中，方程的构造利用了韦达定理。数学解题中，利用所给条件的特殊性，构造一元二次方程间接地解答原问题，是一种常用的方程思想。

构造方程解的思想体现了一种思维的创造性，这种创造性常常依赖于对问题的整体性认识和把握，依赖于思维的抽象水平，即运用符号化语言建立方程模型的能力。

（3）运用方程思想求参数的取值范围。

根据题意，运用符号化语言建立含参数的不等式来求参数的取值范围，是方程思想的重要发展。

【例 5】 已知椭圆 C 的方程为 $\dfrac{x^2}{4}+\dfrac{y^2}{3}=1$，试确定 m 的取值范围，使得对于 $y=4x+m$，椭圆 C 上有不同的两点关于该直线对称。

思考与分析 由题意，需求 m 满足的不等式。设椭圆 C 上存在两点 $A、B$ 关于直线 $y=4x+m$ 对称，AB 的中点 $M(x_0,y_0)$ 与椭圆中点 O 的连线的斜率为 k_{OM}，则

$$k_{OM}\cdot k_{AB}=-\dfrac{3}{4}，k_{AB}=-\dfrac{1}{4}，k_{OM}=3$$

所以，OM 的方程为 $y=3x$，

解方程组 $\begin{cases} y=4x+m, \\ y=3x, \end{cases}$ 可得 $M(-m,-3m)$。由点 M 在 C 的内部得

$$\frac{(-m)^2}{4}+\frac{(-3m)^2}{3}<1,$$

解上述不等式即可得 m 的取值范围。

【例 6】 设 $A,B,C\in(0,\pi)$，并且满足 $\cos A+\cos B+\cos C=1+$ $4\sin\dfrac{A}{2}\sin\dfrac{B}{2}\sin\dfrac{C}{2}$，求证：$A+B+C=\pi$。

思考与分析 把已知等式化为

$$\sin^2\frac{A}{2}+\sin^2\frac{B}{2}+\sin^2\frac{C}{2}+2\sin\frac{A}{2}\sin\frac{B}{2}\sin\frac{C}{2}-1=0$$

看作关于 $\sin\dfrac{A}{2}$ 的方程，可用方程思想求解。

$$x^2+2x\sin\frac{B}{2}\sin\frac{C}{2}+\sin^2\frac{B}{2}+\sin^2\frac{C}{2}-1=0 \text{ 的正根，}$$

由于 $\Delta=4\sin^2\dfrac{B}{2}\sin^2\dfrac{C}{2}-4\left(\sin^2\dfrac{B}{2}+\sin^2\dfrac{C}{2}-1\right)$

$$=4\cos^2\frac{B}{2}\cos^2\frac{C}{2}。$$

由求根公式得

$$\sin\frac{A}{2}=-\sin\frac{B}{2}\sin\frac{C}{2}+\cos\frac{B}{2}\cos\frac{C}{2}$$

$$=\cos\frac{B+C}{2}=\sin\left(\frac{\pi}{2}-\frac{B+C}{2}\right)。$$

依题意设 $\dfrac{A}{2}$，$\dfrac{\pi}{2}-\dfrac{B+C}{2}\in\left(-\dfrac{\pi}{2},\dfrac{\pi}{2}\right)$

故 $\dfrac{A}{2}=\dfrac{\pi}{2}-\dfrac{B+C}{2}$，即 $A+B+C=\pi$。

【例 7】 解方程 $\sqrt{x+2}-\sqrt{x-a+2}=1$。

思考与分析 常规方法是将方程两边平方，但方程中含有参数 a，

问题将会变得更加复杂。若我们引入辅助元 $u=\sqrt{x+2}\geqslant 0$，$v=$

$\sqrt{x-a+2}\geqslant 0$，可化为解方程组 $\begin{cases}u-v=1,\\u^2-v^2=a,\end{cases}$ 即 $\begin{cases}u-v=1,\\u+v=a,\end{cases}$

解得 $u=\dfrac{1}{2}(a+1)$，$v=\dfrac{1}{2}(a-1)$，

$\sqrt{x+2}=\dfrac{1}{2}(a+1)\geqslant 0$，$\sqrt{x-a+2}=\dfrac{1}{2}(a-1)\geqslant 0$，

由此解得，当 $a\geqslant 1$ 时，$x=\dfrac{1}{4}(a+1)^2$，当 $a<1$ 时，原方程无解。

【例 8】 设 $0<\alpha<1,\alpha>0,\beta>0$，试求点 $(\alpha^\alpha+\alpha^\beta,\alpha^{2\alpha}+\alpha^{2\beta})$ 存在的范围。

思考与分析 初看此题，似乎很难，条件与结论相距太远了，但仔细观察所求点的横、纵坐标，发现两者之间存在如下的关系：

$\alpha^{2\alpha}+\alpha^{2\beta}=(\alpha^\alpha+\alpha^\beta)^2-2\alpha^\alpha\alpha^\beta$，

发现其中有 $\alpha^\alpha+\alpha^\beta$ 与 $\alpha^\alpha\alpha^\beta$，使我们联想起构造一元二次方程

$$t^2-(\alpha^\alpha+\alpha^\beta)t+\alpha^\alpha\alpha^\beta=0, \tag{1}$$

显然此方程的两根在 $(0,1)$ 内。

设 $x=\alpha^\alpha+\alpha^\beta$，$y=\alpha^{2\alpha}+\alpha^{2\beta}$，则 $y=x^2-2\alpha^\alpha\alpha^\beta$，于是 $\alpha^\alpha\alpha^\beta=\dfrac{1}{2}(x^2-y)$，

从而方程（1）化为

$$t^2-xt+\dfrac{1}{2}(x^2-y)=0, \tag{2}$$

作辅助函数 $f(t)=t^2-xt+\dfrac{1}{2}(x^2-y)$，其图像为开口向上的抛物线。

因为方程（1）的两根在 $(0,1)$ 内，由图像可知

$$f(0)>1,f(1)>0,f\left(\dfrac{x}{2}\right)\leqslant 0,$$

即 $y\leqslant x^2$，$y<(x-1)^2+1$，$y\geqslant \dfrac{1}{2}x^2$，

所以点 $(\alpha^\alpha+\alpha^\beta,\alpha^{2\alpha}+\alpha^{2\beta})$ 存在的范围是上述函数图像的公共部分。

【例 9】 已知 $a,b,c\in\mathbf{R}$，证明 a,b,c 为正数的充要条件为

$$\begin{cases} a+b+c>0, \\ ab+bc+ca>0, \\ abc>0. \end{cases}$$

思考与分析 **证法 1**：必要性显然。

充分性：观察命题的条件，可以看到 $a+b+c,ab+bc+ca,abc$ 恰好是 a,b,c 的一次、二次、三次轮换对称式，这就使我们联想到一元三次方程根与系数的关系。

令 $a+b+c=p,ab+bc+ca=q,abc=r$，则 a,b,c 为方程 $f(x)=x^3-px^2+qx-r=0$ 的三个根。这样，可以利用反证法证明如下：

设 a,b,c 不全大于 0，不失一般性，可设 $x=a\leqslant 0$，又因为 $p,q,r>0$，不管 $a<0$ 还是 $a=0$ 均可推得

$$f(a)=a^3-pa^2+qa-r<0。$$

这与 a 是方程 $f(x)=0$ 的根矛盾。

证法 2：必要性显然。

充分性：因为 $abc>0$，

所以 $a、b、c$ 均为正数或两负一正，

下证两负一正不可能：

不失一般性，假设 $a<0,b<0,c>0$。

以下设法转化为一元二次函数来求。

因为 $a+b+c>0$，

所以 $c>-(a+b)$。

又因为 $a+b<0$，

所以 $(a+b)c<-(a+b)^2$，

$ac+bc<-a^2-2ab-b^2$，

上式两边均加上 ab，

得 $ab+bc+ca<-a^2-ab-b^2$

将上面右式看成关于 a 的一元二次函数，配方

$$ab+bc+ca<-(a+\frac{b}{2})^2-\frac{3}{4}b^2<0，$$

与已知 $ab+bc+ca>0$ 矛盾，所以 $a>0,b>0,c>0$。

数学方法论

【例 10】 解方程组 $\begin{cases} x+ay+a^2z=a^3, \\ x+by+b^2z=b^3, \\ x+cy+c^2z=c^3, \end{cases}$ 其中 a,b,c 互不相等。

思考与分析 这是一个含有 x,y,z 的三元一次方程组,不论用消元法还是用行列式去解,计算都比较复杂。如果仔细观察,就可以发现三个方程的结构是一致的。若把方程组改写为

$$\begin{cases} a^3-za^2-ya-x=0, \\ b^3-zb^2-yb-x=0, \\ c^3-zc^2-zc-x=0, \end{cases}$$

那么,可以认为 a,b,c 就是以 $1,-z,-y,-x$ 为系数的一元三次方程 $t^3-zt^2-yt-x=0$ 的三个根。已知该方程的三个根,怎样求系数中的 x,y,z? 因此,可由韦达定理得到

$$\begin{cases} a+b+c=z, \\ ab+bc+ca=-y, \\ abc=x, \end{cases} \text{即} \begin{cases} x=abc, \\ y=-(ab+bc+ca), \\ z=a+b+c。 \end{cases}$$

【例 11】 已知 $xy+x+y=71$,$x^2y+xy^2=1260$,x、y 为正整数,求 x^2+y^2 的值。

思考与分析 把 xy 看成一个整体 u,$x+y=v$,
则因式 $xy+x+y=71$ 可分解为 $u+v=71$,
于是联想到"构造一元二次方程求解法",

$$x^2y+xy^2=1260 \Rightarrow uv=1260 \Rightarrow \begin{cases} u=35 \\ v=38 \end{cases}$$

$$\Rightarrow x^2+y^2=(x+y)^2-2xy=u^2-v^2=1153。$$

【例 12】 求值:$\sqrt[3]{2+\sqrt5}+\sqrt[3]{2-\sqrt5}$。

思考与分析 令 $x=\sqrt[3]{2+\sqrt5}+\sqrt[3]{2-\sqrt5}$,
则 $x^3=-3(\sqrt[3]{2+\sqrt5}+\sqrt[3]{2-\sqrt5})+4$,
即只须解方程 $x^3+3x-4=0$,
$(x-1)(x^2+x+4)=0$,

因为 $x^2+x+4>0$，

所以 $\sqrt[3]{2+\sqrt{5}}+\sqrt[3]{2-\sqrt{5}}=1$。

二、函数思想

17 世纪以前，人们对数学的需要还停留在常量数学的范围内。1692 年莱布尼兹首次使用了"function"一词。函数是中学数学中最基本、最重要的内容之一，是贯穿中学数学的一条主线，是学习高等数学的基础。学习函数最重要的是树立函数思想，就是用运动变化的观点，分析和研究具体问题中的数量关系，建立函数关系，运用函数的知识使问题得以解决。这种思想方法在于揭示问题的数量关系的本质特征，重在对变量的动态进行研究，从变量的运动变化、联系和发展的角度拓宽解题思路。在解题中，充分合理地运用函数的思想方法，有时会给解题带来很大的方便。

函数思想的特征如下：

（1）函数思想反映的量与量之间的关系是运动变化中的关系。

算术研究的是具体的确定的常数以及它们之间的运算关系。

代数研究的是一般抽象的数——符号所代表的数，并研究确定的常数和不确定的常数之间的依赖关系。

函数研究的是变量之间的依赖关系，这与不定方程中不确定常数之间的依赖关系有质的不同。

（2）对应是函数思想的本质特征。

对于函数 $y=f(x)$，我们更重要的是了解 y 按照怎样的条件所规定的关系依赖于 x，即对应法则 f 是构成函数的基本要素。

（3）自变量的变化处于主导地位。

函数的值域是由定义域通过对应法则所决定的，自变量的变化范围——定义域是函数的另一个基本要素。

三、函数思想在数学解题中的几个应用

【例 13】 证明下列恒等式

$$\frac{a^2(x-b)(x-c)}{(a-b)(a-c)}+\frac{b^2(x-a)(x-c)}{(b-a)(b-c)}+\frac{c^2(x-a)(x-b)}{(c-a)(c-b)}=x^2。$$

思考与分析　该题如果利用从左到右进行恒等式变形将显得十分麻烦,但假如利用高等数学中的多项式理论(一元 n 次方程在实数范围内至多有 n 个根)来解显得非常简洁。

等式左边为 x 的多项式,其次数不超过 2。

$$f(x)=\frac{a^2(x-b)(x-c)}{(a-b)(a-c)}+\frac{b^2(x-a)(x-c)}{(b-a)(b-c)}+\frac{c^2(x-a)(x-b)}{(c-a)(c-b)},$$

则有 $f(a)=a^2$, $f(b)=b^2$, $f(c)=c^2$,易见 $f(x)$ 与 x^2 在 a、b、c 三个取值上的值相同,因此 $f(x)=x^2$,

【例 14】　证明　$\dfrac{\sqrt{x^2+4}(\sin x+\cos x)}{x^2+5}<1$。

思考与分析　由 $\sin x+\cos x$ 引发"三角函数"的思考,将问题图式表象进行分解与组合:

$$\sin x+\cos x<\frac{x^2+5}{\sqrt{x^2+4}},$$

观察左边,引发图式表象"三角函数"$\Rightarrow$"最大值"$\Rightarrow$"合并",于是:

$$\sin x+\cos x=\sqrt{2}\sin\left(x+\frac{\pi}{4}\right)\leqslant\sqrt{2},$$

若右边$>\sqrt{2}$,则问题解决了。

而右边 $=\sqrt{x^2+4}+\dfrac{1}{\sqrt{x^2+4}}\geqslant2$,故得证。

【例 15】　设 x、y、z 有关系式 $x-1=\dfrac{y+1}{2}=\dfrac{z-2}{3}$,试求 $f=x^2+y^2+z^2$ 的最小值。

思考与分析　设中间变量 k,令 $x-1=\dfrac{y+1}{2}=\dfrac{z-2}{3}=k$,则有

$$\begin{cases}x=k+1,\\y=2k-1,\\z=3k+2,\end{cases}$$

将其代入 f,得:

$$f = (k+1)^2 + (2k-1)^2 + (3k+2)^2$$
$$= 14k^2 + 10k + 6$$
$$= 14\left(k + \frac{5}{14}\right)^2 + \frac{59}{4},$$

当 f 取最小值时，$k = -\dfrac{5}{14}$，即 $x = \dfrac{9}{14}$，$y = -\dfrac{24}{14}$，$z = \dfrac{13}{14}$，所以

$$f_{min} = \frac{59}{14}。$$

四、函数思想在数学教学中的几个应用

（一）化抽象为具体，由特殊到一般，由简单到复杂

G·波利亚关于怎样拟定解题计划中写到，你若不能解这道题，那么试着去解决一个更容易着手的简单问题，一个更特殊的问题，一个类似的问题。对函数与方程思想的教学我们应该从最简单最特殊、更容易解决的情形入手，然后再推广到一般的、复杂的情形，往往能起到事半功倍的作用。

（二）倒置题目的条件与结论，利用函数的性质解题

在我们所遇到的大量数学问题中，有不少是结论唯一，思路单一，易形成思维定势的题目，而高考命题既要涉及中学阶段所学的许多知识点，又要避开中学生所面临的大量题海，使其真正测试出学生的数学能力，势必要将知识点重新组合，出新、出意，而倒置题目的条件与结论，就能锻炼学生分析问题和综合运用知识的能力，这也是高考命题的一个新方向。

【例16】 （1）已知函数 $y = \log_2(x^2 - 4x + 3)$，求函数的值域。

（2）已知函数 $y = \log_2(x^2 - 4x + 3)$，求函数的单调递增区间。

（3）已知椭圆方程为 $x^2/4 + y^2 = 1$，求椭圆上的点到定点 $P(0, 3/2)$ 的最短距离。

通过倒置命题的条件和结论，可以将以上三题改为

（1′）已知函数 $y = \log_2(x^2 - ax + 3)$ 的值域为 **R**，求 a 的取值范围。

$(2')$ 已知函数 $y=\log_2(x^2-ax+3)$ 在 $(3,+\infty)$ 上单调递增,求 a 的取值范围。

$(3')$ 设椭圆的中心是坐标原点,长轴在 x 轴上,$e=\dfrac{\sqrt{3}}{2}$,已知点 $P(0,2/3)$ 到椭圆上的最短距离是 $\sqrt{7}$,求此椭圆的方程。

以上三例,把习惯认为的条件和结论倒置,打破学生固有的思维定势,让学生在自己的知识结构中利用函数的性质,探寻求解的线索,加深了学生对函数本质属性的理解,并具有一定的思维深度,真正体现了对学生能力的要求。

五、建立基本量与未知量之间的关系,用方程的思想来解题

"方程是数学通向实际的桥梁",数学中的许多问题,最后都归纳为求方程的解。

【例17】 设 $\{a_n\}$ 是由正数组成的等比数列,S_n 是其前 n 项的和。求证:$\dfrac{1}{2}(\lg S_n+\lg S_{n+2})<\lg S_{n+1}$。

思考与分析 原问题 $\Leftrightarrow S_{n+1}^2>S_n S_{n+2}(S_n>0,n\in\mathbf{N})$

利用方程的思想,原问题 $\Leftrightarrow S_n x^2+2S_{n+1}x+S_{n+2}=0$ 有两个不等的实根。

当 $q=1$ 时,方程 $\Leftrightarrow nx^2+2(n+1)x+(n+2)=0$,即:

$(x+1)(nx+n+2)=0$,显然有两不等的实根。

当 $q\neq1$ 时,方程 $\Leftrightarrow(1-q^n)x^2+2(1-q^{n+1})x+1-q^{n+2}=0$,即:

$(x+1)^2-q^n(x+q)^2=0$,显然有两不等的实根。

故原问题成立。这是一题用方程思想解题的典型。

【例18】 在正三棱锥 $V-ABC$ 中,已知侧棱 VA 与侧面 VBC 所成的角为 θ,且 $\cos\theta=\dfrac{\sqrt{6}}{6}$,三棱锥的体积为 $\sqrt{15}$。求:底面中心到侧面 VBC 的距离。

思考与分析 已知:底棱与侧棱之比小于 2,求底面中心 O 到侧面 VBC 的距离。可知,关键是求出正三棱锥的侧棱 l 与底棱 a 的长,

通过已知条件，寻找出未知量 l、a 的关系式，列出方程再行求解。

解 设正棱锥的侧棱长为 l，底棱长为 a，根据题意可列出如下方程：

$$\begin{cases} \dfrac{3}{4}a^2 = l^2 + l^2 - \dfrac{a^2}{4} - 2l\sqrt{l^2 - \dfrac{a^2}{4}} \cdot \dfrac{\sqrt{6}}{6}, \\ \sqrt{15} = \dfrac{1}{3} \cdot \dfrac{\sqrt{3}}{4}a^2 \sqrt{l^2 - \dfrac{a^2}{3}}, \end{cases} \Rightarrow \begin{cases} l = 3, \\ a = 2\sqrt{3}, \end{cases}$$

从而 O 到侧面 VBC 的距离为 $\dfrac{\sqrt{30}}{6}$。

这种要求用方程的思想进行解题的情况在高考试题中比比皆是，因而在我们平时的教学中，必须引起足够的重视。

六、构造辅助问题，利用函数的思想解题

G·波利亚说过"当原问题看来不可解时，人类的高明之处就在于会绕过不能直接克服的障碍，就在于能想出某个适当的辅助问题"。这里所指的辅助问题，实际上是原问题转化过程中的桥梁，目的无非是将原问题转化成一个我们熟悉的容易解决的问题。

【例 19】 已知对一切 $m \in \mathbf{R}$，$\theta \in [0, 2\pi)$，$f(\theta) = \dfrac{1}{2}\cos 2\theta - 2m\cos\theta$ $+ 4m - \dfrac{3}{2}$ 恒大于 0，求 m 的取值范围。

思考与分析 原问题 $\Leftrightarrow$ 对一切 $m \in \mathbf{R}$，均有 $\cos^2\theta - 2m\cos\theta + 4m - 2 > 0$，转化为

$$2m > \frac{\cos^2\theta - 2}{\cos\theta - 2},$$

构造辅助问题 1：只要求 $u = \dfrac{\cos^2\theta - 2}{\cos\theta - 2}$ 的最大值，

$$u = \cos\theta + 2 + \frac{2}{\cos\theta - 2} = 4 - \left[2 - \cos\theta + \frac{2}{2 - \cos\theta}\right] \leqslant 4 - 2\sqrt{2},$$

等号当且仅当 $(2 - \cos\theta)^2 = 2$，即 $\cos\theta = 2 - \sqrt{2}$ 时达到，故所求 m 的

取值范围为 $m>2-\sqrt{2}$。

构造辅助问题 2：只要求函数 $\cos^2\theta-2m\cos\theta+4m-2$ 的最小值均大于 0，求出 m 的取值范围。

构造辅助问题 3：令 $t=\cos\theta$，则原问题 $\Leftrightarrow t^2-2>2m(t-2)$，考虑函数 $y_1=t^2-2$ 与 $y_2=t-2$，$t\in[-1,1]$ 的图像，当 $t\in[-1,1]$ 时，y_1 的图像始终在直线 y_2 的上方，则当 $\Delta=0$ 时，得 $m=2-\sqrt{2}$（$2+\sqrt{2}$ 由图可知舍去），故当 $m>2-\sqrt{2}$ 时，原问题成立。引申可知，利用函数的图像显然可求得方程 $f(\theta)=0$ 何时有一解、二解等情况。

以上谈了如何在中学数学教学中，加强函数方程思想的教学，使学生领悟函数方程思想的运用规律，形成观念，在实际解题时能灵活运用。当然，应用函数方程思想的同时，还应注意换元、消元、配方、数形结合、分类讨论、化归等思想方法的运用。

七、用函数思想解有关求值问题

用运动、变化、相互联系的函数观点来分析、处理变量之间的关系，或利用函数的奇偶性、单调性、周期性等性质可解某些求值问题。

【例 20】 若实数 a,b 满足 $a^3-3a^2+5a=1$，$b^3-3b^2+5b=5$，求 $a+b$ 的值。

思考与分析 观察所给的两个等式，恰好是函数 $f(x)=x^3-3x^2+5x$ 当 $x=a$ 和 $x=b$ 的值，即 $f(a)=1$，$f(b)=5$。考察函数 $f(x)=x^3-3x^2+5x=(x-1)^3+2(x-1)+3$，令 $x-1=t$，则 $g(t)=t^3+2t$ 是奇函数，且在定义域内是单调递增，由 $f(a)=g(a-1)+3=1$ 和 $f(b)=g(b-1)+3=5$，得 $g(a-1)=-2$，$g(b-1)=2$，所以 $g(a-1)=-g(b-1)$。由 $g(t)$ 的单调递增和奇函数性质，故必有 $a-1=-(b-1)$，所以 $a+b=2$。

【例 21】 函数 $f(x)=a^x(a>0,a\neq1)$ 在 $[1,2]$ 中的最大值比最小值大 $\dfrac{a}{2}$，求 a 的值。

思考与分析 当 $a>1$ 时，$f(x)=a^x$ 单调递增，所以 $f(x)$ 在 $[1,2]$

范围内的最大值为 a^2，最小值为 a，由题意得 $a^2 - a = \dfrac{a}{2}$，所以 $a = \dfrac{3}{2}$。

当 $0 < a < 1$ 时，$f(x) = a^x$ 单调递减，所以 $f(x)$ 在 $[1, 2]$ 范围内的最大值为 a，最小值为 a^2，由题意得 $a - a^2 = \dfrac{a}{2}$，所以 $a = \dfrac{1}{2}$，所以 $a = \dfrac{3}{2}$ 或 $\dfrac{1}{2}$。

八、不等式问题用函数思想来处理

解（证）不等式问题，从本质上说，是研究相应函数的零点、正负区间及单调性的问题。因此，用函数思想来处理这类问题，不仅会优化解题过程，而且会使我们迅速获得解题途径。

【例 22】 解不等式 $\sqrt{625 - x^2} > 31 - x$。

思考与分析 设 $f(x) = \sqrt{625 - x^2} - (31 - x)$，则原不等式的解与 $f(x) > 0$ 的自变量的取值范围相同，$f(x)$ 的定义域是 $-25 \leqslant x \leqslant 25$。

令 $f(x) = 0$，则 $f(x) = 0$ 的两个零点为 $x_1 = 7, x_2 = 24$，这两个零点把定义域分为三个区间（零点除外）$[-25, 7], (7, 24), (24, 25)$。$f(x)$ 在其定义域内变化时，它从一个区间的负（或正）变化到另一区间的正（或负）必经过零点。因此，可用每个小区间上特殊值的函数符号代替对应小区间上函数符号。因为 $f(-25) = -56 < 0, f(20) = 4 > 0, f(25) = -6 < 0$，而 $x = 20 \in (7, 24)$，所以在区间 $(7, 24)$ 上，$f(x) > 0$，即不等式 $\sqrt{625 - x^2} > 31 - x$ 的解为 $\{x \mid 7 < x < 24\}$。

【例 23】 若 $a_1, a_2, \cdots, a_n; b_1, b_2, \cdots, b_n$ 均是实数，则
$$(a_1 b_1 + a_2 b_2 + \cdots + a_n b_n)^2 \leqslant (a_1^2 + a_2^2 + \cdots + a_n^2)(b_1^2 + b_2^2 + \cdots + b_n^2)。$$

思考与分析 通过观察，我们发现，如果在待证的不等式两边同乘以 4，就得到 $[2(a_1 b_1 + a_2 b_2 + \cdots + a_n b_n)]^2 \leqslant 4(a_1^2 + a_2^2 + \cdots + a_n^2)(b_1^2 + b_2^2 + \cdots + b_n^2)$，这类似于二次函数的判别式 $\Delta = b^2 - 4ac$ 的形式，所以我们在证明这个不等式的时候，就会想办法引进一个二次函数，此二次函数的判别式 $\Delta = [2(a_1 b_1 + a_2 b_2 + \cdots + a_n b_n)]^2 - 4(a_1^2 +$

$a_2^2+\cdots+a_n^2)(b_1^2+b_2^2+\cdots+b_n^2)$，再证明此函数恒为非负数，则它的判别式大于等于零，从而命题得证。

证明 设函数

$$f(x)=(a_1^2+a_2^2+\cdots+a_n^2)x^2-2(a_1b_1+a_2b_2+\cdots+a_nb_n)x+(b_1^2+b_2^2+\cdots+b_n^2)$$

$$=(a_1^2x^2-2a_1b_1x+b_1^2)+\cdots+(a_n^2x^2-2a_nb_nx+b_n^2)$$

$$=(a_1x-b_1)^2+(a_2x-b_2)^2+\cdots+(a_nx-b_n)^2$$

因为 $a_1,a_2,\cdots,a_n$ 和 $b_1,b_2,\cdots,b_n$ 均是实数，x 为实数，所以有 $(a_ix-b_i)^2\geqslant0\ (i=1,2,\cdots,n)$

即 $4(a_1b_1+a_2b_2+\cdots+a_nb_n)^2-4(a_1^2+a_2^2+\cdots+a_n^2)(b_1^2+b_2^2+\cdots+b_n^2)\leqslant0$

则 $(a_1b_1+a_2b_2+\cdots+a_nb_n)^2\leqslant(a_1^2+a_2^2+\cdots+a_n^2)(b_1^2+b_2^2+\cdots+b_n^2)$。

所以原命题成立。

【例 24】 设 a,b,c 为 $\triangle ABC$ 的三条边，求证 $\dfrac{a}{2+a}+\dfrac{b}{2+b}>\dfrac{c}{2+c}$。

思考与分析 由观察得不等式两边的各项结构一致，唯一不同的是 a,b,c 作了置换，这就启发我们可以构造一个结构相似的函数 $f(x)$，由其作为辅助函数，从而使这个不等式的证明转化为证明 $f(a)+f(b)>f(c)$。

证明 设函数 $f(x)=\dfrac{x}{2+x}=1-\dfrac{2}{x+2}$，其中 $0<x<+\infty$。

随着 x 的增大，$x+2$ 增大，$\dfrac{2}{x+2}$ 减小，$1-\dfrac{2}{x+2}$ 增大，所以 $f(x)$ 在 $(0,+\infty)$ 上是单调递增函数。

因为 $c<a+b$，所以 $f(c)<f(a+b)$，即 $\dfrac{c}{2+c}<\dfrac{a+b}{2+a+b}$。

因为 $\dfrac{a}{2+a}>\dfrac{a}{2+a+b}$，$\dfrac{b}{2+b}>\dfrac{b}{2+a+b}$，

所以 $\dfrac{a}{2+a}+\dfrac{b}{2+b}>\dfrac{a+b}{2+a+b}$，

所以 $\dfrac{c}{2+c}<\dfrac{a+b}{2+a+b}<\dfrac{a}{2+a}+\dfrac{b}{2+b}$，

即 $\dfrac{c}{2+c} < \dfrac{a}{2+a} + \dfrac{b}{2+b}$。

原命题得证。

从例 21、例 22 可以看到,在一部分不等式的证明中,根据不等式自身的特点,通过构造中间函数,再把所研究的问题转化为讨论函数的有关性质,达到化难为易、化繁为简的目的,从而简便地证得所要的结果。函数的构造在证明不等式中起到一定的作用。

九、比较大小

对于比较含有参变量的两式大小的问题,有时利用函数的有关知识,可迅速获解。

【例 25】 a 和 b 是一直角三角形的两直角边长,c 为斜边长,如 $n \in \mathbf{N}$,试比较 $a^n + b^n$ 和 c^n 的大小,并证明你的结论。

思考与分析 易知 $a + b > c$,$a^2 + b^2 = c^2$,

当 $n \geqslant 3$ 时,注意到原题中的指数形式,由 $0 < \dfrac{a}{c} < 1$ 可知 $\left(\dfrac{a}{c}\right)^n$ 是减函数,

由 $\dfrac{a^n + b^n}{c^n} = \left(\dfrac{a}{c}\right)^n + \left(\dfrac{a}{c}\right)^n < \left(\dfrac{a}{c}\right)^2 + \left(\dfrac{a}{c}\right)^2 = \dfrac{a^2 + b^2}{c^2} = 1$,

便知 $a^n + b^n < c^n$。

十、用于求方程中的参数问题

【例 26】 设二次方程 $x^2 - 2px + p - 2 = 0$ 的两根满足 $-1 < x_1 < 1$,$1 < x_2 < 2$,试确定 p 的取值范围。

思考与分析 这是一道比较容易出错的题目,易从条件出发得 $0 < x_1 + x_2 < 3$,$-1 < x_1 x_2 < 2$,然后用韦达定理可求出 p 的取值范围,这其实是一种错误的解法,根本原因在于所列条件与原条件不等价。实际上,我们不难发现,如果我们将问题置于函数之中进行动态分析,借助于函数的图像与轴交点的位置,即可求出 p 的取值范围。

解 设 $f(x) = x^2 - 2px + p - 2$,二次项系数为正,所以抛物线开口向上。

由题意知 $\begin{cases} \Delta > 0 \\ f(-1) > 0 \\ f(1) < 0 \\ f(2) > 0 \end{cases}$ 即 $\begin{cases} (-2p)^2 - 4(p-2) > 0 \\ 3p - 1 > 0 \\ -p - 2 < 0 \\ -3p + 2 > 0 \end{cases}$

解之得 $\dfrac{1}{3} < p < \dfrac{2}{3}$。

故 p 的取值范围为 $\left(\dfrac{1}{3}, \dfrac{2}{3} \right)$。

【例 27】 若 $\cos 2x + \sin x = a(a \in \mathbf{R})$ 有解，求 a 的取值范围。

思考与分析 要满足 $\cos 2x + \sin x = a$ 有解，实际上是求 $f(x) = \cos 2x + \sin x$ 的取值范围，只要 a 在这取值范围内，则方程必定有解，所以求 a 的取值范围实际上就转化为求 $f(x) = \cos 2x + \sin x$ 的取值范围。

解 设函数 $f(x) = \cos 2x + \sin x$，则

$$f(x) = \cos 2x + \sin x = 1 - 2\sin^2 x + \sin x = -2\sin^2 x + \sin x + 1$$

$$= -2\left(\sin x - \dfrac{1}{4} \right)^2 + \dfrac{9}{8}$$

$\sin x$ 的取值范围为 $[-1, 1]$，根据二次函数的性质，

当 $\sin x = \dfrac{1}{4}$ 时，$f(x)$ 取得最大值，最大值为 $\dfrac{9}{8}$。

当 $\sin x = -1$ 时，$f(x)$ 取得最小值，最小值为 -2。

所以 $f(x) = \cos 2x + \sin x$ 的取值范围为 $\left[-2, \dfrac{9}{8} \right]$，即 a 的取值范围 $\left[-2, \dfrac{9}{8} \right]$。

注意 相对于方程来说，函数是一般形式，而方程是特殊形式，即把 $f(x)$ 看作是 0。方程的根可以看作对应函数在某种特定状态下自变量的值，因此把方程问题用函数思想来处理，有利于在运动变化过程中把握问题的实质，有助于全面深入地分析问题、解决问题。

十一、用函数思想处理数列问题

【例 28】 在等差数列 $\{a_n\}$ 中，$a_3 = 12$，$S_{12} > 0$，$S_{13} < 0$，

（1）求公差 d 的取值范围；

（2）指出 $S_1, S_2, \cdots, S_{12}$ 中，哪个值最大，并说明理由。

思考与分析 在等差数列中 $S_n = na_1 + \dfrac{n(n-1)}{2}d$，又由 $a_3 = 12$ 可得 a_1 与 d 的关系，把 a_1 用关于 d 的表达式替代，则得到一个关系式，我们可以把这个关系式看作关于 n 的二次函数，这个二次函数的常数项为 0，二次项系数为 $\dfrac{d}{2}$，可以用二次函数的有关知识来解等差数列的前 n 项和的问题。

解 （1）$S_n = na_1 + \dfrac{n(n-1)}{2}d$，又由 $a_3 = 12$ 得 $a_3 = a_1 + 2d = 12$，所以 $a_1 = 12 - 2d$，

所以 $S_n = n(12 - 2d) + \dfrac{n(n-1)}{2}d = \dfrac{d}{2}n^2 + \left(12 - 2d - \dfrac{d}{2}\right)n$

$$= \dfrac{d}{2}n^2 + \left(12 - \dfrac{5d}{2}\right)n,$$

由题意得 $\begin{cases} S_{12} > 0, \\ S_{13} < 0, \end{cases}$ 即 $\begin{cases} \dfrac{144d}{2} + 12\left(12 - \dfrac{5d}{2}\right) > 0, \\ \dfrac{169d}{2} + 13\left(12 - \dfrac{5d}{2}\right) < 0, \end{cases}$

解得 $-\dfrac{24}{7} < d < -3$，则公差 d 的取值范围为 $\left(-\dfrac{24}{7}, -3\right)$。

（2）$S_n = \dfrac{d}{2}n^2 + \left(12 - \dfrac{5d}{2}\right)n = \dfrac{d}{2}\left[n - \dfrac{1}{2}\left(5 - \dfrac{24}{d}\right)\right]^2 - \dfrac{d}{8}\left(5 - \dfrac{24}{d}\right)^2$，

因为 $\dfrac{d}{2} < 0$，所以抛物线开口向下。所以当 $\left[n - \dfrac{1}{2}\left(5 - \dfrac{24}{d}\right)\right]^2$ 最小时，函数 S_n 取得最大值。

因为 $-\dfrac{24}{7} < d < -3$，所以 $6 < \dfrac{1}{2}\left(5 - \dfrac{24}{d}\right) < 6.5$，

从而，在正整数 n 中，当 $n = 6$ 时，$\left[n - \dfrac{1}{2}\left(5 - \dfrac{24}{d}\right)\right]^2$ 最小，所以 S_6 最大。

注意 数列是特殊的函数，a_n 可以看成关于 n 的一次函数，S_n 可

以看作 n 的二次函数，只要运用函数思想将式子转化为关于 n 的函数，有些问题就会迎刃而解。

十二、通过对函数值域的考察解决几何量的变化问题

【例 29】 函数 $y=f(x)$ 的图像是从原点出发的一条折线，当 $n\leqslant y\leqslant n+1(n=0,1,2,\cdots)$ 时，图像是斜率为 b^n 的线段（正常数 $b\neq1$），数列 $\{x_n\}$ 由 $f(x_n)=n(n=1,2,\cdots)$ 定义，求：

(1) x_1,x_2,x_3 和 x_n 的表达式；

(2) $f(x)$ 的表达式和定义域。

思考与分析 (1) 当 $0\leqslant y\leqslant1$ 时，$k=b^0=1\Rightarrow y=f(x)=x,f(x_1)=1\Rightarrow x_1=1$；

当 $1\leqslant y\leqslant2$ 时，$k=b^1=b\Rightarrow y-1=b(x-1)\Rightarrow y=f(x)=1+b(x-1)$，$f(x_2)=2\Rightarrow bx_2-b+1=2\Rightarrow x_2=1+\dfrac{1}{b}$；

当 $2\leqslant y\leqslant3$ 时，$k=b^2\Rightarrow y-2=b^2[x-(1+\dfrac{1}{b})]\Rightarrow y=f(x)=2+b^2[x-(1+\dfrac{1}{b})]$，$f(x_3)=3\Rightarrow2+b^2[x-(1+\dfrac{1}{b})]=3\Rightarrow x_3=1+\dfrac{1}{b}+\dfrac{1}{b^2}$。

归纳得到 $x_n=1+\dfrac{1}{b}+\dfrac{1}{b^2}+\cdots+\dfrac{1}{b^{n-1}}$。

(2) 由(1)得 $f(x)$ 的表达式是

$$f(x)=\begin{cases} x, & 0\leqslant x\leqslant1 \\ 1+b(x-1), & 1\leqslant x\leqslant1+\dfrac{1}{b} \\ 2+b^2\left[x-\left(1+\dfrac{1}{b}\right)\right], & 1+\dfrac{1}{b}\leqslant x\leqslant1+\dfrac{1}{b}+\dfrac{1}{b^2} \\ \cdots\cdots \\ n+b^n\left[x-\left(1+\dfrac{1}{b}+\dfrac{1}{b^2}+\cdots+\dfrac{1}{b^{n-1}}\right)\right], & x_n\leqslant x\leqslant x_{n+1} \\ \cdots\cdots \end{cases}$$

因为 $x_n = 1 + \dfrac{1}{b} + \dfrac{1}{b^2} + \cdots + \dfrac{1}{b^{n-1}}$,

当 $b > 1$ 时,x_n 的极限为 $\dfrac{b}{b-1}$,此时 $f(x)$ 的定义域为 $\left[0, \dfrac{b}{b-1}\right)$;

当 $0 < b < 1$ 时,$f(x)$ 的定义域为 $[0, +\infty)$。

注意 折线的函数式是分段函数,这里除要利用直线的点斜式方程求出 y 的表达式外,还要注意每一段自变量 x 与函数值 y 的取值范围以及整个函数的定义域,这样就把代数学中的函数和图像与解析几何学中的曲线和方程联系起来了。

第三节 公理化思想

公理化方法是从古希腊数学和逻辑学的发展中逐渐发展形成的。古希腊的毕达哥拉斯学派开创了把数学作为逻辑科学进行研究的方向,欧多克索斯在处理不可公度比时,建立了以公理为依据的演绎法。古希腊哲学家为了辩论的需要,发展了论辩术,柏拉图比较详尽地论述了论辩方法,并阐明了许多逻辑原理。可以说,公理化方法的产生(也称之为实质公理学阶段)主要来源于古希腊哲学家与数学家的贡献。

在数学发展史上,第一次把公理化方法系统运用于数学之中的是古希腊伟大的数学家欧几里得。欧几里得把形式逻辑的公理演绎方法应用于几何学,在前人积累起来的几何知识的基础上,运用抽象分析的方法提炼出一系列的基本概念和公理。由此出发,按照逻辑规则,将当时的几何知识几乎全部推导出来,从而使几何知识按公理系统形成了一个有机整体。这样,在数学领域中,公理化方法也就随之产生了。

《几何原本》共 13 卷,内容包括直边形和圆的性质、比例、相似形、数论、不可公度的分类、立体几何和穷竭法等。第一卷的开篇就给出了全书第一部分所用的 23 个定义,其中比较重要的有:

(1) 点是没有部分的。

(2) 线没有宽度只有长度。"线"这个字指曲线。

（3）一线的两端是点。（这个定义明确指出一线或一曲线总是有限长度的，《几何原本》里没有伸展到无穷远的一条曲线。）

（4）直线是同其中各点看齐的线。（定义 4 与定义 3 精神一致，欧几里得的直线是我们所说的线段。）

（5）面只有长度和宽度。

（6）面的边缘是线。（所以面也是有界的图形。）

（7）圆是包含在一（曲）线里的那种平面图形，其内有一点，连到该线的所有直线都彼此相等。

（8）于是那个点便叫圆心。

（9）圆的一直径是通过圆心且两端终于圆周的任意一条直线，而且这样的直线也把圆平分。

（10）平行直线是这样的一些直线，它们在同一平面内，而且往两个方向无限延长后在两个方向上都不会相交。

接着欧几里得列出了五个公设和五个公理。他采用了亚里士多德对公设与公理的区别，即公理是适用于一切科学的真理，而公设则只适用于几何。这五个公设为：

（1）由任意一点到任意一点可作直线。

（2）一条有限直线可以继续延长。

（3）以任意点为中心及任意的距离可以画圆。

（4）凡直角都相等。

（5）同平面内一条直线和另外两条直线相交，若在某一侧的两个内角的和小于二直角，则这二直线经无限延长后在这一侧相交。

五条公理为：

（1）跟同一件东西相等的一些东西，它们彼此也是相等的。

（2）等量加等量，总量仍相等。

（3）等量减等量，余量仍相等。

（4）彼此重合的东西是相等的。

（5）整体大于部分。

欧几里得从上述五条公设和五条公理出发，推出了 465 个命题。

《几何原本》成为一种全新的前所未有的数学演绎的公理化形式。

在数学发展史上是一座不朽的丰碑。同时,这种公理化的方法也就成为数学理论构成的标准化模式,公理化方法也成为由数学经验上升为数学理论的惟一形式。《几何原本》的构成方法、结构模式从此成为数学的典范。公理化方法从此在数学中扎根、发展,并且一直深深地影响着数学的发展。从现代公理化方法的层次分析,公理化研究的对象、性质和关系称之为"论域",这些对象、性质与关系由初始概念表示。在《几何原本》中论域是事先具体惟一给定的。例如,研究的对象点、线都事先具体惟一给定了,"点是没有部分的","线没有宽度只有长度"。按照"一个公理系统只有一个论域"的观点建立起来的公理学称为实质公理学,这种公理学一般是对经验知识的系统整理,公理都具有自明性。因此,从公理化方法的角度看,《几何原本》还是一种实质公理学的代表作(皮亚诺自然数算术公理系统、牛顿力学也是实质公理学)。

数学的公理化方法是数学自身发展的一种结果,自从公理化方法问世以来,它对推动数学的发展起到了积极的作用。公理化方法是数学严格表述的基本方法之一,特别是在近代数学的发展中,公理化方法发挥了巨大的作用。

公理化方法(也称之为公理方法),就是从尽可能少的无定义的概念(基本概念)出发去定义其他的一切概念,从一组不证自明的命题(基本公理或公设)出发,经过逻辑推理证明其他的一切命题,进而把一门学科的知识建构成为演绎系统的一种方法。人们通常也把由原始概念(或称之为基本概念)、公理所构成的演绎系统称为公理系统。

数学的公理化方法并不是从数学问世时就存在的,它有一个特定的发生发展的文化背景。公元前 3 世纪问世的《几何原本》,是古希腊数学家欧几里得对公理化方法的杰出贡献。如果说古希腊数学是公理化方法的孕育土壤,那么欧几里得就是一位伟大的公理化方法的辛勤耕耘收获者。

《几何原本》中使用的公理化方法,极大地影响了西方数学的发展,它成为后世数学家进行数学研究、构造数学理论最重要的方法。在数学的发展史中,公理化方法曾一度成为数学理论体系的惟一表述方法。可以这样说,数学的发展创造出了公理化方法,公理化方法的问世又极大地推动了数学的发展。

公理化方法在其发展中,已经超出了数学的范畴,成为自然科学乃至社会科学的一种科学方法。1899 年,希尔伯特的《几何基础》问世,是公理化方法在近代发展的代表作,它把以欧几里得《几何原本》为代表的公理化方法建成了一个比较完备的、形式化的公理系统。可以说,公理化的不断完善发展,使公理化方法作为一种科学的方法在数学和其他学科中发挥着越来越大的作用。

在数学的发展中,数学某一个分支的形成,都有一个来源于社会实践或来源于其他数学理论的过程,要把这些新的数学知识建成一个理论体系,要求数学家们必须准确、严格地运用公理化方法的内容。对数学知识或一个数学体系公理化的目的,就是要根据本门学科所提供的内容,经过逻辑层次上的分析与整理,最后把它表述成一个演绎系统。

对于公理的选择,公理化方法提出了三个基本的要求:

(1)协调性要求。协调性又称相容性和无矛盾性。这一要求是指在一个公理系统中,不允许既能证明定理 A 成立,又能证明定理 A 的反面(逆定理)成立。如果在一个公理系统中可以同时推导出命题 A 与非 A(否命题)同时成立,那么就可以说公理系统本身存在矛盾,这是公理选择和逻辑推证规则所不能允许的。应当注意,协调性是指一个理论体系中无矛盾,当同一个对象在不同的直线理论系统中就可以不受协调性限制。例如,在平面几何中,"两条直线不平行必相交,不相交必平行"是真命题,而在立体几何中就是假命题,这显然是由平面与空间两个理论系统造成的。

(2)独立性要求。在一个公理系统中所选择的公理不允许有一条能用其他公理推导出来,也就是说,公理系统中每条公理都应独立存在,这样可以使一个公理系统中的公理降低到最少的程度。在中学数学中,有时为了减少论证的复杂性,适应学生的学习需要,往往把一些定理也作为公理给出。不过,作为公理的选择以及公理系统的建构,必须严格按照独立性的要求来选择公理。

（3）完备性要求。在一个公理系统中要有确保能够导出所论数学某分支的全部命题，换句话说，必要的公理绝不能减少，否则会使这个数学分支的某些真命题得不到理论上的证明。在公理的选择时，人们通常的做法是，发现公理系统不完备就补充一些公理。在中学及初等数学的实际教学中，由于运用的范围有限常有一些公理并不列出，有时也运用直观来代替一些公理。从理论上说这样也许不妥，但从数学的阶段性及学生认识论证的层次上来说是完全可以的。

从理论层次上说，上述三个方面的要求是选择公理、构建公理系统时所必须遵守的。对于具体理论系统而言，尤其是对一个复杂的公理系统而言，有时要验证这三条要求是相当困难的，有此问题至今还未得到彻底解决。

运用公理化方法的手段对某门学科进行公理化，是人们追求的目标。在数学领域内几何学公理、算术公理和集合论公理是目前研究最深刻的。然而，哥德尔（K. Godel）证明，算术公理系统是不完备的，即在一个算术系统中，存在一个命题，该命题及其否定在该系统中都不能被证明。这不能不算是对人们公理化信心的一个打击。

在数学发展中，公理化方法曾发挥过重要的作用，在现代科学技术发展进程中，公理化的思维方法也产生过重要的影响。公理化方法在方法论的意义上以及在数学教育的意义上都有着重要的作用。

1. 公理化方法是加工、整理知识，建立科学理论的工具，可以帮助一门学科由经验知识阶段迅速上升到理性结构阶段

任何一门学科，都有一个逐步积累经验、知识、方法的过程。当一门学科的经验知识积累到一定程度的时候，人们就要从理论的层次给予总结，并把它构造成一种逻辑的体系。换句话说，在任何知识达到一定程度之后，都有一个整理分析，使之条理化、系统化、理论构造化的过程。可以说，能够胜任这项工作的最重要的方法之一，就是公理化方法。从近代物理、化学等其他自然科学发展的历史分析，可以发现，公理化方法是使科学知识转变成科学理论体系的最有效的方法之一。

在近代群论的发展中人们可以发现公理化方法的作用。当群论发展时,人们在具体群特征的基础上寻找它们之间的公共规律,此时公理化方法表现出方法论意义上的重大作用。一种带有公理化特征的群论的问世,使群理论成为一种公理化的体系。这种公理化的群论,使研究对象有多种的解释(模型),它可以是数、向量、多项式、函数、矩阵、晶体结构中的点,甚至可以看作是运用、变换等等。可以说,公理化方法使群的理论具有高度的抽象性,公理化方法在群论的发展中发挥了重要的作用。

2. 公理化方法有助于发现新的数学成果,可以探索各个数学分支的逻辑结构,发现新问题,促进和推动科学理论的发展

例如,在数学史上,非欧几何的出现正是由于公理化方法运用的结果。人们在逻辑论证的意义上明确了第五公设是不可证明的公理之后,才开始设想引入一个新的公设来取代它,于是从逻辑上推导出第五公设不成立的一套全新的几何体系——非直观可以说明的非欧几何。可以说,公理化方法是新的几何体系的助产士,没有对公理的逻辑论证的不断研究,没有以公理化方法对第五公设的长期论证,就不会有非欧几何的问世。这个典型的例子说明,公理化方法在理论层次上推进科学发展的重要作用和意义。

3. 公理化方法对各门自然科学的表述具有积极的借鉴意义

数学中的各分支都经历过公理化的分析和讨论,其他学科沿用公理化方法的例子也不少,例如,牛顿仿射欧氏几何,把哥白尼到刻卜勒时期所积累的力学知识用公理化方法组成一个逻辑体系,使得能够从牛顿三定律(公理)出发,依逻辑方法把力学定律逐条推出。

4. 公理化方法推动了结构主义运用

公理化的思维方法是对一个理论体系的基本概念、公理进行认真选择后建立起的一个逻辑严谨的公理化结构的思维方法。这种思维方法在近代的发展就是由法国布尔巴基学派兴起的数学结构主义的运动。布尔巴基学派运用公理化方法,在 20 世纪 30 年代之后的约 40 年时间内,对整个数学的基础理论进行了公理化形式的整理和划分。这个学派把数学的各分支中最重要的基本概念、最重要的出发点分离出来,并由此形成了结构主义的观点。布尔巴基学派认为,整个数学

是由最基本的代数结构、序结构和拓扑结构组成的,这些结构的不同组合就形成了不同的数学研究对象,这里当然包含复合结构、多重结构和混合结构等。

5. 公理化方法有利于学生理解和掌握数学知识、数学方法,有利于培养逻辑思维能力

数学教育的重要目的之一,就是要人们学会数学思维。因此,可以认为,学习公理化方法可以提高数学教育的成效,它会培养和熏陶学生逻辑思维的能力。同时,公理化方法揭示的数学内在结构性,也帮助人们从逻辑思维的层面去认识和理解数学,这种对数学的理解和认识也会极大地提高人们运用逻辑思维的能力。

总之,随着科学的不断发展,公理化方法的作用还在不断地扩大。

第四节 整体化思想

一个数学问题一般总表现为一个系统。在解题中,注意对其作整体结构的分析,从整体性质上去把握各个局部,这样的解题观念或思考方法,称为整体处理。所谓数学的整体化思想,就是暂时不注重于系统的某些元素的分析,暂时忽略或模糊系统的某些细节,而是重视元素之间的联系、系统的整体结构,从整体上考虑命题的题设、题断及其相互关系,从整体上把握解决问题的方向,并作出决策。在系统论里有一个整体原理,说系统各部分功能的总和不等于系统的功能,我们在解题中运用整体处理的技巧就是要设法把各部分功能的总和大于系统的功能。

【例 30】 设 $x_1, x_2, \cdots x_9$ 都是非零实数,则行列式

$$\begin{vmatrix} x_1 & x_2 & x_3 \\ x_4 & x_5 & x_6 \\ x_7 & x_8 & x_9 \end{vmatrix} = x_1 x_5 x_9 + x_2 x_6 x_7 + x_3 x_4 x_8 - x_3 x_5 x_7 - x_1 x_6 x_8 -$$

$x_2 x_4 x_9$ 中至少有一项是负数,有一项是正数。

思考与分析 一般思路是将行列式展开式各项的具体细节,分各种可能情形逐一证明,解题过程很烦琐。事实上,如果对命题有一个

整体性的认识：命题本身不要求指明哪一项是正的或负的，只需证明至少存在一项正、一项负，着眼于整体，抓住奇数个负项之积是负数这一性质，给出漂亮的证明，这六项的乘积$-(x_1x_2\cdots x_9)^2<0$，所以六项中必有奇数项是负数，也有奇数项是整数。

评析　从思维方式的角度看，整体化思想是直觉思维和逻辑思维的和谐统一，其思维过程中既有综合又有分析，它常常先依靠直觉思维从整体上把握目标，然后再依靠逻辑思维准确地达到目标。

【例 31】　证明，任意 3 个实数 a,b,c 不能同时满足下列三个不等式

$$|a|<|b-c|,|b|<|c-a|,|c|<|a-b|$$

思考与分析　对于 a,b,c 的具体取值，哪个不等式不成立是不清楚的，比如 $a=1,b=2,c=3$ 时，3 个不等式都不成立；$a=1,b=2,c=4$ 时，只有 $|c|<|a-b|$ 不成立，若交换 a,b,c 的值，则哪一个不等式都有可能不成立。面对这样的情况，作整体处理是合适的。

证法一　设 $A=a^2-(b-c)^2,B=b^2-(c-a)^2,C=c^2-(a-b)^2$，则 $ABC=(a+b-c)^2(a-b+c)^2(b+c-a)^2\geqslant0$。

故 A、B、C 中至少有一个非负，或 $A\geqslant0$，或 $B\geqslant0$，或 $C\geqslant0$。

即 $|a|\geqslant|b-c|,|b|\geqslant|c-a|,|c|\geqslant|a-b|$ 三式中至少有一式成立，从而 $|a|<|b-c|,|b|<|c-a|,|c|<|a-b|$ 不能同时成立。

证法二　若不然，存在 3 个实数 a_0,b_0,c_0，使

$$|a_0|<|b_0-c_0|,|b_0|<|c_0-a_0|,|c_0|<|a_0-b_0|。$$

平方后移项，得

$$(a_0-b_0+c_0)(a_0+b_0-c_0)<0,$$
$$(b_0-c_0+a_0)(b_0+c_0-a_0)<0,$$
$$(c_0-a_0+b_0)(c_0+a_0-b_0)<0。$$

三式相乘得 $0\leqslant(a_0-b_0+c_0)^2(a_0+b_0-c_0)^2(b_0+c_0-a_0)^2<0$。

这一矛盾说明，任意 3 个实数 a,b,c 不能同时满足题设的三个不等式。

评析　前一处理是通过整体性质来确定局部性质；后一处理是通过整体处理来暴露矛盾。

【例 32】 在 $\triangle ABC$ 的内部有 n 个点,以这 $n+3$ 个点为顶点,将三角形分割成互不重叠的三角形,共可得几个三角形?

思考与分析 取 $n=1,2,3,\cdots$,由图 5-1 可猜测共得小三角形 $N_n=2n+1$(个)。

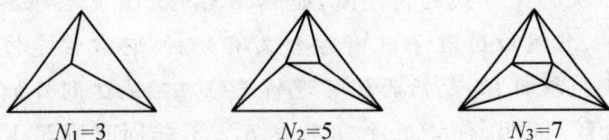

$N_1=3 \qquad N_2=5 \qquad N_3=7$

图 5-1

从三角形内角和的角度看问题,应有 $N_n\pi=2n\pi+\pi$。

问题转化为给这个式子找一个几何解析。

证法一 设三角形分割得出小三角形有 x 个,下面用两种方法求这些三角形的内角和 S。

一方面,由三角形的内角和等于 π 可得

$$S=\pi x \tag{①}$$

另一方面,S 可由两部分角组成,一部分是顶点在 A,B,C 处,其和为 π;另一部分顶点在 $\triangle ABC$ 内部,每一个点对应一个周角,共 n 个周角,故得

$$S=2\pi n+\pi \tag{②}$$

由①、②得 $\pi x=2\pi n+\pi$,所以 $x=2n+1$。

评析 由于对 $\triangle ABC$ 的分割未必惟一,因而直接计算很不方便,此处用整体处理的方式来解决,求 x 是一种整体处理,第二次计算 S(即求第②式)也是一种整体处理。当然,一开始还通过特殊化来寻找解题的方向。

完全一样的步骤可将 $\triangle ABC$ 推广为凸 K 边形 $A_1A_2\cdots A_k$,相应的结论为 $x=2n+(k-2)$(个)。

证法二 视平面图形为空间简单多面体的投影。设小三角形有 x 个,则面数 V,顶点数 E,棱数 F 分别为 $V=x+1,E=n+3,F=\dfrac{3(x+1)}{2}$。

代入欧拉公式（或用定理 68）$V+E-F=2$，得

$$(x+1)+(n+3)-\frac{3(x+1)}{2}=2。$$

有 $x=2n+1$。

评析　将平面图形看成空间图形的投影，这有一般化的思想，当 $n=3$ 时，此例即为 1989 年全国初中联赛试题。

在利用整体化思想解题时我们可以利用以下几种方法：

一、挖掘问题的整体化特征

【例 33】　正方形的内部给出了 1997 个点，现用 A 表示正方形的 4 个顶点和这 1997 个点构成的集合，并按下述规则将这张纸剪成一些三角形：每个三角形的 3 个顶点都是 A 中的元素；除顶点外，每个三角形中不再具有 A 中的点。试问：一共可以剪出多少三角形？一共剪了多少刀？

思考与分析　（1）如果逐点或逐个三角形来考虑，那就太繁琐了。由于三角形三内角和为定值，而正方形每个顶点不管这样剪总可以提供 $90°$，内部的每个点可以提供 $360°$，因此可以从三角形内角和总数方面作整体性考虑。如图 5-2 所示，M 中有

第一类为四边形的顶点，即 A,B,C,D 等。

第二类是四边形内部的那 2000 个点，如 P,Q 等。

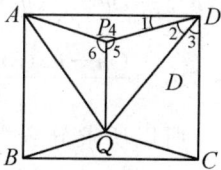
图 5-2

研究以第一类点为顶点的所有三角形的相关角，如以 D 为公共顶点的 $\angle 1,\angle 2,\angle 3$，它们的和为 $90°$。

以第二类点中每个点为顶点的三角形的相关角的和为 $360°$，例如，以 P 为顶点的三角形有 3 个，其中，以 P 为公共顶点的 3 个角之和为 $\angle 4+\angle 5+\angle 6=360°$，故符合条件的所有三角形的内角和为

$4\times 90°+2000\times 360°=4002\times 180°$，故共剪出 4002 个三角形。

（2）每个三角形共有三边，故每个三角形共要剪 3 刀，4002 个三角形共 4002×3 边。但原四边形的四边不必剪，并且注意到其余每边

都是两个三角形的公共边,故应剪的刀数是$(4002\times3-4)\div2=2001$

$\times3-2=6001$,故共要剪去 6001 刀。

二、从全局入手解决局部问题

本来是个局部的数学问题,为解决它,"升格"为全局问题,通过对全局问题的研究,导致原问题的解决。

【例 34】 求包含在正整数 m 与 $n(m<n)$ 之间的分母为 3 的所有不同约分数之和。

思考与分析 这样的所有分数是

$$m+\frac{1}{3},m+\frac{2}{3},m+\frac{4}{3},m+\frac{5}{3},\cdots,n-\frac{2}{3},n-\frac{1}{3}$$

它既非等差数列,又非等比数列,当然不好求和,但我们看到包含正整数 m 与 n 之间的可约分分数为 $m,m+1,\cdots,n-1,n$

它的各项和容易求出,$S_1=\dfrac{(m+n)(n-m+1)}{2}$。

这两类分数统一在整体 $m,m+\dfrac{1}{3},m+\dfrac{2}{3},m+1,m+\dfrac{4}{3},m+\dfrac{5}{8}$,

$\cdots,n-\dfrac{2}{3},n-\dfrac{1}{3},n$ 之中,而这整体分数为等差数列,各项和为

$$S_2=\frac{(m+n)(3n-3m+1)}{2}$$

所以所求分数之和为 $S=S_2-S_1=n^2-m^2$。

三、从整体结构考虑,宏观把握问题实质

【例 35】 设 P 是椭圆上除长轴端点外的任意一点,F_1,F_2 是焦点,e 是离心率,设 $\angle PF_1F_2=\alpha,\angle PF_2F_1=\beta$,求证:$\tan\dfrac{\alpha}{2}\cdot\tan\dfrac{\beta}{2}=\dfrac{1-e}{1+e}$。

思考与分析 从宏观结构上考察,欲证结论就是要寻找一个 α,β 与 a、c 之间的关系式(因 $e=\dfrac{c}{a}$),如图 5-3 所示,而在 $\triangle PF_1F_2$ 中,

$|F_1F_2|=2c$，$|PF_1|+|PF_2|=2a$，故可从正
弦定理来推演所要证的结论。

在 $\triangle PF_1F_2$ 中，由正弦定理、等比定理有

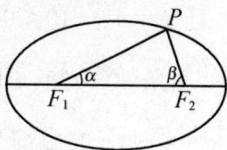

图 5-3

$$\frac{2c}{\sin(\alpha+\beta)}=\frac{|PF_2|}{\sin\alpha}=\frac{|PF_1|}{\sin\beta}=\frac{2a}{\sin\alpha+\sin\beta}。$$

从客观意义上讲，列出此式已把握了问题
实质，后面只是推演。由前式有

$$e=\frac{c}{a}=\frac{\sin(\alpha+\beta)}{\sin\alpha+\sin\beta}=\frac{2\sin\frac{\alpha+\beta}{2}\cos\frac{\alpha+\beta}{2}}{2\sin\frac{\alpha+\beta}{2}\cos\frac{\alpha-\beta}{2}}=\frac{\cos\frac{\alpha+\beta}{2}}{\cos\frac{\alpha-\beta}{2}}$$

$$=\frac{\cos\frac{\alpha}{2}\cos\frac{\beta}{2}-\sin\frac{\alpha}{2}\sin\frac{\beta}{2}}{\cos\frac{\alpha}{2}\cos\frac{\beta}{2}+\sin\frac{\alpha}{2}\sin\frac{\beta}{2}},$$

所以 $\dfrac{1-e}{1+e}=\dfrac{2\sin\frac{\alpha}{2}\sin\frac{\beta}{2}}{2\cos\frac{\alpha}{2}\cos\frac{\beta}{2}}=\tan\frac{\alpha}{2}\cdot\tan\frac{\beta}{2}$。

四、从整体性质出发对已知条件进行整体运用

对已知条件要克服单抓一二项，而忽视其他的不良习惯，要从整
体性质出发对已知条件进行整体运用，挖掘已有条件的地位与作用，
从而达到训练学生整体思维能力的目的。

【例 36】 求同时满足下列两个条件的所有复数 z：

(1) $z+\dfrac{10}{z}$ 是实数，且 $1<z+\dfrac{10}{z}\leqslant 6$；

(2) z 的实部和虚部都是整数。

思考与分析　此题是湖南、海南、云南三省 1992 年高考题，从整
体性质上把握，对条件(1)、(2)要用透用够，并同时满足这两个条件。

令 $z+\dfrac{10}{z}=u$，则 $z^2-zu+10=0$。

因为 u 为实数，且 $1<u\leqslant 6$，可见它为关于 z 的实系数一元二次方

程,且 $\Delta=u^2-40<0$,于是 $z=\dfrac{1}{2}(u\pm\sqrt{40-u^2}\,i)$。

由条件(2)知,u 只能在 2、4、6 中考虑。当 $x=2$ 时,z 的虚部为 ±3;当 $u=4$ 时,z 的虚部为 $\dfrac{1}{2}\sqrt{24}$,不合题意;当 $u=6$ 时,z 的虚部为 ±1。

所以所求复数为 $1\pm3i,3\pm i$。

【例 37】 求函数 $y=-(x-2)^2+3|x-2|+5$ 的最大值。

思考与分析 此函数的形式看上式比较复杂,若把绝对值符号去掉,则必须分类讨论。但从整体上看与二次函数很相似,为此把 $(x-2)^2$ 看成 $|x-2|^2$,即原式可化为

$$y=-|x-2|^2+3|x-2|+5$$

令 $t=|x-2|$,当 $t=\dfrac{3}{2}$ 时,函数 y 有最大值 $\dfrac{29}{4}$,

即 $x=\dfrac{7}{2}$ 或 $\dfrac{1}{2}$ 时,函数 y 取最大值 $\dfrac{29}{4}$。

【例 38】 已知

$$\frac{x^2}{2^2-1^2}+\frac{y^2}{2^2-3^2}+\frac{z^2}{2^2-5^2}+\frac{w^2}{2^2-7^2}=1$$

$$\frac{x^2}{4^2-1^2}+\frac{y^2}{4^2-3^2}+\frac{z^2}{4^2-5^2}+\frac{w^2}{4^2-7^2}=1$$

$$\frac{x^2}{6^2-1^2}+\frac{y^2}{6^2-3^2}+\frac{z^2}{6^2-5^2}+\frac{w^2}{6^2-7^2}=1$$

$$\frac{x^2}{8^2-1^2}+\frac{y^2}{8^2-3^2}+\frac{z^2}{8^2-5^2}+\frac{w^2}{8^2-7^2}=1$$

求 $x^2+y^2+z^2+w^2$ 的值。

思考与分析 把四个方程变成一个整体,即以 $2^2,4^2,6^2,8^2$ 为根的关于 t 的方程

$$\frac{x^2}{t-1^2}+\frac{y^2}{t-3^2}+\frac{z^2}{t-5^2}+\frac{w^2}{t-7^2}=1 \qquad\qquad (1)$$

这是一个关于 t 的分式方程,可以化为关于 t 的四次方程

$$t^4-(x^2+y^2+z^2+w^2+84)t^3+a_2t^2+a_3t+a_4=0 \qquad\qquad (2)$$

又因为 $2^2,4^2,6^2,8^2$ 为方程(2)的根,则

$(t-2^2)(t-4^2)(t-6^2)(t-8^2)=0,$

整理得 $t^4-(2^2+4^2+6^2+8^2)t^3+a_2t^2+a_3t+a_4=0$ 　　　(3)

比较方程(2)和(3)中 t^3 的系数可得

$x^2+y^2+z^2+w^2+84=2^2+4^2+6^2+8^2=120$

$x^2+y^2+z^2+w^2=36$

五、从整体结构考虑，抓住整体的不变性

在研究一个题目时，当一些条件变化，而另一些条件或者研究对象的整体保持不变，这些整体的不变性可以直接影响题目的结果，我们就要从整体上去发现和抓住这些不变的因素。

【例 39】 设 $n(\geqslant2)$ 名选手两两之间进行一场比赛，没有平局，第 i 名选手胜 w_i 场，负 l_i 场，求证：$w_1^2+w_2^2+\cdots+w_n^2=l_1^2+l_2^2+\cdots+l_n^2$。

思考与分析　我们考虑比赛总场数这一整体。

因为每一场比赛没有平局，必有一人胜，一人负，所以所有人所有胜场总和等于所有人所有负场总和，即 $w_1+w_2+\cdots+w_n=l_1+l_2+\cdots+l_n$。这是一个不变量。

另外，对于每个选手都是比赛了 $n-1$ 场，因此有

$w_i+l_i=n-1\ (i=1,2,\cdots,n)$，这又是一个不变量。

利用这两个不变量，本题很容易解决

$$\sum_{i=1}^n w_i^2-\sum_{i=1}^n l_i^2=\sum_{i=1}^n(w_i^2-l_i^2)=\sum_{i=1}^n(w_i-l_i)(w_i+l_i)$$

$$=(n-1)\sum_{i=1}^n(w_i-l_i)$$

$$=(n-1)(\sum_{i=1}^n w_i-\sum_{i=1}^n l_i)$$

$$=0$$

于是 $w_1^2+w_2^2+\cdots+w_n^2=l_1^2+l_2^2+\cdots+l_n^2$

六、利用配对策略，把局部补成整体

配对策略是通过配对把局部补成整体的一个手段，用整体化思维解题的常用策略，往往是通过题目中的某个式子 A 的特点，配上一个 A 的对偶式 B，使得 A 和 B 从整体上有些比较明显的结果。例如 $A=$

$\sin x$，配上 $B = \cos x$，则 $A^2 + B^2 = 1$；如果 $A = 2 + \sqrt{3}$，配上它的共轭根式 $B = 2 - \sqrt{3}$，则 $A + B = 4, AB = 1$ 等等。

【例 40】 已知 $a_1, a_2, \cdots, a_n$ 均为正实数，且满足 $a_1 + a_2 + \cdots + a_n = 1$，

求证：不等式 $\dfrac{a_1{}^2}{a_1 + a_2} + \dfrac{a_2{}^2}{a_2 + a_3} + \cdots + \dfrac{a_{n-1}^2}{a_{n-1} + a_n} + \dfrac{a_n{}^2}{a_n + a_1} \geqslant \dfrac{1}{2}$ 对正整数 n 成立。

思考与分析　设 $A = \dfrac{a_1{}^2}{a_1 + a_2} + \dfrac{a_2{}^2}{a_2 + a_3} + \cdots + \dfrac{a_{n-1}^2}{a_{n-1} + a_n} + \dfrac{a_n{}^2}{a_n + a_1}$

利用配对策略，构造 A 的对偶式

$$B = \frac{a_2{}^2}{a_1 + a_2} + \frac{a_3{}^2}{a_2 + a_3} + \cdots + \frac{a_n{}^2}{a_{n-1} + a_n} + \frac{a_1{}^2}{a_n + a_1}$$

我们研究 $A + B$ 和 $A - B$

$$\begin{aligned}
A - B &= \frac{a_1{}^2 - a_2{}^2}{a_1 + a_2} + \frac{a_2{}^2 - a_3{}^2}{a_2 + a_3} + \cdots + \frac{a_{n-1}^2 - a_n{}^2}{a_{n-1} + a_n} + \frac{a_n{}^2 - a_1{}^2}{a_n + a_1} \\
&= (a_1 - a_2) + (a_2 - a_3) + \cdots + (a_{n-1} - a_n) + (a_n - a_1) \\
&= 0
\end{aligned}$$

所以 $A + B = 2A$

$$\begin{aligned}
2A &= A + B \\
&= \frac{a_1{}^2 + a_2{}^2}{a_1 + a_2} + \frac{a_2{}^2 + a_3{}^2}{a_2 + a_3} + \cdots + \frac{a_{n-1}^2 + a_n{}^2}{a_{n-1} + a_n} + \frac{a_n{}^2 + a_1{}^2}{a_n + a_1}
\end{aligned}$$

注意到对正数 m 和 n 有

$$\left(\frac{m+n}{2} \right)^2 \leqslant \frac{m^2 + n^2}{2}$$

于是 $\dfrac{m^2 + n^2}{m + n} \geqslant \dfrac{1}{2}(m + n)$

$$\begin{aligned}
2A &\geqslant \frac{1}{2} \big[(a_1 + a_2) + (a_2 + a_3) + \cdots + (a_{n-1} + a_n) + (a_n + a_1) \big] \\
&= \frac{1}{2} \big[(a_1 + a_2 + \cdots + a_n) + (a_n + a_{n-1} + \cdots + a_1) \big] \\
&= 1
\end{aligned}$$

所以 $A \geqslant \dfrac{1}{2}$。

七、挖掘结论的整体性

题目的结论整体性很强,而从局部并不容易去思考,这时,我们常常把结论的对象看做一个整体,并从整体上去研究结论的特征,从而获得解题的方法。

【例 41】　今有男女各 $2n$ 人,围成内外两圈跳邀请舞,每圈各 $2n$ 人,有男有女,跳舞规则如下:每当音乐响起,如面对面是一男一女,则男的邀请女的跳舞,如果均是男的,或者均是女的,则鼓掌助兴,曲终时,外圈的人均向前一步,如此继续,试证:在整个跳舞过程中,至少有一次起舞的男女不少于 n 对。

思考与分析　我们不能局限在哪一次起舞的过程,也没有办法去确定哪一次起舞的男女不少于 n 对,只能对本题的结果进行整体思考。

我们设内圈的人为 $x_1, x_2, \cdots, x_{2n}$,外圈的人为 $y_1, y_2, \cdots, y_{2n}$,并设男的为 $+1$,女的为 -1。

有了以上的赋值,可以使问题数学化。

考查 $x_i y_i$:

若 x_i 和 y_i 都是男的或者都是女的,依题设,则不起舞,此时有

$x_i y_i = +1 > 0$。

若 x_i 和 y_i 一是男的,一是女的,依题设,则起舞,此时有 $x_i y_i = -1 < 0$。

考虑结论的整体,假定每次起舞都少于 n 对,即结论不成立,我们可寻求可能发生的矛盾。

由于总对数为 $2n$ 对,若每次起舞者都少于 n 对,则起舞者少于不起舞者,于是有

$$x_1 y_1 + x_2 y_2 + \cdots + x_{2n} y_{2n} > 0$$
$$x_1 y_2 + x_2 y_3 + \cdots + x_{2n} y_1 > 0$$

......

$$x_1 y_{2n-1} + x_2 y_n + \cdots + x_{2n} y_{2n-2} > 0$$

$$x_1 y_{2n} + x_2 y_1 + \cdots + x_{2n} y_{2n-1} > 0$$

将以上 $2n$ 个不等式相加得

$$(x_1 + x_2 + \cdots + x_{2n})(y_1 + y_2 + \cdots + y_{2n}) > 0 \qquad (1)$$

下面针对(1)式,研究 $x_1 + x_2 + \cdots + x_{2n}$ 和 $y_1 + y_2 + \cdots + y_{2n}$

设内圈有 k 个男的,则有 $2n - k$ 个女的,此时外圈有 $2n - k$ 个男的,k 个女的。于是

$$x_1 + x_2 + \cdots + x_{2n} = k \cdot (+1) + (2n - k) \cdot (-1) = 2k - 2n$$

$$y_1 + y_2 + \cdots + y_{2n} = (2n - k) \cdot (+1) + k \cdot (-1) = 2n - 2k$$

两式相乘得

$$(x_1 + x_2 + \cdots + x_{2n})(y_1 + y_2 + \cdots + y_{2n}) = -4(n - k)^2 \leqslant 0 \qquad (2)$$

(1)与(2)发生矛盾。

于是,一定有一次起舞的男女不少于 n 对。

从上述七方面我们可以看出,在解题中,适当地利用整体化思想,就能找到新的解题途径。其实,整体化思想还有很多,我们在学习中如果能够多加思考,一定能够掌握更多更灵活的方法。

第五节　分类讨论思想

当面临较复杂的对象时,人们往往会考虑将对象按某种特征分成几个部分,逐一加以研究,再综合之,以达到认识对象整体的目的。这种分类方法在科学研究中是广为适用的。例如,生物学家通过直觉归纳、解剖等手段,运用分类方法编排出动植物的谱系;化学家在分类的基础上,根据元素的周期现象,预言新元素的存在及其性质。

分类讨论是解决问题的一种逻辑方法,也是一种数学思想,这种思想对于简化研究对象,发展人的思维有着重要帮助,因此,有关分类讨论的数学命题在高考试题中占有重要位置。

所谓分类讨论,就是当问题所给的对象不能进行统一研究时,就需要对研究对象按某个标准分类,然后分别研究得出每一类的结论,最后综合各类结果得到整个问题的解答。实质上,分类讨论是"化整为零,各个击破,再积零为整"的数学策略。

分类是根据对象的相同点和差异点将对象区分为不同种类的逻辑方法。分类也叫划分。分类是以比较为基础的,通过比较识别对象之间的异同,根据相同点将对象归为较大的类,根据差异点将对象划分为较小的类,从而将对象区分为具有一定从属关系的不同等级的系统。分类的目的在于使知识组成条理化,进而系统化。

一、分类的标准

分类具有不可缺少的三要素:母项、子项和根据。母项是被划分的种概念,子项是划分后所得的类概念,划分的根据就是借以划分的标准。

分类必须有一定的标准,即必须根据对象本身的某种属性或关系来进行划分。由于客观事物有多方面的属性,事物之间有多方面的联系,因此分类的标准也是多方面的,可根据不同的需要采用不同的分类标准,对事物进行不同的分类。但每一次分类都应按照同一标准进行,所取的标准应服从于研究的目的或观察问题的角度。

二、分类的原则

任何分类必须遵循以下原则,只有这样,才能在分类过程中防止出现遗漏、重复或者混淆不清的现象。

(一)同一性原则,即分类应按同一个标准

每次划分的根据必须同一,即每一次划分时,标准只能一个,不能交叉地使用几个不同的划分标准。因此,在分类前,应当从被分类的概念属性中,取一个属性作为依据,它有两层意思:一是判别概念(属)应放在哪一类的衡量尺度;二是对两个不同的概念(属)要用同一尺度衡量,否则就会出现划分的结果重叠或过宽的逻辑错误,使划分后的结果混淆不清。

（二）合理性原则，即分类应当做到不重复、也不遗漏

首先，分类应是完备的，即分类所得的各子项外延之和必须与被分类的母项的外延相等。从量方面要求一个也不能丢掉。从集合观点看，被分类概念的外延应被分类所得各属概念的外延覆盖，各属概念的并集等于被分概念外延的全集，否则会出现过宽或过窄的逻辑错误。其次，分类应是纯粹的。分类所得的各子项必须互相排斥，划分的子项概念的外延之间是不相容的关系。从集合的角度看，被分成的任何两类之间不相交，即无共同元素，每一类元素之间满足一个标准或关系，不满足该标准或关系的不能属于同一类，即各属概念外延之交集为空集。如把平行四边形分为矩形、菱形和正方形，就不仅违反了第二个原则，而且也犯了"交叉"和"从属"的毛病。

（三）分类讨论的常规方法

（1）依据数学概念的定义进行分类。如绝对值、直线与平面所成的角等。

（2）依据数学公式、原则、法则的适用范围进行。如等比数列求和公式。

（3）依据数形结合进行分类。如集合的交、并、补用数轴讨论。

（4）依据位置关系进行分类。如几何中点与点、点与线、面与面等位置关系。

（5）依据数学性质进行分类。如偶次算术根的性质，二次函数、幂函数等性质。

（6）依据参数的变化范围进行分类。

（7）依据整数的奇偶性进行分类。

（四）用分类讨论思想解题的一般步骤

（1）确定分类讨论的对象。

（2）进行合理的分类讨论。

（3）逐步逐级分类讨论。

（4）综合、归纳结论。

（五）分类思想应用举例

1. 排列组合问题

【**例 42**】 所有三位数中有且仅有两个数字相同的共有多少个？

思考与分析 符合条件的三位数可以分成如下 10 类：

有两个 0 的：$100,200,\cdots,900$，共有 $C_9^1 = 9$；

有两个 1 的：在除 1 以外的 9 个数中任选 1 个，在 $1,1$ 之间的位置关系有 3 个，但应除去 011 这种情况，共有 $9 \times 3 - 1 = 26$ 个；

同理，有两个 2，两个 3，$\cdots$，两个 9 的三位数各有 26 个。

所以，所有三位数中有且仅有两个数字相同的共有 $26 \times 9 + 9 = 243$ 个。

【**例 43**】 某车间有 10 名工人，其中 4 人仅会车工，3 人仅会钳工，另外 3 人车工、钳工都会，现需选出 6 人完成一项工作，需要车工，钳工各 3 人，问有多少种选派方案？

思考与分析 如果先考虑钳工，因有 6 人会钳工，故有 C_6^3 种选法，但此时不清楚选出的钳工中有几个是车工、钳工都会的，因此也不清楚余下的 7 人中有多少人会车工，所以在选车工时，就无法确定是从 7 人中选，还是从 6 人、5 人或 4 人中选。同样，如果先考虑车工也会遇到同样的问题。因此，需对全能工人进行分类：

（1）选出的 6 人中不含全能工人；

（2）选出的 6 人中含有一名全能工人；

（3）选出的 6 人中含有 2 名全能工人；

（4）选出的 6 人中含有 3 名全能工人。

解 $C_4^3 \cdot C_3^3 + C_4^3 \cdot C_3^1 \cdot C_3^2 + C_4^3 \cdot C_3^2 \cdot C_3^1 + C_3^3 \cdot C_3^1 \cdot C_4^2 + C_3^2 \cdot C_4^1 \cdot$
$C_3^3 + C_3^2 \cdot C_4^2 \cdot P_3^2 + C_3^3 + C_4^3 + C_3^2 \cdot C_4^1 \cdot C_3^2 + C_3^2 \cdot C_3^1 \cdot C_4^2 = 309$

或：$C_3^3 \cdot C_7^3 + C_3^1 \cdot C_3^2 \cdot C_6^3 + C_3^2 \cdot C_3^1 \cdot C_5^3 + C_3^3 \cdot C_4^3 = 309$

2. 运用抽屉原理的有关问题

关键是构造抽屉，而构造抽屉的实质就是根据题目结论的要求，选择恰当的分类标准，对已知条件中的所有元素进行分类。

【**例 44**】 在 1 到 100 的自然数集合中，任取 51 个数，其中必有两个数，它们中的一个是另一个的倍数。

思考与分析 构造抽屉：设 P 为 1 到 100 之间的奇数，按 $P \times 2^n$ $(n=0,1,\cdots)$ 的形式可以将 1 到 100 的所有自然数分成符合要求的 50 类：

$A_1 = \{1, 1 \times 2, 1 \times 2^2, \cdots, 1 \times 2^6\}$

$A_2 = \{3, 3 \times 2, 3 \times 2^2, \cdots, 3 \times 2^5\}$

......

$A_{25} = \{49, 49 \times 2\}$

$A_{26} = \{51\}$

......

$A_{50} = \{99\}$

由于从 50 类中任取 51 个数，至少有两个数在同一类中，这两个数其中一个数为另一个数的倍数。

3. 含参数问题的讨论

【例 45】 讨论方程 $(k^2+k-2)x^2+k^2y^2=9$ 的曲线的形式。

思考与分析 先求 $k^2+k-2=0, k^2=0$ 的根为 $-2, 0, 1$。

(1) 当 $k<-2$ 时，因为 $k^2+k-2>0$ 和 $k^2>0$，所以曲线是椭圆。由于这时 $k^2+k-2<k^2$，所以它的焦点在 y 轴上。

(2) 当 $k=-2$ 时，方程化为 $y=\pm\dfrac{3}{2}$，这是与 x 轴平行的两条直线。

(3) 当 $-2<k<0$ 时，因为 $k^2+k-2<0, k^2>0$，所以曲线是双曲线，它的焦点在 y 轴上。

(4) 当 $k=0$ 时，不存在图形。

(5) 当 $0<k<1$ 时，
因为 $k^2+k-2<0, k^2>0$，所以曲线是双曲线，焦点在 y 轴上。

(6) 当 $k=1$ 时，方程化为 $y=\pm3$，曲线为平行于 x 轴的两条直线。

(7) 当 $k>1, k^2+k-2>0, k^2>0$，其中当 $1<k<2$ 时，曲线是焦点在 y 轴上的椭圆。当 $k=2$ 时，曲线变成 $x^2+y^2=\dfrac{9}{4}$，当 $k>2$ 时，曲线

是焦点在 x 轴上的椭圆。

【例46】 已知集合 $A=\{x\,|\,10+3x-x^2\geqslant 0\}$，$B=\{x\,|\,m+1\leqslant x\leqslant 2m-1\}$，求当实数 m 为何值时，$A\cap B=\varnothing$。

思考与分析 分 $B=\varnothing$，$B\neq\varnothing$ 进行讨论。这种方法叫二分法，将考察的问题分为互相排斥的两类，其中一类对象具有性质 P，而另一类不具有性质 P。解题时应当注意运用简单化原则，先解答较为简单的一类。

【例47】 解关于 x 的不等式：$\log_a\left(1-\dfrac{1}{x}\right)>1$。

思考与分析 解对数不等式时，需要利用对数函数的单调性，把不等式转化为不含对数符号的不等式。而对数函数的单调性因底数 a 的取值不同而不同，故需对 a 进行分类讨论。

解 若 $a>1$，则原不等式等价于 $1-\dfrac{1}{x}>a\Rightarrow\dfrac{1}{1-a}<x<0$；

若 $0<a<1$，则原不等式等价于 $\begin{cases}1-\dfrac{1}{x}>0\\[2mm]1-\dfrac{1}{x}<a\end{cases}\Rightarrow 1<x<\dfrac{1}{1-a}$。

综上所述，当 $a>1$ 时，原不等式的解集为 $\left\{x\,\Big|\,\dfrac{1}{1-a}<x<0\right\}$；

当 $0<a<1$ 时，原不等式的解集为 $\left\{x\,\Big|\,1<x<\dfrac{1}{1-a}\right\}$。

【例48】 解关于 x 的不等式：$ax^2-(a+1)x+1<0$。

思考与分析 这是一个含参数 a 的不等式，一定是二次不等式吗？不一定，故首先对二次项系数 a 分类：(1) $a\neq 0$；(2) $a=0$。对于 (2)，不等式易解；对于 (1)，又需再次分类：$a>0$ 或 $a<0$，因为这两种情形下，不等式解集形式是不同的；不等式的解是在两根之外，还是在两根之间。而确定这一点之后，又会遇到 1 与 $\dfrac{1}{a}$ 谁大谁小的问题，因而又需作一次分类讨论。故解此题时，需要作三级分类。

解 (1) 当 $a=0$ 时，原不等式化为 $-x+1<0$，所以 $x>1$；

数
学
方
法
论

(2) 当 $a\neq0$ 时,原不等式化为 $a(x-1)(x-\dfrac{1}{a})<0$。

① 若 $a<0$,则原不等式化为 $(x-1)(x-\dfrac{1}{a})>0$,

因为 $\dfrac{1}{a}<0$,所以 $\dfrac{1}{a}<1$,

所以不等式解为 $x<\dfrac{1}{a}$ 或 $x>1$。

② 若 $a>0$,则原不等式化为 $(x-1)(x-\dfrac{1}{a})<0$。

（ⅰ）当 $a>1$ 时,$\dfrac{1}{a}<1$,不等式解为 $\dfrac{1}{a}<x<1$;

（ⅱ）当 $a=1$ 时,$\dfrac{1}{a}=1$,不等式解为 $x\in\varnothing$;

（ⅲ）当 $0<a<1$ 时,$\dfrac{1}{a}>1$,不等式解为 $1<x<\dfrac{1}{a}$。

综上所述,得原不等式的解集为

当 $a<0$ 时,解集为 $\left\{x\,\middle|\,x<\dfrac{1}{a}\text{ 或 }x>1\right\}$;

当 $a=0$ 时,解集为 $\{x\,|\,x>1\}$;

当 $0<a<1$ 时,解集为 $\left\{x\,\middle|\,1<x<\dfrac{1}{a}\right\}$;

当 $a=1$ 时,解集为 $\varnothing$;

当 $a>1$ 时,解集为 $\left\{x\,\middle|\,\dfrac{1}{a}<x<1\right\}$。

【例 49】 设 $k\in\mathbf{R}$,问方程 $(8-k)x^2+(k-4)y^2=(8-k)(k-4)$ 表示什么曲线?

思考与分析 容易想到把方程变形为 $\dfrac{x^2}{k-4}+\dfrac{y^2}{8-k}=1$,但这种变形需要 $k\neq4$,且 $k\neq8$,而且 $k-4$ 与 $8-k$ 的正负会引起曲线类型的不同,因此对 $k\in(-\infty,+\infty)$ 要进行分类:$k\in(-\infty,4)$,$k=4$,$k\in(4,8)$,$k=8$,$k\in(8,+\infty)$,又注意到 $k-4=8-k>0$ 与 $k-4\neq8-k(k-4>0$ 且 $8-k>0)$ 表示的曲线是不一样的,因此还应有一个"分界点",

即 $k=6$,故恰当的分类为 $(-\infty,4),4,(4,6),6,(6,8),8,(8,+\infty)$。

解　(1) 当 $k=4$ 时,方程变为 $4x^2=0$,即 $x=0$,表示直线;

(2) 当 $k=8$ 时,方程变为 $4y^2=0$,即 $y=0$,表示直线;

(3) 当 $k\neq4$ 且 $k\neq8$ 时,原方程变为 $\dfrac{x^2}{k-4}+\dfrac{y^2}{8-k}=1$:

（ⅰ）当 $k<4$ 时,方程表示双曲线;

（ⅱ）当 $4<k<6$ 时,方程表示椭圆;

（ⅲ）当 $k=6$ 时,方程表示圆;

（ⅳ）当 $6<k<8$ 时,方程表示椭圆;

（ⅴ）当 $k>8$ 时,方程表示双曲线。

(4) 剩余问题

【例 50】　试证大于 5 的质数的平方与 1 的差为 24 的倍数。

思考与分析　如何表示大于 5 的质数是解题的关键。将大于 5 的自然数以除以 6 的余数为标准分成如下 6 类:$6n,6n+1,6n+2,6n+3$,$6n-12,6n-1$。由于大于 5 的质数是奇数,所以这些质数只能为 $6n\pm1$

(5) 含绝对值问题的分类

【例 51】　(2002 年全国高考题)设 a 为实数,函数 $f(x)=x^2+|x-a|+1,a\in\mathbf{R}$。

(1) 讨论 $f(x)$ 的奇偶性;

(2) 求 $f(x)$ 的最小值。

解　(1) 当 $a=0$ 时,$f(x)=x^2+|x|+1$ 为偶函数;当 $a\neq0$ 时,$f(x)=x^2+|x-a|+1$ 为非奇非偶函数。

(2) 当 $x\leqslant a$ 时,$f(x)=x^2-x+a+1=(x-\dfrac{1}{2})^2+a+\dfrac{3}{4}$:

（ⅰ）当 $a\geqslant\dfrac{1}{2}$ 时,$f(x)$ 的最小值为 $f(\dfrac{1}{2})=\dfrac{5}{4}$;

（ⅱ）当 $a<\dfrac{1}{2}$ 时,$f(x)$ 的最小值为 $f(a)=(a-\dfrac{1}{2})^2+a+\dfrac{3}{4}=a^2+1$。

(3) 当 $x>a$ 时,$f(x)=x^2+x-a+1=(x+\dfrac{1}{2})^2-a+\dfrac{3}{4}$:

（ⅰ）$a \leqslant -\dfrac{1}{2}$时，$f(x)$的最小值为$f\left(-\dfrac{1}{2}\right) = -a + \dfrac{3}{4} = \dfrac{5}{4}$；

（ⅱ）$a > -\dfrac{1}{2}$时，$f(x)$的最小值为$f(a) = a^2 + 1$。

【例52】 在$\triangle ABC$中，已知$\sin A = \dfrac{1}{2}$，$\cos B = \dfrac{5}{13}$，求$\cos C$。

思考与分析 由于$C = \pi - (A + B)$，所以$\cos C = -\cos(A + B) = -[\cos A \cos B - \sin A \cdot \sin B]$。

因此，只要根据已知条件，求出$\cos A$，$\sin B$即可得$\cos C$的值。但是由$\sin A$求$\cos A$时，是一解还是两解？这一点需经过讨论才能确定，故解本题时要分类讨论，对角A进行分类。

解 因为$0 < \cos B = \dfrac{5}{13} < \dfrac{\sqrt{2}}{2}$，且$B$为$\triangle ABC$的一个内角，

所以$45° < B < 90°$，且$\sin B = \dfrac{12}{13}$。

若A为锐角，由$\sin A = \dfrac{1}{2}$，得$A = 30°$，此时$\cos A = \dfrac{\sqrt{3}}{2}$；

若A为钝角，由$\sin A = \dfrac{1}{2}$，得$A = 150°$，此时$A + B > 180°$，

这与三角形的内角和为$180°$相矛盾，所以$A \neq 150°$。

所以$\cos C = \cos[\pi - (A + B)] = -\cos(A + B)$

$\qquad = -[\cos A \cdot \cos B - \sin A \cdot \sin B]$

$\qquad = -\left[\dfrac{\sqrt{3}}{2} \cdot \dfrac{5}{13} - \dfrac{1}{2} \cdot \dfrac{12}{13}\right] = \dfrac{12 - 5\sqrt{3}}{26}$。

【例53】 已知圆$x^2 + y^2 = 4$，求经过点$P(2, 4)$，且与圆相切的直线方程。

思考与分析 容易想到设直线的点斜式方程$y - 4 = k(x - 2)$，再利用直线与圆相切的充要条件："圆心到切线的距离等于圆的半径"，待定斜率k，从而得到所求直线方程，但要注意：过点P的直线中有斜率不存在的情形，这种情形的直线是否也满足题意呢？因此本题对过点P的直线分两种情形：(1)斜率存在时……(2)斜率不存在时……

答案：所求直线方程为 $3x-4y+10=0$ 或 $x=2$。

【例54】 解不等式 $\sqrt{5-4x-x^2}\geqslant x$。

思考与分析 解无理不等式，需要将两边平方后去根号，以化为有理不等式，而根据不等式的性质可知，只有在不等式两边同时为正时，才不改变不等号方向，因此应对 x 作分类讨论。

解 原不等式等价于 $\begin{cases} x\geqslant 0 \\ 5-4x-x^2\geqslant 0 \\ 5-4x-x^2\geqslant x^2 \end{cases}$ 或 $\begin{cases} x<0 \\ 5-4x-x^2\geqslant 0 \end{cases}$

$$\Rightarrow \begin{cases} x\geqslant 0 \\ -5\leqslant x\leqslant 1 \\ -1-\dfrac{\sqrt{14}}{2}\leqslant x\leqslant -1+\dfrac{\sqrt{14}}{2} \end{cases} \text{或} \begin{cases} x<0 \\ -5\leqslant x\leqslant 1 \end{cases}$$

$$\Rightarrow 0\leqslant x\leqslant -1+\frac{\sqrt{14}}{2}\text{或}-5\leqslant x<0$$

$$\Rightarrow -5\leqslant x\leqslant -1+\frac{\sqrt{14}}{2}$$

所以原不等式的解集为 $\left\{x\ \middle|\ -5\leqslant x\leqslant -1+\dfrac{\sqrt{14}}{2}\right\}$。

【例55】 已知等比数列的前 n 项之和为 S_n，前 $n+1$ 项之和为 S_{n+1}，公比 $q>0$，令 $T_n=\dfrac{S_n}{S_{n+1}}$，求 $\lim\limits_{n\to\infty}T_n$。

思考与分析 对于等比数列的前 n 项和 S_n 的计算，需根据 q 是否为 1 分为两种情形：当 $q=1$ 时，$S_n=na_1$；当 $q\neq 1$ 时，$S_n=\dfrac{a_1(1-q^n)}{1-q}$。

另外，由于当 $|q|<1$ 时，$\lim\limits_{n\to\infty}q^n=0$，而已知条件中 $q>0$，故还需对 q 再次分类讨论。

解 当 $q=1$ 时，$S_n=na_1$，$S_{n+1}=(n+1)a_1$，

所以 $\lim\limits_{n\to\infty}T_n=\lim\limits_{n\to\infty}\dfrac{n}{n+1}=1$；

当 $q\neq 1$ 时，$S_n=\dfrac{a_1(1-q^n)}{1-q}$，$S_{n+1}=\dfrac{a_1(1-q^{n+1})}{1-q}$，

所以 $T_n = \dfrac{S_n}{S_{n+1}} = \dfrac{1-q^n}{1-q^{n+1}}$,

若 $0<q<1$ 时,$\lim\limits_{n\to\infty} T_n = 1$;

若 $q>1$ 时,$\lim\limits_{n\to\infty} T_n = \lim\limits_{n\to\infty} \dfrac{\dfrac{1}{q^n}-1}{\dfrac{1}{q^n}-q} = \dfrac{1}{q}$。

综上所述知,$\lim\limits_{n\to\infty} T_n = \begin{cases} 1, & (0<q\leqslant 1) \\[2mm] \dfrac{1}{q}, & (q>1) \end{cases}$

小结:分类讨论是一种重要的数学思想方法,是一种数学解题策略,对于何时需要分类讨论,则要视具体问题而定,并无硬性的规定,但可以在解题时不断地总结经验。

对于某个研究对象,若不对其分类就不能说清楚,则应分类讨论。另外,数学中的一些结论、公式、方法对于一般情形是正确的,但对某些特殊情形或较为隐蔽的"个别"情况未必成立,这也是造成分类讨论的原因,因此在解题时,应注意挖掘这些个别情形进行分类讨论。略举几例常见的"个别"情形如下:

(1)"方程 $ax^2+bx+c=0$ 有实数解"转化为"$\Delta = b^2-4ac \geqslant 0$"时忽略了个别情形:当 $a=0$ 时,方程有解不能转化为 $\Delta \geqslant 0$;

(2)等比数列 $\{a_1 q^{n-1}\}$ 的前 n 项和公式 $S_n = \dfrac{a_1(1-q^n)}{1-q}$ 中有个别情形:$q=1$ 时,公式不再成立,而是 $S_n = na_1$;

(3)设直线方程时,一般可设直线的斜率为 k,但有个别情形:当直线与 x 轴垂直时,直线无斜率,应另行考虑;

(4)若直线在两轴上的截距相等,常常设直线方程为 $\dfrac{x}{a} + \dfrac{y}{a} = 1$,但有个别情形:当 $a=0$ 时,再不能如此设,应另行考虑。

(六)避开分类讨论的几种方法

1. 巧妙消除讨论因素,避免分类讨论

【例 56】 设 $0<x<1,a>0,a\neq 1$,试比较 $|\log_a^{(1-x)}|$ 与

$|\log_a^{(1+x)}|$ 的大小。

思考与分析　a 是讨论因素,消去 a 则可以回避讨论,为此,作商运用对数换底公式得

$$\frac{|\log_a^{(1-x)}|}{|\log_a^{(1+x)}|}=|\log_{(1+x)}^{(1-x)}|=\log_{(1+x)}^{\frac{1}{1+x}}>\log_{(1+x)}^{(1+x)}=1.$$

2. 慎选公式、定理,精简分类因素

【例 57】　已知 $\csc\alpha=t\,(|t|\geqslant 1)$,求 $\cos\alpha$。

思考与分析　如果选用公式 $\cos\alpha=\pm\sqrt{1-\dfrac{1}{\csc^2\alpha}}=\pm\sqrt{1-\dfrac{1}{t^2}}$,这样就使 $\cos\alpha$ 和 t(即 $\csc\alpha$)的符号都成为分类因素,于是就不得不分四个象限讨论,但如果用 $\cot\alpha=\pm\sqrt{\csc^2\alpha-1}$,再由 $\cos\alpha=\dfrac{\cot\alpha}{\csc\alpha}$ 就可使分类因素成为一个,即只需对 $\cot\alpha$ 的符号讨论,当 $\alpha\in\mathrm{I}$ 或 III 象限时,$\cos\alpha=\dfrac{1}{t}\sqrt{t^2-1}$;当 $\alpha\in\mathrm{II}$ 或 IV 象限时,$\cos\alpha=\pm\dfrac{1}{t}\sqrt{t^2-1}$。

3. 着眼全局整体,减少讨论级数

【例 58】　设 $a\geqslant 0$,在复数集 C 中解方程:$z^2+2|z|=a$。

思考与分析　按常规设 $z=x+y\mathrm{i}\,(x,y\in\mathbf{R})$,需分三级讨论,其一是对解分实数和纯虚数进行讨论;其二是对 x,y 的符号进行讨论;其三是对 a 的取值范围进行讨论;但把 z 视为一个整体,对方程进行整体变形,由 $z^2+2|z|\in\mathbf{R}$,得 z 为实数或纯虚数。

（ⅰ）如 z 为实数,则 $z^2=|z|^2$,此时原方程为 $z^2+2|z|-a=0$ $(a\geqslant 0)$,解得 $z=\pm(-1+\sqrt{1+a})$;

（ⅱ）若 z 为纯虚数,设 $z=r\mathrm{i}(r\in\mathbf{R},r\neq 0)$,则 $z^2=-r^2$,$|z|=r$,此时原方程化为 $r^2-2r+a=0(a\geqslant 0)$,解得

当 $0\leqslant a\leqslant 1$ 时,$z=\pm(1+\sqrt{1-a})\mathrm{i}$,$z=\pm(1-\sqrt{1-a})\mathrm{i}$。

4. 变更主元位置,简化复杂讨论

【例 59】　已知方程 $ax^2-2(a-3)x+a-2=0$（其中 a 为负整数）,试求使此方程的解至少有一个为整数时的 a 值。

思考与分析　按常规思路,先求出方程的解:$x=\dfrac{(a-3)\pm\sqrt{9-4a}}{a}$,

再对参数 a 分情况讨论,找出满足条件的 a 值,但此方法十分复杂,如果对换原方程中 x 和 a 的地位,把 a 视为主元,用 x 来表示 a,得 $a=\dfrac{2-6x}{(x-1)^2}$,要使 a 为负整数,必须 $(x-1)^2 \leqslant -(2-6x)$,即 $x^2-8x+3 \leqslant 0$, $4-\sqrt{13} \leqslant x \leqslant 4+\sqrt{13}$, x 的允许值为 $2,3,4,5,6,7$。求出合题意的 a 的值 $-10,-4$,这样就使讨论简化。

5. 进行变量代换,消除讨论因素

【例 60】 解不等式 $\sqrt{a(a-x)} > a-2x(a<0)$。

思考与分析 按常规方法要分 $a-2x \geqslant 0$ 与 $a-2x < 0$ 进行讨论。

再令 $\sqrt{a(a-x)}=t \geqslant 0$,则原不等式化为 $2t^2-at-a^2 > 0$,解得

$$t < a \text{ 或 } t > -\frac{1}{2}a,$$

因为 $a<0, t \geqslant 0$,

所以 $t > -\dfrac{1}{2}a$,即 $a(a-x) > \dfrac{1}{4}a^2 \Rightarrow x > \dfrac{3}{4}a$。

6. 数形结合,避免分类讨论

【例 61】 解不等式:$\sqrt{5-4x-x^2} \geqslant x$。

思考与分析 单纯从数的角度去求解,需分类讨论。

但把它看成 $y=\sqrt{5-4x-x^2}$ 和 $y=x$ 的图像,就可避免讨论。

7. 利用函数观点、函数性质,简化分类讨论

【例 62】 设对所有的实数 x,下列不等式恒成立,求 a 的取值范围:

$$x^2 \log_2 \frac{4(a+1)}{a} + 2x \log_2 \frac{2a}{a+1} + \log_2 \frac{(a+1)^2}{4a^2} > 0。$$

思考与分析 常规的解法是利用二次函数的性质,解不等式。但若把不等式化为

$$\log_2 \frac{a+1}{2a} > \frac{-3x^2}{x^2-2x+2}$$

当 $x \in \mathbf{R}$ 时,$\dfrac{-3x^2}{x^2-2x+2}$ 的最大值是 0,于是原不等式化为 $\log_2 \frac{a+1}{2a} > 0$,解得 $0 < a < 1$。

第六节 集 合 思 想

19世纪末,德国数学家乔治·康托尔(George Cantor)创立了集合论,被认为是近代数学史上最令人惊异的成就之一,在数学史上引起了一场革命。

集合论是现代数学的基础,没有康托尔的集合论也许就没有现代数学。康托尔创立了集合论,它不仅给数学奠定了坚实的基础,而且如同哥白尼的日心说对于天文学,相对论、量子力学对于物理学一样,对于数学领域来说是一场伟大的革命。从产生之日起,集合论的思想就逐渐渗透到数学的各个领域,一方面促进了数学的发展,另一方面导致了对数学基础的深刻研究。

康托尔创立的集合论基本思想(原则)主要包括概括原则、实无穷思想、外延原则、一一对应原则及其对角线方法。

初等数学中集合的表示方法有列举法、描述法和图示法三种。其中用描述法表示集合就是应用了概括原则。

概括原则是指对于任一性质 P,能且仅能把所有满足给定性质的对象 $P(x)$ 汇集在一起而构成一个集合。概括原则保证了各种不同集合的存在性。用符号表示为:

$S=\{x\,|\,P(x)\}$,其中 $P(x)$ 是"x 具有性质 P"的一个缩写。

关于"集合"本身的含义,康托儿曾作过描述:"把一些明确的(确定的)、彼此有区别的、具体的或想像中抽象的东西看作一个整体,便叫作集合。"其实,康托儿用整体来说明集合,不能称为集合的定义,只是对集合概念的一种描述,是一种同义反复。集合悖论表明,对性质 P 必须加以某种限制。迄今为止,一切想要对集合作出所谓严谨的、合乎数学要求的定义的尝试都没有成功,以致近代公理集合论者,都放弃了对集合下定义的做法,而只把它作为基本概念。

外延原则是指两个集合 A、B,当且仅当它们的元素完全相同时,才把它们看作相同的。根据外延原则可产生集合的包含关系和并、交、差等运算,其性质类似于数的加、减、乘等运算(但也有不同之处)。

外延原则保证了集合的确定性。

一一对应原则是指，若集合 A 与集合 B 的元素之间建立了一一对应关系，则集合 A 与 B 有相同的基数（或势）。这实质上揭示了无穷集合的一个本质特征，即整体与部分在数量上可以处于同等地位。所说的一一对应原则和对角方法结合起来可以得到这样的事实：无穷集合不是清一色的，它既存在像自然数集 **N** 一样的可数无穷集，势为 s/s，又有像实数集一样的不可数无穷集，势为 C，称为连续统势。例如，有理数是可数无穷集，$[0,1]$ 中的全体实数是不可数无穷集。这些都可用康托儿的对角线方法证明。对于不同无穷集基数大小的比较，康托儿的思想是：若无穷集 A 与 B 的一全子集构成一一对应，而 A 却不能与 B 的任何子集构成一一对应，则称 A 的基数大于 B 的基数。

集合论不仅引发数学无穷的革命，还为现代数学奠定了理论基础。

中学数学中所研究的各种对象都可以看作集合或集合中的元素，用集合语言可以简洁明了地表述数学概念，准确、简捷地进行数学推理。数学教师在教学中还可以运用几何思想建立数学概念系统，或在复习教学中帮助学生归纳、整理数学知识。

对数学学习来说，要帮助学生养成一种集合的思维习惯：要善于把在某些方面有类似性质的对象（或满足某一条件的对象）放在一起视为一个集合，然后利用集合的有关概念或通过集合的有关运算来研究和解决问题。

同时，集合对于数学概念的形成，起着基础作用。可以说，每个数学概念都可以用集合概念语言来定义。正是由于集合论对数学的基础作用和重要性，它已经成为理解和掌握现代数学所必不可少的基础知识，它不仅成为大学数学系的必修内容，而且世界各国已把它的基本内容、思想和方法渗透到了中小学的数学教材中。

中学数学中研究的对象都可以看作是集合。我们最熟悉的自然数、整数、有理数、实数、复数等概念都是一些特定的集合，分别称做自然数集 **N**、整数集 **Z**、有理数集 **Q**、实数集 **R**、复数集 **C**。而在几何中研究的图形都是三维空间中的点集。进一步，数与数之间的顺序关系、运算关系、图形与图形之间的位置关系也都是集合。例如，实数集 **R**

中的大小关系,从集合的观点看,完全可由一切数对 (a,b) 来表示,其中 $a \in \mathbf{R}, b \in \mathbf{R}$,且 $a < b$,而数对 (a,b) 的集合是笛卡儿积 $R \times R = R^2$ 的子集,即实数集 $\mathbf{R}$ 中的大小关系是 R^2 的一个子集。从上面的分析可以看出,中学数学中涉及的所有数学对象都可归结为集合。

中学数学中常见的集合如下:

1. 数集

随着中学生数学学习的深入,数集由自然数 $\mathbf{N}$ 扩张到有理数集 $\mathbf{Q}$,再扩张到实数集 $\mathbf{R}$,直至扩张到复数集 $\mathbf{C}$。

2. 方程(或方程组)的解集

方程或方程组的解集可以看作是满足某性质 P 的数的有限集合。

3. 不等式(或不等式组)的解集

不等式(或不等式组)的解集可以看作是满足某性质 P 的数的无限集合。

4. 点集

在集合论产生之前,人们就已经在研究数集和几何图形了,但几何图形仅仅被当作一个完整的几何体来研究,并没有被看作由点组成的集合。而如果以康托儿的集合思想为基础,就可以把中学数学中的任何一个几何图形都看作是三维空间的点集的一个子集。

更为重要的是,集合思想沟通了数和形的内在联系,使得由某个图形性质给出的点集和满足性质 P 的实数对组成的集合建立一一对应关系,进而使中学数学能够用代数方法解答几何问题,能够对代数问题给出几何解释,还能够通过几何图形来解答代数问题。

第六章

常见的数学方法与数学解题

第一节　数形结合方法

华罗庚教授说过:"数缺形时少直观,形缺数时难入微。"数与形是客观事物的不可分离的两个数学表象,它们各自有特定的含义,但它们之间又相互渗透,相辅相成,在一定条件下可以相互转化。解题时,将欲解(证)的问题转化为与之等价的图形问题,不仅可以使问题简捷获解,而且还能给我们提供有效的几何直观,加深对问题实质的理解。

(1) 数形结合是数学解题中常用的思想方法,数形结合的思想可以使某些抽象的数学问题直观化、生动化,能够变抽象思维为形象思维,有助于把握数学问题的本质。另外,由于使用了数形结合的方法,很多问题便迎刃而解,且解法简捷。

(2) 所谓数形结合,就是根据数与形之间的对应关系,通过数与形的相互转化来解决数学问题的思想。实现数形结合,常与以下内容有关:① 实数与数轴上的点的对应关系;② 函数与图像的对应关系;③ 曲线与方程的对应关系;④ 以几何元素和几何条件为背景,建立起数的概念,如复数、三角函数等;⑤ 所给的等式或代数式的结构含有明显的几何意义,如等式$(x-2)^2+(y-1)^2=4$。

(3) 综观多年的高考试题,巧妙运用数形结合的思想方法解决一些抽象的数学问题,可起到事半功倍的效果,数形结合的重点是研究"以形助数"。

(4) 数形结合的思想方法应用广泛,常见的如在解方程和解不等式问题中,在求函数的值域、最值问题中,在求复数和三角函数问题中,运用数形结合思想,不仅直观易发现解题途径,而且能避免复杂的计算与推理,大大简化解题过程。这在解选择题、填空题中更显其优越,要注意培养这种思想意识,要争取胸中有图,见数想图,以开拓自己的思维视野。

【例 1】 求函数 $f(a,b)=(a-b)^2+\left(\sqrt{2-a^2}-\dfrac{9}{b}\right)^2$ 的最小值。

思考与分析 用纯代数法求解难以完成,应设法将问题转化。经观察,并联系问题的几何意义,不难发现函数 $f(a,b)$ 是两动点 $P(a,\sqrt{2-a^2})$ 和 $Q\left(b,\dfrac{9}{b}\right)$ 之间的距离的平方,于是问题就转化为求 P、Q 两点之间的最短距离,又因为 $a^2+(\sqrt{2-a^2})^2=2$ 且 $b\cdot\dfrac{9}{b}=9$,故动点 P 在圆 $x^2+y^2=2$ 上,而动点 Q 在双曲线 $xy=9$ 上,问题又进一步明确为"求圆 $x^2+y^2=2$ 上的点到双曲线 $xy=9$ 上的点的距离的最小值。

解 由分析知 $f(a,b)$ 为圆 $x^2+y^2=2$ 上点 $P(a,\sqrt{2-a^2})$ 到双曲线 $xy=9$ 上点 $Q\left(b,\dfrac{9}{b}\right)$ 的距离的平方。

因为 $\sqrt{2-a^2}\geqslant0$,所以 P 点在上半圆周 $x^2+y^2=2(y\geqslant0)$ 上,易知,只需考虑 Q 点在双曲线 $xy=9$ 位于第一象限的那一支 $(x>0,y>0)$。设 $Q(x,y)$ 为双曲线 $xy=9(x>0)$ 上任一点,易见 P 应在圆心 O 与 Q 的连线上。设 P' 为上半圆周 $x^2+y^2=2(y\geqslant0)$ 上异于 P 的任一点,因为由三角形两边之和大于第三边知,对于 P,P' 而言,$OP'+P'Q>OP+PQ$,所以 $P'Q>PQ$,则此时 P 点到 Q 点的距离最小。要求 $|PQ|$ 的最小值,可先求 $|OQ|$ 的最小值。

因为 $|OQ|^2=x^2+y^2=x^2+\dfrac{81}{x^2}\geqslant2\sqrt{81}=18$,故 $|OQ|\geqslant\sqrt{18}$,当且

仅当 $x=y=3$ 时，$|OQ|=\sqrt{18}$，所以当 Q 点为 $(3,3)$ 时，$|PQ|$ 有最小值 $\sqrt{18}-\sqrt{2}=2\sqrt{2}$，$f(a,b)$ 有最小值 $(2\sqrt{2})^2=8$，即当 $a=1,b=3$ 时，$f(a,b)$ 有最小值 8。

在探讨某一问题的解决办法时，我们按照习惯思维方式从正面进行思考而遇到困难，甚至不可能解时，不妨改弦易辙，从其反面去思考。如求 $y=\dfrac{x+4}{2x+1}$ 的值域，不直接求它的值域，而求它的反函数的定义域，又如一些采用反证法的证明题，都是由正面转化到反面去解决问题的。

【例2】 若三条抛物线 $y=x^2-2kx+k+6,y=x^2+2kx-2k,y=2x^2-(4k+1)x+2k^2-1$ 中至少有一条与 x 轴有公共点，求 k 的取值范围。

思考与分析 此题学生一般习惯于正向思维，对三条抛物线与 x 轴的公共点情况——进行分类讨论，运算繁琐，头绪杂乱，极易造成错误，若我们从反面思考，求得三条抛物线与 x 轴均无交点时 k 的取值范围，那么其补集即为所求，这样一转化，问题就化归为一个十分易解的基本问题了。

解 反设三条抛物线与 x 轴都没有交点，则

$$\begin{cases} \Delta_1<0, \\ \Delta_2<0, \\ \Delta_3<0, \end{cases} 即 \begin{cases} (2k)^2-4(k+6)<0, \\ (2k)^2-4(-2k)<0, \\ (4k+1)^2-8(2k^2-1)<0, \end{cases}$$

解之得 $-2<k<-\dfrac{9}{8}$。

所以三条抛物线至少有一条与 x 轴有公共点时 k 的取值范围为 $(-\infty,-2]\cup[-\dfrac{9}{8},+\infty)$。

有些数学综合题涉及知识面广，运用方法灵活，这类题不仅仅是单纯地运用一个概念、一种方法，也不一定限制在一个学科内求解，而是要综合地运用各科知识进行求解，对于综合题我们可采取转化为相互联系的几个单一的简单题来解。

【例3】 设 $p \neq 0$，实系数一元二次方程 $z^2 - 2pz + q = 0$ 有两个虚数根 z_1, z_2，再设 z_1, z_2 在复平面内的对应点是 R, Q，求以 R, Q 为焦点且经过原点的椭圆的长轴长。

思考与分析 这是一道涉及到方程、复数、解几何内容的综合题，我们先将综合题化为如下单一的简单问题：① 方程问题：因为方程 $z^2 - 2pz + q = 0$ 有两个虚数根 z_1, z_2，所以 $\Delta = 4p^2 - 4q < 0$，即 $q > p^2 > 0$，且 $z_1 \cdot z_2 = q$，z_1, z_2 互为共轭复数；② 复数问题：因为 z_1, z_2 互为共轭，故 $|z_1| = |z_2|$，$|z_1 z_2| = |z_1|^2 = |q| = q$，再有 $|\overrightarrow{OR}| = |z_1|$，$|\overrightarrow{OQ}| = |z_2|$（$O$ 是坐标原点）；③ 解几何问题：由椭圆定义知，长轴长 $2a = |\overrightarrow{OR}| + |\overrightarrow{OQ}| = |z_1| + |z_2|$。综合①、②、③即可求得长轴长为 $2a = 2\sqrt{q}$。

【例4】 若关于 x 的方程 $x^2 + 2kx + 3k = 0$ 的两根都在 -1 和 3 之间，求 k 的取值范围。

思考与分析 令 $f(x) = x^2 + 2kx + 3k$，其图像与 x 轴交点的横坐标就是方程 $f(x) = 0$ 的解，由 $y = f(x)$ 的图像（图 6-1）可知，要使两根都在 $-1, 3$ 之间，只需 $f(-1) > 0, f(3) > 0, f(-\frac{b}{2a}) = f(-k) < 0$ 同时成立，解得 $-1 < k < 0$，故 $k \in (-1, 0)$。

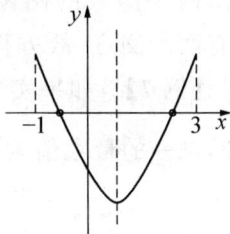

图 6-1

【例5】 解不等式 $\sqrt{x+2} > x$。

思考与分析 常规解法：

原不等式等价于（Ⅰ）$\begin{cases} x \geq 0, \\ x+2 \geq 0, \\ x+2 > x^2, \end{cases}$　　或（Ⅱ）$\begin{cases} x < 0, \\ x+2 \geq 0, \end{cases}$

解（Ⅰ），得 $0 \leq x < 2$；解（Ⅱ），得 $-2 \leq x < 0$。

综上可知，原不等式的解集为

$\{x \mid -2 \leq x < 0 \text{ 或 } 0 \leq x < 2\} = \{x \mid -2 \leq x < 2\}$

数形结合解法：

令 $y_1 = \sqrt{x+2}$，$y_2 = x$，则不等式 $\sqrt{x+2} > x$ 的解，就是使 $y_1 = \sqrt{x+2}$ 的图像在 $y_2 = x$ 的上方的那段对应的横坐标，如图 6-2 所示，不等式的解集为 $\{x \mid x_A \leqslant x < x_B\}$，而 x_B 可由 $\sqrt{x+2} = x$ 解得，$x_B = 2, x_A = -2$，

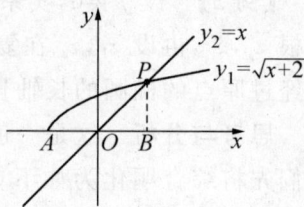

图 6-2

故不等式的解集为 $\{x \mid -2 \leqslant x < 2\}$。

【例6】 已知 $0 < a < 1$，则方程 $a^{|x|} = |\log_a x|$ 的实根个数为 （   ）

A. 1个   B. 2个

C. 3个   D. 1个或2个或3个

思考与分析 判断方程的根的个数就是判断图像 $y = a^{|x|}$ 与 $y = |\log_a x|$ 的交点个数，画出两个函数的图像（图 6-3），易知两图像只有两个交点，故方程有 2 个实根，选（B）。

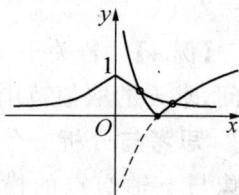

图 6-3

【例7】 如果实数 x、y 满足 $(x-2)^2 + y^2 = 3$，则 $\dfrac{y}{x}$ 的最大值为 （   ）

A. $\dfrac{1}{2}$ B. $\dfrac{\sqrt{3}}{3}$ C. $\dfrac{\sqrt{3}}{2}$ D. $\sqrt{3}$

思考与分析 等式 $(x-2)^2 + y^2 = 3$ 有明显的几何意义，它表示坐标平面上的一个圆，圆心为 $(2,0)$，半径 $r = \sqrt{3}$（图 6-4），而 $\dfrac{y}{x} = \dfrac{y-0}{x-0}$ 则表示圆上的点 (x, y) 与坐标原点 $(0, 0)$ 的连线的斜率。因此，该问题可转化为如下

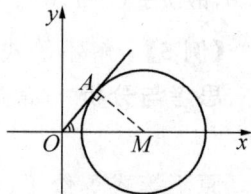

图 6-4

几何问题：动点 A 在以 $(2,0)$ 为圆心，以 $\sqrt{3}$ 为半径的圆上移动，求直线 OA 的斜率的最大值，由图 6-4 可见，当 $\angle A$ 在第一象限，且与圆相切时，OA 的斜率最大，经简单计算，得最大值为 $\tan 60° = \sqrt{3}$。

【例8】 已知 x,y 满足 $\dfrac{x^2}{16}+\dfrac{y^2}{25}=1$，求 $y-3x$ 的最大值与最小值。

思考与分析　对于二元函数 $y-3x$ 在限定条件 $\dfrac{x^2}{16}+\dfrac{y^2}{25}=1$ 下求最值问题，常采用构造直线的截距的方法来求之。

令 $y-3x=b$，则 $y=3x+b$，

原问题转化为：在椭圆 $\dfrac{x^2}{16}+\dfrac{y^2}{25}=1$ 上求一点，使过该点的直线斜率为 3，且在 y 轴上的截距最大或最小，

由图 6-5 知，当直线 $y=3x+b$ 与椭圆 $\dfrac{x^2}{16}+$

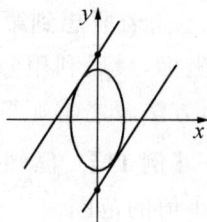

$\dfrac{y^2}{25}=1$ 相切时，有最大截距与最小截距。

$$\begin{cases} y=3x+b \\ \dfrac{x^2}{16}+\dfrac{y^2}{25}=1 \end{cases} \Rightarrow 169x^2+96bx+16b^2-400=0$$

图 6-5

由 $\Delta=0$，得 $b=\pm13$，故 $y-3x$ 的最大值为 13，最小值为 -13。

【例9】　若集合 $M=\left\{(x,y)\left|\begin{cases} x=3\cos\theta \\ y=3\sin\theta \end{cases}(0<\theta<\pi)\right.\right\}$，集合 $N=$ $\{(x,y)\,|\,y=x+b\}$ 且 $M\cap N\neq\varnothing$，则 b 的取值范围为 _____。

思考与分析　$M=\{(x,y)\,|\,x^2+y^2=9,0$ $<y\leqslant1\}$，显然，M 表示以 $(0,0)$ 为圆心，以 3 为半径的圆在 x 轴上方的部分（如图 6-6），而 N 则表示一条直线，其斜率 $k=1$，纵截距为 b，由图形易知，欲使 $M\cap N\neq\varnothing$，即是使直线 $y=x$ $+b$ 与半圆有公共点，显然 b 的最小逼近值为

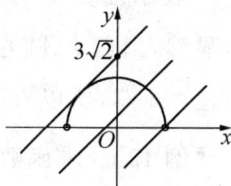

图 6-6

-3，最大值为 $3\sqrt{2}$，即 $-3<b\leqslant3\sqrt{2}$。

【例10】　点 M 是椭圆 $\dfrac{x^2}{25}+\dfrac{y^2}{16}=1$ 上一点，它到其中一个焦点 F_1 的距离为 2，N 为 MF_1 的中点，O 表示原点，则 $|ON|=$　　　（　　）

A. $\dfrac{3}{2}$　　　　　　B. 2　　　　　　C. 4　　　　　　D. 8

思考与分析 ① 设椭圆另一焦点为 F_2（如图 6-7），则

$|MF_1| + |MF_2| = 2a$，而 $a = 5$，$|MF_1| = 2$，所以 $|MF_2| = 8$。

又注意到 N、O 各为 MF_1、F_1F_2 的中点，所以 ON 是 $\triangle MF_1F_2$ 的中位线，

所以 $|ON| = \dfrac{1}{2}|MF_2| = \dfrac{1}{2} \times 8 = 4$。

图 6-7

② 若联想到第二定义，可以确定点 M 的坐标，进而求 MF_1 中点的坐标，最后利用两点间的距离公式求出 $|ON|$，但这样就增加了计算量，方法较之①显得有些复杂。

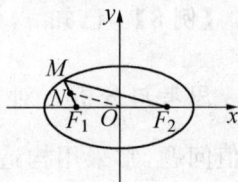

【例 11】 已知复数 z 满足 $|z - 2 - 2i| = \sqrt{2}$，求 z 的模的最大值、最小值的范围。

思考与分析 由于 $|z - 2 - 2i| = |z - (2 + 2i)|$ 有明显的几何意义，它表示复数 z 对应的点到复数 $2 + 2i$ 对应的点之间的距离，因此满足 $|z - (2 + 2i)| = \sqrt{2}$ 的复数 z 对应点 Z，在以 $(2,2)$ 为圆心，半径为 $\sqrt{2}$ 的圆上（如图 6-8），而 $|z|$ 表示复数 z 对应的点 Z 到原点 O 的距

图 6-8

离，显然，当点 Z、圆心 C、点 O 三点共线时，$|z|$ 取得最值，$|z|_{\min} = \sqrt{2}$，$|z|_{\max} = 3\sqrt{2}$，所以 $|z|$ 的取值范围为 $[\sqrt{2}, 3\sqrt{2}]$。

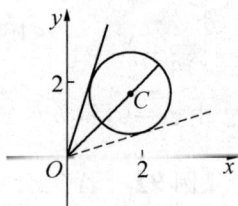

【例 12】 求函数 $y = \dfrac{\sin x + 2}{\cos x - 2}$ 的值域。

解法一（代数法） 由 $y = \dfrac{\sin x + 2}{\cos x - 2}$ 得 $y\cos x - 2y = \sin x + 2$，

$\sin x - y\cos x = -2y - 2$，$\sqrt{y^2 + 1}\sin(x + \varphi) = -2y - 2$，

所以 $\sin(x + \varphi) = \dfrac{-2y - 2}{\sqrt{y^2 + 1}}$，而 $|\sin(x + \varphi)| \leqslant 1$，

所以 $\left| \dfrac{-2y - 2}{\sqrt{y^2 + 1}} \right| \leqslant 1$，解不等式得 $\dfrac{-4 - \sqrt{7}}{3} \leqslant y \leqslant \dfrac{-4 + \sqrt{7}}{3}$，

数学方法论

所以函数的值域为 $\left[\dfrac{-4-\sqrt{7}}{3},\dfrac{-4+\sqrt{7}}{3}\right]$。

解法二（几何法） $y=\dfrac{\sin x+2}{\cos x-2}$ 的形式类似于斜率公式 $y=$

$\dfrac{y_2-y_1}{x_2-x_1}$。

$y=\dfrac{\sin x+2}{\cos x-2}$ 表示过两点 $P_0(2,-2)$，$P(\cos x,\sin x)$ 的直线斜率。

由于点 P 在单位圆 $x^2+y^2=1$ 上（见图 6-9），显然，$k_{P_0A}\leqslant y\leqslant$

k_{P_0B}。

设过 P_0 的圆的切线方程为 $y+2=k(x-2)$，

则有 $\dfrac{|2k+2|}{\sqrt{k^2+1}}=1$，解得 $k=\dfrac{-4\pm\sqrt{7}}{3}$，

即 $k_{P_0A}=\dfrac{-4-\sqrt{7}}{3}$，$k_{P_0B}=\dfrac{-4+\sqrt{7}}{3}$，

所以 $\dfrac{-4-\sqrt{7}}{3}\leqslant y\leqslant\dfrac{-4+\sqrt{7}}{3}$，

所以函数值域为 $\left[\dfrac{-4-\sqrt{7}}{3},\dfrac{-4+\sqrt{7}}{3}\right]$。

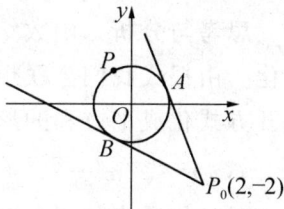

图 6-9

【例 13】 当 x 为何值时，函数 $y=\sqrt{x^2+9}+\sqrt{x^2-10x+29}$① 有最小值，并求其最小值。

思考与分析 本题从纯代数的角度思考显得抽象，求解困难。如果赋予数量关系以几何意义，把①式改写成 $y=\sqrt{(x-0)^2+(0-3)^2}$ $+\sqrt{(x-5)^2+(0+2)^2}$②，那么②式的直观意义十分明显：y 对应着直角坐标系内 x 轴上的点 $P(x,0)$ 到 $A(0,3)$、$B(5,-2)$ 两点的距离之和 $|PA|+|PB|$，从图 6-10 可见，欲使其和最小，只要 A、P、B 三点共线。为此，只要求直线 AB 与 x 轴的交点，这时求解就显得很便捷。

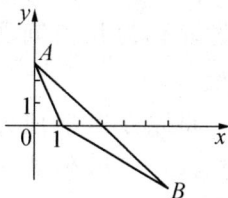

图 6-10

由点斜式,直线 AB 的方程为

$$y-3=\frac{3-(-2)}{0-5}(x-0)。$$

令 $y=0$,得 $x=3$,将 $x=3$ 代入①,得 $y_{\min}=5\sqrt{2}$,故当 $x=3$ 时,y 有最小值 $5\sqrt{2}$。

应该善于将比较抽象的问题转化为比较直观、具体的问题,以便形象地把握所涉及的各个对象之间的关系,达到化繁为简的目的,使问题易于求解。

【例 14】 求函数 $f(x)=\sqrt{x^4-3x^2-6x+13}-\sqrt{x^4-x^2+1}$ 的最大值。

思考与分析 函数结构复杂,无法用常规方法求解,设法将其简单化。由根式我们会联想到距离,问题的关键是能否将两个根式内的被开方式化成平方和的形式。通过拆凑,发现可以,即

$$f(x)=\sqrt{(x^2-2)^2+(x-3)^2}-\sqrt{(x^2-1)+x^2}$$

对其作适当的语义解释,问题就转化为:求点 $P(x,x^2)$ 到点 $A(3,2)$ 与点 $B(0,1)$ 距离之差的最大值。进一步将其直观具体化,由 A,B 的位置知直线 AB 必交抛物线 $y=x^2$ 于第二象限的一点 C,由三角形两边之差小于第三边知,P 位于 C 时,$f(x)$ 才能取到最大值,且最大值就是 $|AB|$,故 $f(x)_{\max}=|AB|=\sqrt{10}$。

【例 15】 对所有 α 的值解方程 $|x+3|-\alpha|x-1|=4$。

思考与分析 如果用分区间讨论的方法去掉绝对值符号,再对 α 的不同取值解所给方程,显得较为复杂。现借助于坐标系,把代数问题转化为几何问题,通过对几何图像的观察和分析去获得代数结论。

将原方程整理为 $|x-3|-4=\alpha|x-1|$。令 $y_1=|x+3|-4$,$y_2=\alpha|x-1|$,在同一直角坐标系中画出两函数的图像(图 6-11),它们分别表示折线 BAC 和折线 NMP,后者的具体位置应由 α 决定。

① 当 $|\alpha|>1$ 时,y_2 的图像在区域 I(如折线 NMP 所示),y_1,y_2 的公共点仅为 $(1,0)$,反演回去,得原方程的解集为 $\{1\}$。

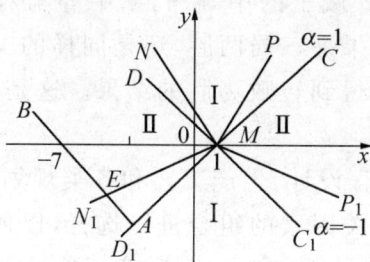

图 6-11

② 当 $\alpha=1$ 时，y_2 的图像是折线 DMC，y_1,y_2 的公共部分是以 $M(1,0)$ 为端点，倾斜角为 $45°$ 的射线 MC。经反演，得原方程的解集为 $\{x \mid x \geqslant 1\}$。

当 $\alpha=-1$ 时，y_2 的图像是折线 $D'MC'$，y_1,y_2 的公共部分是线段 AM。反演得原方程的解集为 $\{x \mid -3 \leqslant x \leqslant 1\}$。

③ 当 $|\alpha|<1$ 时，y_2 的图像在区域 II（如折线 $N'MP'$ 所示），y_1,y_2 有两个公共点 M 和 E。反演得原方程的解集是 $\left\{1, \dfrac{\alpha-7}{\alpha+1}\right\}$。

数学问题的编拟与构造，常常遵循由简到繁的规律，即借助某些原本常规、简单的情景、模型或图形，发掘内涵发展演变成一个相对较繁较难的新问题。在新问题中，常常已隐去其"本真"面孔，有时变得面目全非，但或多或少总会留下一些刀劈斧凿、精雕细刻的痕迹。在解决问题时，如果紧紧抓住这些痕迹，调整思考视角，就能快速抓住问题的本质与要害，化繁为简，甚至灵感突发，独辟蹊径。

第二节　优化决策

齐国的大将田忌，很喜欢赛马。有一回，他和齐威王约定，要进行一场比赛，各自的马分成上、中、下三等。几次比赛，都是上马对上马，中马对中马，下马对下马。由于齐威王每个等级的马都比田忌的马强得多，所以比赛了几次，田忌都失败了。

后来，田忌先以下等马对齐威王的上等马，第一局输了，后两局中田忌拿上等马对齐威王的中等马，拿中等马对齐威王的下等马，连胜两局，比赛的结果是三局两胜，还是同样的马匹，由于调换一下比赛的出场顺序，就得到转败为胜的结果。这是一个优化决策的典型实例。

在科学试验、工程设计、生产工艺和各类规划决策与管理等许多工作中，常常要对有关因素的组合进行选择，以便制订最优化方案。优选法与试验设计就是研究如何迅速、合理地寻求这些最优化方案的科学理论、模型与方法。它广泛地应用于管理、生产、科技和经济领域中，几乎可以用于有数值加工的每个领域。

在数学中，也存在着优化决策的问题，诸如解题方法的优化，相同条件下取到最优的结果，相同结果下选择最优的条件等等。中学数学中最主要的问题是最大（小）值问题和线性规划。

【例 16】 设有 $2n \times 2n$ 的正方形方格棋盘，在其中任意的 $3n$ 个方格中各放一枚棋子，求证：可以选出 n 行和 n 列，使得 $3n$ 枚棋子都在这 n 行和 n 列中。

证明 设 $3n$ 枚棋子放进棋盘后，$2n$ 行上的棋子数从小到大分别为 $a_1, a_2, \cdots, a_{2n}$，有

$$0 \leqslant a_1 \leqslant a_2 \leqslant \cdots \leqslant a_{2n}, \tag{①}$$

$$a_1 + a_2 + \cdots + a_n + a_{n+1} + \cdots + a_{2n} = 3n。 \tag{②}$$

由此可证　　　　$a_{n+1} + a_{n+2} + \cdots + a_{2n} \geqslant 2n。 \tag{③}$

（1）若 $a_{n+1} \geqslant 2$，③式显然成立。

（2）若 $a_{n+1} \leqslant 1$ 时，$a_1 + a_2 + \cdots + a_n \leqslant n \cdot a_{n+1} \leqslant n$，

从而 $a_{n+1} + a_{n+2} + \cdots + a_{2n} = 3n - (a_1 + a_2 + \cdots + a_n) > 2n$，③式也成立。

据③式，可取棋子数分别为 $a_{n+1}, a_{n+2}, \cdots, a_{2n}$ 所对应的行，共 n 行，由于剩下的棋子数不超过 n，因而至多取 n 列必可取完全部 $3n$ 个棋子。

【例 17】 设 $x_1, x_2, \cdots, x_n (n \geqslant 2)$ 都是正整数，且满足

$$x_1 + x_2 + \cdots + x_n = x_1 x_2 \cdots x_n, \tag{①}$$

求 $x_1, x_2, \cdots, x_n$ 中的最大值。

解　由条件的对称性，不妨设

$$x_1 \leqslant x_2 \leqslant \cdots \leqslant x_n, \qquad\qquad ②$$

这就改变了条件的对称性，相当于增加了一个条件

$$x_{n-1} \geqslant 2(n \geqslant 2)。$$

否则 $x_{n-1} = 1$，由②知

$$x_1 = x_2 = \cdots = x_{n-2} = x_{n-1} = 1，$$

从而代入①得 $(n-1) + x_n = x_n$ 矛盾，这时，由①有

$$
\begin{aligned}
x_n &= \frac{x_1 + x_2 + \cdots + x_{n-1}}{x_1 x_2 \cdots x_{n-1} - 1} \\
&\leqslant \frac{x_1 x_2 \cdots x_{n-2} + \cdots + x_1 x_2 \cdots x_{n-2} + x_1 x_2 \cdots x_{n-2} x_{n-1}}{x_1 x_2 \cdots x_{n-1} - 1} \\
&= \frac{(n-2+x_{n-1}) x_1 x_2 \cdots x_{n-2}}{x_1 x_2 \cdots x_{n-1} - 1} \\
&\leqslant \frac{(n-2+x_{n-1}) x_1 x_2 \cdots x_{n-2}}{x_1 x_2 \cdots x_{n-1} - x_1 x_2 \cdots x_{n-2}} \\
&= \frac{n-2+x_{n-1}}{x_{n-1} - 1} \\
&= 1 + \frac{n-1}{x_{n-1} - 1} \leqslant n。
\end{aligned}
$$

当 $x_1 = x_2 = \cdots = x_{n-2} = 1$ 且 $x_{n-1} = 2$ 时，x_n 有最大值 n，也就是 $x_1, x_2, \cdots, x_n$ 的最大值。

注意　当 $n=5$ 时为 1988 年初中数学联赛填空题。

【例 18】　空间 $2n(n \geqslant 2)$ 个点，任 3 点不共线，任 4 点不共面，连 $n^2 + 1$ 条线段，证明其中至少有 3 条边组成一个三角形。

证明　设其中任意三条线段都不能组成三角形，并设从 A_1 点引出的线段最多（优化假设），且这些线段为 $A_1 B_1, A_1 B_2, \cdots, A_1 B_k$。除 $A_1, B_1, B_2, \cdots, B_k$ 之外，其他点设为 $A_2, A_3, \cdots, A_{2n-k}$。显然 $\{B_1, B_2, \cdots, B_k\}$ 中任两点间无线段相连。于是，每一个 B_i 发出的线段至多有 $(2n-k)$ 条，而每个 A_j 发出的线段至多有 k 条（$i=1,2,\cdots,k, j=1,2,$

$\cdots,2n-k)$，故线段总数最多为（图 6-12）：

$$\frac{1}{2}\left[k(2n-k)+(2n-k)k\right]=k(2n-k)$$

$$=n^2-(n-k)^2\leqslant n^2。$$

这与已知条件连 n^2+1 条线段矛盾，故存在三条线段组成一个三角形。

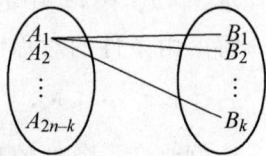

图 6-12

第三节　计　算　两　次

对同一数学对象，当用两种不同的方式将整体分为部分时，则按两种不同方式所求得的总和应是相等的，这叫做两次原理或富比尼原理。计算两次可以建立左右两边关系不太明显的恒等式。在反证法中，计算两次又可用来构成矛盾。

在列方程解应用题时，我们就经常用计算两次的方式来建立等量关系。

【例 19】　从集合 $\{0,1,2,\cdots,14\}$ 中选出 10 个不同的数填入图 6-13 中圆圈内，使每两个用线相连的圆圈中的数所成差的绝对值各不相同，能否做到这一点？证明你的结论。

解　考虑 14 个差的和 S。一方面，$S=1+2+\cdots+14=105$ 为奇数；另一方面，每两个数 a,b 的差与其和有相同的奇偶性：

$$|a-b|\equiv a+b(\bmod 2)。$$

因此，14 个差的和 S 的奇偶性与 14 个相应数之和的和 S' 的奇偶性相同，由于图中的每一个数 a 与 2 个或 4 个圈中的数相加，对 S' 的贡献为 $2a$ 或 $4a$，从而 S' 为偶数，这与 S 为奇数矛盾，所以不能按要求给图中的圆圈填数。

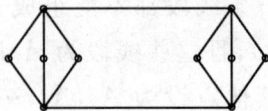

图 6-13

数学方法论

评析　由证明过程可见，集合 $\{0,1,\cdots,14\}$ 也可为 **N** 或 **Z**。

【例 20】　$a_1,a_2,\cdots,a_n$ 是一组正整数，b_k 表示这 n 个数中 $a_i \geqslant k$ 的个数。求证：$a_1+a_2+\cdots+a_n=b_1+b_2+\cdots+b_n$。

证明　不妨设 $a_1 \leqslant a_2 \leqslant \cdots \leqslant a_n$，则 b_k 的最后一项为 b_{a_n}，并且 $b_1=n$，$b_{a_n}=1$。

作一个数表，如表 6-1 所示，第 1 行有 a_n 个 1，第 2 行有 a_{n-1} 个 1，$\cdots$，第 n 行有 a_1 个 1，从而第 1 列有 b_1 个 1，第 2 列有 b_2 个 1，第 K 列有 b_k 个 1，$\cdots$，第 a_n 列有 b_{a_n} 个 1。对这个 $n \times a_n$ 数表的行、列分别求和，得

$$a_1+a_2+\cdots+a_n=b_1+b_2+\cdots+b_n。$$

表 6-1

	b_1	b_2	$\cdots$	b_k	b_{k+1}	$\cdots$	b_{a_n}
a_n	1	1	$\cdots$	1	1	$\cdots$	1
a_{n-1}	1	1	$\cdots$	1	1	$\cdots$	0
$\cdots$	$\cdots$	$\cdots$	$\cdots$	$\cdots$	$\cdots$	$\cdots$	$\cdots$
a_1	1	1	1	1	0	$\cdots$	0

评析　这个简单例子综合运用了有序化、辅助图表、计算两次多个技巧。

第四节　转化与变换思想

一、变量变换

一个数学问题直接求解困难时，我们常用适当的方式将问题变为另一个数学问题，使之更容易求解，这就是变换问题法。变换是映射中一种常见的形式，是数学中某一领域内部的一种映射，是将复杂问题转化为简单问题，较难问题转化为较易问题的数学化归。用简单的观点去看待复杂的形式就能抓住形式表现的数学本质及辩证联系，从而找到解决问题的简化途径是变换思想的实质。思维程序是：（1）选择适当的变换，等价的或不等价的（加上约束条件），以改变问题的表

达形式;(2)连续进行有关变换,注意整个过程的可控制性和变换的技巧,直至达到目标状态。

变换思想是一种变更问题法,在中学数学中有广泛的运用。它有以下常见思维模式。

二、等价条件变换

所谓等价变换,是指把原问题变更为新问题,使两者的答案完全相同,即互为充要条件。按变换的对象划分,等价条件变换有三种形式:变换条件模式、变换结论模式、同时变换条件与结论模式。

(一)变换条件模式

有的问题条件庞大分散,或结构复杂,如按涉及的概念含义与有关知识,把条件加以变换,可使问题简明,从而较易找到解题的思路。

(二)变换结论模式

有的数学问题结论是一个隐式,此时可进行等价转换,使其表述清晰,并更接近于从条件出发的推导。

(三)同时变换条件与结论模式

将条件与结论适当变换为可以用已知求解过程沟通的新条件与结论,是解决数学问题最常见的方法。这种方法实质上是关系映射反演原理的应用。

三、非等价变换

数学问题的解决等价条件转化是大量的,但有时也用到非等价转化,只要运用得当,同样可以获得成功。

(一)强弱命题转换

有的数学问题通过变换,把原命题变为更强命题或较弱命题,通过迂回的方法,使问题得以解决。

(二)将"论域"非等价变换

有的数学问题可将"论域"施行非等价变换,而后回归原"论域",使问题得到解决。比如将分式方程整式化,将无理方程有理化,将超越方程代数化等,都属于用非等价变换谈论问题的解,而只是最后通过验根得到原方程的解。

【例 21】 设 $f(x)=\dfrac{x}{a(x+2)}$,$x=f(x)$ 有唯一解,且 $f(0)=\dfrac{1}{991}$,$f(x_{n-1})=x_n$,$n=1,2,\cdots$,求 x_{1987}。

思考与分析　将条件适当转化,它实质上是说方程 $\dfrac{x}{a(x+2)}=x$ 有唯一解,即 $ax^2+(2a-1)x=0$ 有唯一解,那么它的判别式 $\Delta=(2a-1)^2-4a\cdot0=0$,故 $a=\dfrac{1}{2}$。

于是 $f(x)=\dfrac{2x}{x+2}$,条件大大简化。

由 $f(x_{n-1})=x_n$,$n=1,2,\cdots$,得

$$\frac{2x_{n-1}}{x_{n-1}+2}=x_n\Rightarrow x_{n-1}x_n+2x_n=2x_{n-1}=1+\frac{2}{x_{n-1}}=\frac{2}{x_n}\Rightarrow\frac{1}{x_n}=\frac{1}{x_{n-1}}+\frac{1}{2},$$

即 $\left\{\dfrac{1}{x_n}\right\}$ 为等差数列,公差为 $\dfrac{1}{2}$,首项为 $\dfrac{1}{x_n}=\dfrac{1}{f(x_0)}=991$。

所以 $\dfrac{1}{x_{1987}}=\dfrac{1}{x_1}+(1987-1)\times\dfrac{1}{2}=1984$,

所以 $x_{1987}=\dfrac{1}{1984}$。

【例 22】 解方程 $\sqrt{1+\sin x}-\sqrt{1-\sin x}=2\cos x$。

思考与分析　此题如果等价变形为

$$\left|\sin\frac{x}{2}+\cos\frac{x}{2}\right|-\left|\sin\frac{x}{2}-\cos\frac{x}{2}\right|=2\cos x。$$

必然会分四种情况讨论,问题愈搞愈复杂。

如果通过原等式两边平方(非等价变换),解完后再验根,则简单得多。两边平方得

$(2|\cos x|-1)(|\cos x|+1)=0$

而 $|\cos x|+1=0$ 无解;

由 $2|\cos x|-1=0$ 得,$|\cos x|=\dfrac{1}{2}$,解得 $x=2k\pi\pm\dfrac{\pi}{3}$,$x=2k\pi\pm\dfrac{2}{3}\pi$

$(k \in \mathbf{Z})$。

经验根知,原方程的解为

$$x = 2k\pi - \frac{2}{3}\pi, \quad x = 2k\pi + \frac{\pi}{3} (k \in \mathbf{Z})。$$

利用非等价变换求得的根中往往会有多余的根,再通过验根剔去不符合要求的根。有时还会因非等价变换,遗漏满足条件的根,此时要设法弥补上。

【例 23】 解方程 $\sin x + \tan x + \sec x - \cos x = 0$。

思考与分析 应用代换 $t = \tan \frac{x}{2}$,方程可化为

$$\frac{2t}{1+t^2} + \frac{2t}{1-t^2} + \frac{1+t^2}{1-t^2} - \frac{1-t^2}{1+t^2} = 0。$$

这个变换是非等价的,它会失去 $\tan \frac{x}{2}$ 不存在的根 $x = (2k+1)\pi$,此时应补上,并验知为原方程的根。

解关于 t 的方程,由于去分母时要乘以 $(1+t^2)(1-t^2)$,应增加 $t \neq \pm 1$ 的条件。解关于 t 的方程得 $t = 0$,即 $\tan \frac{x}{2} = 0$,所以 $x = 2k\pi$。

综上所述,原方程的根为 $x = k\pi (k \in \mathbf{Z})$。

从以上我们可以看到,变换问题思维模式在中学数学中应用很广,它渗透着关系映射反演原理以及化归思想,是一种较高层次的数学思维模式。

第五节 化 归 方 法

一、化归方法的概念

数学的任务首先是把实际问题化为数学问题。数学问题的形式千变万化,结构错综复杂,特别是一些难度较大的综合题(比如一些国内外竞赛题),不仅题型新颖,知识覆盖面大,而且技巧性强,个别问题

的解法独到别致。寻求正确有效的解题途径，意味着寻找一条摆脱困境，绕过障碍的途径。因此，我们在解决数学问题时，思考的着重点就是把所需要解决的问题转化为已能解决的问题。也就是说，在求解不易直接或正面找到解题途径的问题时，我们往往转化问题的形式，从侧面或反面寻找突破口，直到最终把它化归成一个或若干个熟知的或已能解决的问题。这就是数学思维中一种重要的方法——化归方法。

一种有效的方法是不断地进行化归，如把高次的化为低次的，把多元的化为单元的，把高维的化为低维的，把指数运算化为乘法运算，把乘法变为加法，把几何问题化为代数问题，把微分方程问题化为代数方程问题，把偏微分方程问题变为常微分方程问题，化无理为有理，化连续为离散，化离散为连续等等。化归的基本思想是：把甲问题的求解，化为乙问题的求解；把乙问题的求解，化为丙问题的求解（可能更多）；然后通过丙、乙问题的求解反回去获得甲问题的求解。化归的基本目的是：化难为易，化繁为简，化暗为明。

如匈牙利著名数学家 P·路莎所指出的："对于数学家的思维过程来说是很典型的，他们往往不对问题进行正面的进攻，而是不断地将它变形，直至把它转化为已经能够解决的问题。"

P·路莎还用以下比喻，十分生动地说明了化归思维的实质："假设在你面前有煤气灶、水龙头、水壶和火柴，你想烧些开水，应当怎么去做？"正确的回答是："在水壶中放上水，点燃煤气，再把水壶放在煤气灶上。"接着路莎又提出了第二个问题："如果其他的条件都没有变化，只是水壶中已经放了足够的水，这时你又应当如何去做？"这时，人们往往会很有信心地回答说："点燃煤气，再把水壶放到煤气灶上。"但是路莎指出，这一回答并不能使她感到满意，因为更好的回答应该是这样的："只有物理学家才会这样去做；而数学家们则会倒去壶中的水，并声称我已经把后一个问题化归成先前的问题了。"把水倒掉——这是多么简洁的回答。

当然，上面的比喻确实有点夸张，但它和前面几个例子相比，也许更能体现数学家的思维特点——与其他应用科学家相比，数学家特别善于使用化归思想和方法。

化归是指将待研究的问题进行转化，通过解决转化后的问题去解决转化前问题的思维方法。在数学中,化归几乎伴随着所有的问题解决,将未知化归为已知,将困难、复杂的问题化归为容易、简单的问题,将整体问题分割为部分问题去研究等等,都是化归思维的具体体现。例如,解二元一次方程组,要通过消元化归为一元一次方程去解决;求凸 n 边形的内角和要化归为求三角形的内角和;而计算题就是利用法则去化归问题;证明题则是由未知不断地化归到已知的命题转化过程。化归不仅是数学特有的思维方法,而且还具有一般科学方法论的意义和功能,因而培养学生的化归意识和思维,是数学教学中必须高度重视的问题。

映射化归是指关系映射反演原则,它是一种特殊的化归,把研究对象的关系(称为原象关系)转化(映射)成另一种对应关系(称为映象关系),再由后一关系求得目标映射,然后通过逆映射反演回去得出所需结果的思维方法。其思维模式如图 6 - 14 所示。

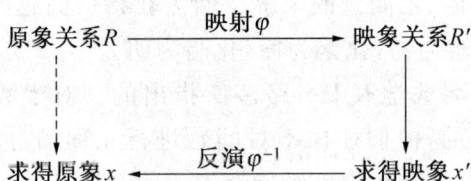

原象关系R $\xrightarrow{\quad\text{映射}\varphi\quad}$ 映象关系R'

求得原象x $\xleftarrow{\quad\text{反演}\varphi^{-1}\quad}$ 求得映象x'

图 6 - 14

例如,对数计算是应用映射法来简化问题的典型例子,由于积、商(乘方或开方)的对数分别等于乘数或被除数的对数与乘数或除数的对数的和、差(乘或除),所以通过对数映射($x \rightarrow \lg x$)就可以把复杂的计算转化为较简单的计算。例如,计算 $p = \dfrac{a^3 b^{\frac{1}{8}}}{c^6}$,其思维模式如图 6 - 15 所示。

$$p = \frac{a^3 b^{\frac{1}{8}}}{c^6} = ? \xrightarrow{\quad\text{对数}\quad} \lg p = 3\lg a + \frac{1}{8}\lg b = 6\lg c$$

$$p \xleftarrow{\quad\text{反对数}\quad} \lg p$$

图 6 - 15

在中学数学中,映射法包括坐标法、参数法、对数法、向量法、换元法、数形转化法以及各种数学变换、数学模型方法等,因此映射法在中学数学中有广泛的应用。

应用化归方法解决问题的一般模式如图 6-16 所示。

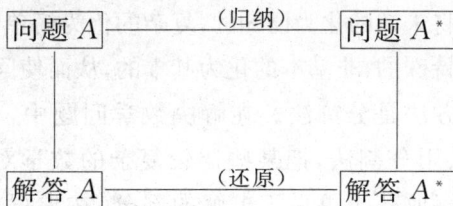

```
问题 A ————(归纳)———— 问题 A*
  │                        │
  │                        │
解答 A ————(还原)———— 解答 A*
```

图 6-16

就其基本思想而言,容易看出,化归方法与 G·波利亚关于在解题过程中应充分利用"辅助问题"的思想是十分一致的。G·波利亚这样写道:"去设计并解出一个合适的辅助问题,从而用它求得一条通向一个表面上看来很难接近的问题的通道,这是最富有特色的一类智力活动。"G·波利亚并曾对所说的"辅助问题"作了如下的分类:等价问题、较强或较弱的辅助问题及间接的辅助问题(后者是指这样的辅助问题:它们既非等价问题,也非较强或较弱的辅助问题,但是,通过对此的考虑仍然有助于我们解决原来的问题,即获得材料上或方法论方面的帮助)。

与 G·波利亚的这些论述进行比较,化归方法的主要特点就在于它具有更强的目的性、方向性和概括性,就是希望通过由未知到已知、由难到易、由繁到简的化归来达到解决问题的目的;而且,所有有关的解题过程又都可以统一地归结为上述的模式。在这样的意义上,化归方法可看成是对 G·波利亚有关思想的进一步发挥或发展。

就化归方法的具体应用而言,其中的关键显然在于如何实现由所要解决的问题向已经解决的或较易解决的问题的转化。

唯物辩证法告诉我们:客观事物是发展变化的,不同事物间存在着种种联系,各种矛盾在一定的条件下可互相转化。化归方法正是人们对这种联系和转化的一种能动的应用。从哲学的高度看,化归方法着眼于揭示联系、实现转化,在迁移转换中达到问题的解决,因此化归方法是转化矛盾的方法,属于哲学思维方法的范畴,它的"运动—转化—解决矛盾"的思想方法蕴涵着深刻的辩证法。

因此,掌握化归思想和方法,对于学好数学(特别是在解数学题时)有着十分重要的意义和作用。

很明显,化归思维的特点就是以已知的、简单的、具体的、特殊的、基本的知识为基础,将未知的化为已知的,复杂的化为简单的,抽象的化为具体的,一般的化为特殊的,非基本的化为基本的,从而使问题得到解决。

化归的基本方法是分割法。在解决数学问题中,为了解决某些复杂的问题,往往采用分割法,把某些比较复杂的数学对象作为整体,按照可能和需要分解成若干更易于求解的部分,在求得各部分解的基础上,通过适当的组合而使得原数学问题得以解决的解题方法。所谓分割法,就是把一个复杂的问题分割成若干个有逻辑联系的、较简单或较熟悉的问题,从而使原问题得以解决。当然,仅有"化整为零"的分解,化归过程未必能完全实现,往往还要通过"积零为整",将这些小问题的解重新组合起来,才能得到原问题的解。正是分解与组合的相辅相成和有机结合,引起待解决问题关系结构的重新搭配,使我们能在新的关系结构中去寻找化归的途径。

在运用分割法实现化归时,对于待处理的问题,有时把问题本身作为分解对象,此时是将整体分解为局部之和;有时把问题看成某一整体的一部分,此时是将局部分解为整体与另一局部的差;有时把问题的条件进行分解,求得满足各部分条件的对象集合,此时问题的解是那些满足各部分条件的对象集合的交。

一般地说,利用分割法求解问题的过程可以归结为如图 6-17 所示。

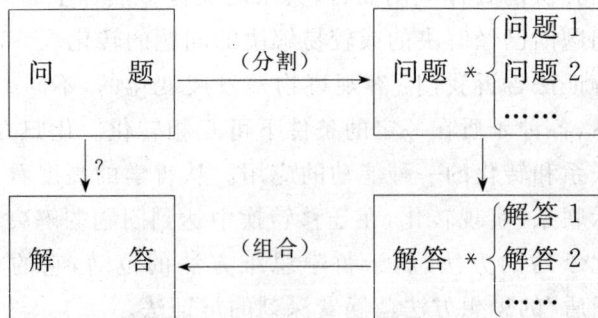

图 6-17

将这里所说的分割法与 G·波利亚所给的几个具体模式（双轨迹模式、笛卡儿模式、递归模式与叠加模式）加以比较，容易看出，双轨迹模式与笛卡儿模式都可以看成分割法的特殊情况；前者是通过对未知量（例如，点）所应满足的条件进行分割实现了所说的化归，如图 6-18 所示。

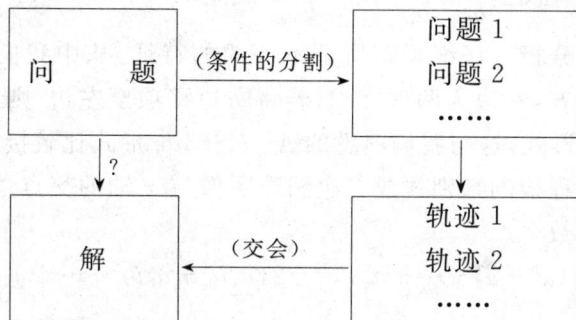

图 6-18

后者则是对未知量本身进行了分割，也即把未知成分看成一个多元的未知量，这样，问题中的条件也就被分割成了各个"部分条件"（条件分块），而我们就可以由部分条件去列出相应的方程，并进而求得所需要的解答，如图 6-19 所示。

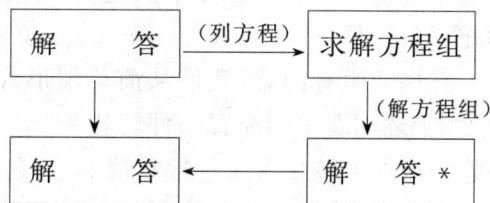

图 6-19

另外，所谓递归模式，是指在应用分割法求解问题时我们不应机械地去实行"分割—组合"的过程，而应充分利用已有的知识，以此为基础去进行新的扩展。

二、化归的基本原则

化归的基本原则是熟悉化、和谐化、简单化和具体化。

熟悉化就是把我们感到陌生的问题通过变形化归成比较熟悉的

问题,从而使我们能够充分利用已有的知识和经验来解决问题。

【例 24】 **证明** (柯西不等式)设 $a_1, a_2, \cdots, a_n; b_1, b_2, \cdots, b_n$ 是两组实数,那么

$$(a_1 b_1 + a_2 b_2 + \cdots + a_n b_n)^2 \leqslant (a_1^2 + a_2^2 + \cdots + a_n^2)(b_1^2 + b_2^2 + \cdots + b_n^2),$$

等号当且仅当 $\dfrac{a_1}{b_1} = \dfrac{a_2}{b_2} = \cdots = \dfrac{a_n}{b_n}$ 时成立。

思考与分析 仔细观察所证不等式的特征,从中我们就可发现,左边为一平方,右边为两项之积,若将右边移项至左边,则形式可简化为 $B^2 - AC$ 形式,这与我们熟悉的 $\Delta = b^2 - 4ac$ 形式比较接近。由此联想到二次方程根的判别式或二次函数图像与 x 轴的交点情形。这样,构造二次函数

$$f(x) = (a_1^2 + a_2^2 + \cdots + a_n^2) x^2 - 2(a_1 b_1 + a_2 b_2 + \cdots + a_n b_n) x + b_1^2 + b_2^2 + \cdots + b_n^2$$

由此二次函数非负,即可使命题获证。

简单化就是把比较复杂的问题转化为简单的问题,把比较复杂的形式转化为比较简单的形式,以便使其中的数量关系和空间形式更加明朗和具体,从而找到解决问题的突破口。

【例 25】 **求证**:复数 z_1、z_2、z_3 在复平面上所对应的点 Z_1、Z_2、Z_3 构成正三角形的充要条件是 $z_1^2 + z_2^2 + z_3^2 = z_1 z_2 + z_2 z_3 + z_3 z_1$。

思考与分析 直接证明有困难,我们从简单情形入手,如令 $z_1 = 0$,即点 z_1 是原点,则上述问题中的充要条件转化为 $z_2^2 + z_3^2 = z_2 z_3$。接着的问题是如何将一般情形转化为这一特殊情形,而这只要通过平移坐标轴使原点至点 z_1 即可,也就是作变换 $z'_2 = z_2 - z_1$,$z'_3 = z_3 - z_1$。

和谐化是指化归应朝着使待解问题在表现形式上趋于和谐,在量、形关系方面趋于统一的方向进行,使问题的条件与结论表现得更匀称和恰当。

【例 26】 (2005 年高考全国卷 A 第 7 题)当 $0 < x < \dfrac{\pi}{2}$ 时,函数

$$f(x) = \frac{1 + \cos 2x + 8 \sin^2 x}{\sin 2x}$$ 的最小值为 （ ）

数学方法论

A. 2　　　　　B. $2\sqrt{3}$　　　　C. 4　　　　D. $4\sqrt{3}$

思考与分析　如果有意识或无意识地遵循和谐化原则,就会将原式化为

$$f(x)=\dfrac{2\cos^2 x+8\sin^2 x}{2\sin x\cos x}$$

使得分子分母均为正余弦的二次式,这样,解这道题就大大节省时间了。

所谓具体化,就是将比较抽象的问题,转化为比较具体或直观的问题来解决。

很多数学问题是各种信息的高度浓缩和抽象,如果我们继续沿着"抽象化"的路子走下去,往往走入迷宫。如果我们改变方向,从新的角度、新的观念出发,把问题中的各种概念以及概念之间的关系具体明确化,亦即对原来的抽象问题进行具体转化,往往会使问题轻而易举地得到解决。

【例 27】　当 x 为何值时,函数 $y=\sqrt{x^2+9}+\sqrt{x^2-10x+29}$ 有最小值? 最小值是多少?

思考与分析　如果将上式右边的式子与两点间距离公式联系起来,赋予数量关系以几何意义,即 $y=\sqrt{(x-0)^2+(0-3)^2}+\sqrt{(x-5)^2+(0-2)^2}$,则问题可看作在 x 轴上求一点 $P(x,0)$,使它到点 $A(0,3),B(5,2)$ 的距离之和最小,那么原问题的解决就显得十分直观、简单。

化归的基本途径是细分。所谓细分,就是在解某些数学问题时,我们在解题过程中将求证或求解的问题分割为若干个承前启后、互相呼应的小问题,或将图形分离成易于分析讨论的若干个互相契合的图形,而后一一证明或求解。正如数学大师笛卡儿所指出的:"把你所考虑的每一个问题,按照可能和需要,分成若干部分,使它们更易于求解。"

【例 28】　试对任意自然数 n,证明

$$\cos\frac{2\pi}{2\pi+1}+\cos\frac{4\pi}{2n+1}+\cdots+\cos\frac{2n\pi}{2n+1}=-\frac{1}{2}。$$

思考与分析 容易想到试用数学归纳法来证明本题,但很难奏效。现将问题转化,通过构造复数,把三角问题化为复数有理分式运算的问题,进而在复数系统中通过复数运算与有关知识来求解,从而使原问题得到解决。

令 $z = \cos\dfrac{2\pi}{2n+1} + i\sin\dfrac{2\pi}{2n+1}$,

则 $z^{-1} = \cos\dfrac{2\pi}{2n+1} - i\sin\dfrac{2\pi}{2n+1}$。

所以 $\cos\dfrac{2\pi}{2n+1} = \dfrac{z+z^{-1}}{2}$,

进而 $\cos\dfrac{4\pi}{2n+1} = \dfrac{z^2+z^{-2}}{2}$,

......

$\cos\dfrac{2n\pi}{2n+1} = \dfrac{z^n+z^{-n}}{2}$

所以 $\cos\dfrac{2\pi}{2n+1} + \cos\dfrac{4\pi}{2n+1} + \cdots + \cos\dfrac{2n\pi}{2n+1}$

$= \dfrac{1}{2}(z+z^{-1}+z^2+z^{-2}+\cdots+z^n+z^{-n})$

$= \dfrac{1}{2}\left[(z^{-n}+\cdots+z^{-2}+z^{-1}+1+z+z^2+\cdots+z^n)-1\right]$

$= \dfrac{1}{2} \cdot \dfrac{z^{-n}(z^{2n+1}-1)}{z-1} - \dfrac{1}{2}$,

注意到 $z^{2n+1}=1$,故证得上式的值等于 $-\dfrac{1}{2}$。

【**例 29**】 将 1976 分拆成自然数之和,再将其相乘,试求(并证明)所有这种乘积中之最大值。

思考与分析 由于把 1976 分拆成自然数之和的方法是有限的,因此,乘积定有最大值。由于 1976 分拆成自然数之和的种数很多,使得我们对问题的分拆变得相当复杂。为此我们先检验一系列用 2,3,4,5,6,7,8 等较小的数,替代 1976 而得到特殊情形(如 5,6 只有分拆成 2+3 与 3+3,其乘积才是最大的)。由此,我们可以发现,对一种分

数学方法论

拆法 $a_1 + a_2 + \cdots + a_n = 1976$。

要使乘积 $a_1 a_2 \cdots a_n$ 达到最大值,应有

(1) $a_i \geqslant 2$(事实上,$a_i \cdot 1 < a_i + 1$)。

(2) $a_i \leqslant 4$(事实上,若 $a_i > 4$,则把 a_i 分拆成两个数 2 与 $a_i - 2$,显然有 $a_i < 2(a_i - 2)$)。

由(1)、(2)知,所有的因子都应是 2 或 3(因为 $4 = 2 \times 2$,同时 $4 = 2 + 2$)。

(3) 最多只有两个 a_i 是 2(事实上,若有 3 个 2 的话,把 3 个 2 拆成两个 3,则有 $2^3 = 8 < 9 = 3^2$),即因子 2 的个数只能是 $0, 1, 2$。由于因子 2 的个数是 $0, 1, 2$ 时,这些因子的总数被 3 除的余数分别是 $0, 2, 1$,而 1976 被 3 除的余数是 2,所以必定只有一个因子是 2,故最大值是 2×3^{658}。

本例可以推广到一般的情形,将自然数 **N** 分拆成若干个自然数之和,其乘积的最大值是

$$\begin{cases} 3^k, & \text{当 } N = 3k \text{ 时} \\ 2^2 \times 3^{k-1}, & \text{当 } N = 3k+1 \text{ 时} \\ 2 \times 3^k。 & \text{当 } N = 3k+2 \text{ 时} \end{cases}$$

【例 30】 设 $x, y \in \mathbf{R}^+$,且 $x + y = 2$,试求 $Z = \sqrt{x^2 + 4} + \sqrt{y^2 + 1}$ 的最小值。

思考与分析 我们将此代数问题化为几何问题。不妨将 $\sqrt{x^2 + 4}$ 和 $\sqrt{y^2 + 1}$ 分别理解为点 $P(x, 2)$ 和 $Q(-y, -1)$ 到原点 O 的距离。$Z = |OP| + |OQ| \geqslant |PQ| = \sqrt{(x+y)^2 + (2+1)^2} = \sqrt{2^2 + 3^2} = \sqrt{13}$,取等号时,$OP, OQ$ 反向共线,此时 $\dfrac{x}{2} = \dfrac{-y}{-1} \Rightarrow x = \dfrac{4}{3}, y = \dfrac{2}{3}$。

【例 31】 试求常数 m 的范围,使曲线 $y = x^2$ 的所有弦都不可能被直线 $y = m(x - 3)$ 垂直平分。

思考与分析 在探究问题过程中,从正面解决困难时要考虑从反面解决,直接解决困难时要考虑间接解决,顺推困难时要考虑逆推,进不行则考虑"退",探究可能性发生困难时要考虑探究不可能性,这就

是所谓正难则反原则。

此题的"不能"的反面就是"能"，假设抛物线 $y=x^2$ 上存在着弦，它被直线 $y=m(x-3)$ 垂直平分，即抛物线上存在着两点 $(x_1,x_1{}^2)$，$(x_2,x_2{}^2)$，它们关于直线 $y=m(x-3)$ 对称，于是有

$$\begin{cases} \dfrac{x_1{}^2+x_2{}^2}{2}=m(\dfrac{x_1+x_2}{2}-3), \\[2mm] \dfrac{x_2{}^2-x_1{}^2}{x_1-x_2}=-\dfrac{1}{m}, \end{cases}$$

即：

$$\begin{cases} x_1{}^2+x_2{}^2=m(x_1+x_2-6), \\[2mm] x_2+x_1=-\dfrac{1}{m}, \end{cases}$$

消去 x_2 得，$2x_1{}^2+\dfrac{2}{m}x_1+\dfrac{1}{m^2}+6m+1=0$，

因 $x_2\in \mathbf{R}$，所以 $\Delta=(\dfrac{2}{m})^2-4\times 2\times(\dfrac{1}{m^2}+6m+1)>0$，

故 $\dfrac{(2m+1)(6m^2-2m+1)}{m^2}<0$，

所以 $m<-\dfrac{1}{2}$。

因此，当 $m<-\dfrac{1}{2}$ 时，抛物线上存在着两点关于直线 $y=m(x-3)$ 对称。故原题的解为 $m\geqslant-\dfrac{1}{2}$。

【例 32】 试问：一个周长为 $2L$ 的封闭曲线是否能被一个直径是 L 的圆盖住？

思考与分析 这个问题很难，因为周长为 $2L$ 的封闭曲线可以取任意形状，一下子简直不知从何着手。但是，既然问题中的封闭折线没有规定是什么形状，我们何不先从特殊情况试试。假定曲线形状是正方形，这个情况容易证明，把一个直径是 L 的圆形纸片的中心与正方形的中心 O 重合。要证明这个圆能盖住正方形，只要证得 A、B、C、D 四个顶点都被盖住即可。在图 6-20 中，由 $OA=\dfrac{1}{2}AC<\dfrac{AB+BC}{2}$

$=\dfrac{L}{2}$ 可知，A 点确被圆纸片盖住。同理可证得 B，C，D 点均被盖住。

数学方法论

因此,周长为 $2L$ 的正方形可以被一个直径是 L 的圆盖住。

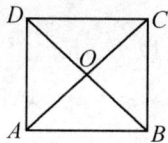

图 6 - 20

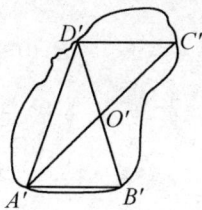

图 6 - 21

对于任意形状的曲线 P 如何证明呢?不妨把这个曲线 P 想象成是由正方形 $ABCD$ 扭曲而成(见图 6 - 21)。既然曲线 P 是由正方形变形所得,那么两者之间必有内在联系,因此可尝试将正方形时用过的方法移植到任意曲线上。对角线 AC 把正方形 $ABCD$ 的周长分为相等的两部分,曲线 P 上也可找到 A',C' 两点,把曲线 P 的周长分成相等的两部分。O 是 AC 的中点,也取 $A'C'$ 的中点 O'。同样把圆纸片的中心放在 O' 点。设 D' 点是曲线 P 上任意一点,若延长 $D'O'$ 到 B' 点,使 $O'B'=O'D'$,则可得到一个平行四边形,可以证得

$2O'D' \leqslant A'D' + C'D'$,于是有 $O'D' \leqslant \dfrac{A'D'+C'D'}{2} < \dfrac{1}{2} A'D'C'$ 的

曲线弧长 $\dfrac{L}{2}$。因此 D' 点能被圆盖住。这就证得整个曲线 P 都能被圆盖住。

【例 33】 假设 $x,y,z \in \mathbf{R}$,又知道它们满足 $x+y+z=a$,$x^2+y^2+z^2=\dfrac{a^2}{2}(a>0)$,试证:$x,y,z$ 都不是负数,也不能大于 $\dfrac{2}{3}a$。

思考与分析 x,y,z 在假设的条件里具有相同的地位,根据对称原理,我们只要对于 x,y,z 中某个先证得结论,问题就解决了。不妨,先讨论 z。由已知条件,可将点 (x,y) 看作直线 $x+y+(z-a)=0$ 和圆 $x^2+y^2=\dfrac{a^2}{2}-z^2$ 的公共点,而直线与圆有公共点,必须

$$d=\dfrac{|z-a|}{\sqrt{2}} \leqslant \sqrt{\dfrac{a^2}{2}-z^2},$$

175

解此不等式,得 $0 \leqslant z \leqslant \dfrac{2}{3} a$。

同理可得 $0 \leqslant x \leqslant \dfrac{2}{3} a$, $0 \leqslant y \leqslant \dfrac{2}{3} a$。

【例 34】 实数 x, y 满足 $x \geqslant 1, y \geqslant 1$ 以及 $(\log_a^x)^2 + (\log_a^y)^2 = \log_a^{(ax^2)} + \log_a^{(ay^2)}$ $(a > 0$,且 $a \neq 1)$,当 $a \in (1, +\infty)$ 时,求 $\log_a^{(xy)}$ 的取值范围。

思考与分析 设 $s = \log_a^x, t = \log_a^y$,则 $s \geqslant 0, t \geqslant 0$。

由题设得 $s^2 + t^2 = 2 + 2s + 2t$,即 $(s-1)^2 + (t-1)^2 = 4$。

设
$$\begin{cases} s = 1 + 2\cos\theta, \\ t = 1 + 2\sin\theta, \end{cases}$$

因为 $s \geqslant 0, t \geqslant 0$,所以
$$\begin{cases} \cos\theta \geqslant -\dfrac{1}{2}, \\ \sin\theta \geqslant -\dfrac{1}{2}, \end{cases}$$

设 $k = \log_a^{(xy)} = \log_a^x + \log_a^y = s + t = 2 + 2\sqrt{2}\sin\left(\theta + \dfrac{\pi}{4}\right)$,

当 $\sin\left(\theta + \dfrac{\pi}{4}\right) = 1$ 时,$k_{\max} = 2 + 2\sqrt{2}$,

当 $\sin\theta = -\dfrac{1}{2}$ 时,$k_{\min} = 1 + \sqrt{3}$。

因此,$\log_a^{(xy)}$ 的取值范围是 $[1 + \sqrt{3}, 2 + 2\sqrt{2}]$。

为了看清问题的本质,找到条件与结论之间的内在联系,就必须把问题化简。

【例 35】 设 a, b, c 是直角三角形的三条边,其中 c 是斜边,a, b 满足等式:$\arcsin\dfrac{1}{a} + \arcsin\dfrac{1}{b} = \dfrac{\pi}{2}$, ①

求证:$\lg a + \lg b = \lg c$。

思考与分析 考虑到结论中只涉及到 a, b, c 的代数运算关系,而非三角运算关系,故需在①式中"去掉"反三角函数的外衣。①式可化为

$$\arcsin\frac{1}{a}=\frac{\pi}{2}-\arcsin\frac{1}{b},$$

即 $\dfrac{1}{a}=\sin(\dfrac{\pi}{2}-\arcsin\dfrac{1}{b})=\sqrt{1-\dfrac{1}{b^2}}$，

从而 $\dfrac{1}{a^2}+\dfrac{1}{b^2}=1$。

再与等式 $a^2+b^2=c^2$ 结合就能证得结论。

三、化归思想在数学解题中的应用

除极简单的数学问题外，每个数学问题的解决都是通过转化为已知的问题实现的。从这个意义上讲，解决数学问题就是从未知向已知转化的过程。化归思想是解决数学问题的根本思想，解题的过程实际上就是一步步转化的过程。数学中的转化比比皆是，如未知向已知转化、复杂问题向简单问题转化、新知识向旧知识的转化、命题之间的转化、数与形的转化、空间向平面的转化、多元向一元转化、高维向低维转化、高次向低次转化、函数与方程的转化等，都是化归思想的体现。

（一）抽象与具体的相互转化

由于中学生的形象思维比较成熟，而抽象思维能力比较差，因此解题时，对于抽象问题的思考往往比较困难。如果我们能把一些抽象问题转化为具体的问题考虑，那么问题就容易解决得多了。

【例 36】 函数 $f(x)$ 的定义域关于原点对称，且满足以下条件：

① x_1，x_2 是 $f(x)$ 定义域中的数，且 $f(x_1-x_2)=\dfrac{f(x_1)f(x_2)+1}{f(x_2)-f(x_1)}$；

② $f(a)=1(a>0)$；

③ 当 $0<x<2a$ 时，$f(x)>0$。

（1）判定 $f(x)$ 的奇偶性；

（2）判定 $f(x)$ 是否是周期函数，若是周期函数，求出周期。

思考与分析　由条件①容易联系到两角差的余切公式 $\cot(\alpha-\beta)$ $=\dfrac{\cot\alpha\cot\beta+1}{\cot\beta-\cot\alpha}$，由 $\cot\dfrac{\pi}{4}=1$，猜想 $a=\dfrac{\pi}{4}$。不难发现题设条件类似余切函数的运算法则和性质，故可将题中的函数从抽象转化为具体，进

而猜想出此题中的结论：

（1）$f(x)$ 为奇函数；

（2）$f(x)$ 为周期为 $4a$ 的周期函数。

证明　（1）令 $x=x_1-x_2$，因为 $f(x)$ 的定义域关于原点对称，所以 $-x=x_2-x_1$ 也在其定义域内，且

$$f(-x)=f(x_2-x_1)=\frac{f(x_1)f(x_2)+1}{f(x_1)-f(x_2)}=-f(x_1-x_2)=-f(x),$$

故 $f(x)$ 为奇函数。

（3）因为 $f(x+a)=\dfrac{f(x)f(-a)+1}{f(-a)-f(x)}=\dfrac{-f(x)f(a)+1}{-f(a)-f(x)}$

$$=\frac{1-f(x)}{-1-f(x)}=\frac{f(x)-1}{f(x)+1},$$

所以 $f(x+2a)=f[(x+a)+a]=\dfrac{f(x+a)-1}{f(x+a)+1}$

$$=\frac{\dfrac{f(x)-1}{f(x)+1}-1}{\dfrac{f(x)-1}{f(x)+1}+1}=\frac{-2}{2f(x)}=-\frac{1}{f(x)},$$

所以 $f(x+4a)=f[(x+2a)+2a]=-\dfrac{1}{f(x+2a)}=f(x)$,

所以 $f(x)$ 为周期函数，且其周期为 $4a$。

对一些比较抽象的问题，如果能把它具体化，就能找到解题途径；而对于一些具体的问题，有时不容易找到它的解题思路，此时如果能把它抽象化，可能会使问题迎刃而解。

【例 37】　已知 $x,y\in\left[-\dfrac{\pi}{4},\dfrac{\pi}{4}\right]$，$a\in\mathbf{R}$，且 $\begin{cases}x^3+\sin x-2a=0,\\4y^3+\sin y\cos y+a=0,\end{cases}$ 求 $\cos(x+2y)$ 的值。

思考与分析　已知条件是一个关于 x,y 的方程组，经过简单观察可知，经过解方程组求 x,y，再求 $\cos(x+2y)$ 是不可能的，正确的方向是深入观察两个具体的方程，抽象出它们的本质特征，然后求 $\cos(x+2y)$ 的值。

解　由第一个方程得 $x^3+\sin x=2a$，第二个方程即为 $2a=-8y^3$

$-2\sin y\cos y$，即 $2a=(-2y)^3+\sin(-2y)$，于是设 $f(t)=t^3+\sin t$，从而有 $f(x)=f(-2y)$。

由于函数 $f(t)=t^3+\sin t$ 在区间 $\left[-\dfrac{\pi}{2},\dfrac{\pi}{2}\right]$ 上为增函数，且 x，$-2y\in\left[-\dfrac{\pi}{2},\dfrac{\pi}{2}\right]$，故 $f(x)=f(-2y)\Rightarrow x=-2y$，即 $x+2y=0$，故 $\cos(x+2y)=1$。

类似例 33 的情况很多，例如在求点到平面的距离时，我们往往并不具体作出点到平面的垂线，而是将点到平面的距离抽象为某三棱锥的高，再用等积法求出这个高，这样利用避实就虚的手段使问题迎刃而解。再例如在求二面角时，很多时候我们为了避免具体作出二面角的困难，而去寻找一个平面上的某一平面图形在另一个平面上的投影，然后通过面积的比确定二面角的余弦，最后确定该二面角的大小。

（二）繁杂与简单的转化

有些数学问题结构复杂，直接求解过程繁琐，此时如果我们善于对问题的形式特征进行观察、转化，用灵活的方法求解，那么往往能使复杂的问题简单化。

【例 38】　若 $x,y,z\in\mathbf{R}^+$，且 $x+y+z=1$，求函数 $u=\left(\dfrac{1}{x}-1\right)\left(\dfrac{1}{y}-1\right)\left(\dfrac{1}{z}-1\right)$ 的最小值。

思考与分析　利用题目条件，对 u 的表达式的结构进行等价转化：

$$u=\left(\dfrac{1}{x}-1\right)\left(\dfrac{1}{y}-1\right)\left(\dfrac{1}{z}-1\right)=\dfrac{1}{xyz}(1-x)(1-y)(1-z)$$

$$=\dfrac{1}{xyz}(1-x-y-z+xy+yz+zx-xyz)$$

$$=\dfrac{1}{xyz}(xy+yz+zx-xyz)=\left(\dfrac{1}{x}+\dfrac{1}{y}+\dfrac{1}{z}\right)-1。$$

在题设条件下求 $\dfrac{1}{x}+\dfrac{1}{y}+\dfrac{1}{z}$ 的最小值即可。

解　利用 $x+y+z=1$，易知 $u=\dfrac{1}{x}+\dfrac{1}{y}+\dfrac{1}{z}-1$，由 $x,y,z\in\mathbf{R}^+$ 且

$x+y+z=1$ 知：

$$\frac{1}{x}+\frac{1}{y}+\frac{1}{z}\geqslant 3\sqrt[3]{\frac{1}{xyz}}=\frac{3}{\sqrt[3]{xyz}}\geqslant\frac{3}{\frac{x+y+z}{3}}=9,$$

从而知当 $x=y=z=\dfrac{1}{3}$ 时，u 有最小值 $9-1=8$。

(三) 把隐含条件转化为已知条件

一般来说，解一道题必须充分利用题设条件，但有些题目给出的条件往往不能直接为解题服务；而能使解题流畅、简捷的有效条件，却隐含在题设条件所涉及的定义、性质、定理、图形或条件直接导出的某些新结论之中。解题中，若能深入地发掘隐含条件，使隐含条件转化为已知条件，则有利于提高解题的准确性、敏捷性和灵活性。

【例 39】 已知 $0<\theta<\pi$，那么复数 $1-\cos\theta+\mathrm{i}\sin\theta$ 的辐角主值是

( )

A. $\dfrac{\pi}{2}+\dfrac{\theta}{2}$ B. $\dfrac{\pi}{2}-\dfrac{\theta}{2}$ C. $\dfrac{3\pi}{2}+\dfrac{\theta}{2}$ D. $\dfrac{3\pi}{2}-\dfrac{\theta}{2}$

复杂解法：不少学生用常规解法，先把已知复数化为三角形式：

$$r=\sqrt{(1-\cos\theta)^2+\sin^2\theta}=\sqrt{2(1-\cos\theta)}=2\left|\sin\frac{\theta}{2}\right|。$$

因为 $0<\theta<\pi$，所以 $0<\dfrac{\theta}{2}<\dfrac{\pi}{2}$，$\sin\dfrac{\theta}{2}>0$，

所以 $r=2\sin\dfrac{\theta}{2}$，$\cos\varphi=\dfrac{1-\cos\theta}{r}=\sin\dfrac{\theta}{2}$，

$\cos\dfrac{\theta}{2}\sin\varphi=\dfrac{\sin\theta}{r}=\cos\dfrac{\theta}{2}$，

而 $0<\dfrac{\pi}{2}-\dfrac{\theta}{2}<\dfrac{\pi}{2}$，

所以 $\cos\varphi=\sin\dfrac{\theta}{2}=\cos(\dfrac{\pi}{2}-\dfrac{\theta}{2})$，$\sin\varphi=\cos\dfrac{\theta}{2}=\sin(\dfrac{\pi}{2}-\dfrac{\theta}{2})$，

所以 $1-\cos\theta+\mathrm{i}\sin\theta=2\sin\dfrac{\theta}{2}\left[\cos(\dfrac{\pi}{2}-\dfrac{\theta}{2})+\mathrm{i}\sin(\dfrac{\pi}{2}-\dfrac{\theta}{2})\right]$，

故辐角主值为 $\dfrac{\pi}{2}-\dfrac{\theta}{2}$，选 B。

上述思路虽然正确,但花费时间太长,不符合选择题必须迅速求解的原则,究其原因是思维不灵活,未能把本题的隐含条件转化为已知条件使用。

转化引导：因为 $1-\cos\theta>0,\sin\theta>0$,所以已知复数在复平面内的对应点位于第一象限,利用这一隐含条件,可将本题转化为判别所给的四个选择支,哪个角属于第一象限,显然(A)、(C)、(D)均不在第一象限,故选 B。

（四）特殊与一般的相互转化

一般与特殊是事物的两个方面,是辩证统一的,当一般性的问题难以解决,可以考虑用特殊性来解决；当特殊性的问题难以解决时,可以考虑用一般性来解决。

【例 40】 设 $f(x)=\dfrac{4^x}{4^x+2}$,求 $f\left(\dfrac{1}{2003}\right)+f\left(\dfrac{2}{2003}\right)+\cdots+f\left(\dfrac{2002}{2003}\right)$。

思考与分析　考察所求式子的数量特征：$\dfrac{1}{2003}+\dfrac{2002}{2003}=1,\dfrac{2}{2003}$

$+\dfrac{2001}{2003}=1,\cdots$ 可将问题转化为研究 $f(x)=\dfrac{4^x}{4^x+2}$ 的性质。

因为 $f(a)+f(1-a)=\dfrac{4^a}{4^a+2}+\dfrac{4^{1-a}}{4^{1-a}+2}=1$,于是得出一般性结论 $f(a)+f(1-a)=1$,这体现了从特殊到一般的转化思想。

解　因为 $f(a)+f(1-a)=\dfrac{4^a}{4^a+2}+\dfrac{4^{1-a}}{4^{1-a}+2}=1$,

所以 $f\left(\dfrac{1}{2003}\right)+f\left(\dfrac{2}{2003}\right)+\cdots+f\left(\dfrac{2002}{2003}\right)$

$=\left[f\left(\dfrac{1}{2003}\right)+f\left(\dfrac{2002}{2003}\right)\right]+\left[f\left(\dfrac{2}{2003}\right)+f\left(\dfrac{2001}{2003}\right)\right]+\cdots+$

$\left[f\left(\dfrac{1001}{2003}\right)+f\left(\dfrac{1002}{2003}\right)\right]$

$=1+1+1+\cdots+1=1001$。

【例 41】 试证：无论 k 取何值时,抛物线 $y=x^2+x+\dfrac{1}{4}+k(x+$

$\dfrac{1}{2})$ 总通过一个定点。

思考与分析 为探求定点，我们可以特殊化处理，即取两条已知抛物线求出它们的交点，然后再验证这个交点是否在抛物线系上。

证明 不妨取 $k=0,1$，得两条抛物线 $y=x^2+x+\dfrac{1}{4}$，$y=x^2+2x$

$+\dfrac{3}{4}$，联立这两个方程，解得 $\begin{cases} x=-\dfrac{1}{2} \\ y=0, \end{cases}$，故得交点 $P\left(-\dfrac{1}{2},0\right)$。又当 x

$=-\dfrac{1}{2}$ 时，$y=\left(-\dfrac{1}{2}\right)^2+\left(-\dfrac{1}{2}\right)+\dfrac{1}{4}+k\left(-\dfrac{1}{2}+\dfrac{1}{2}\right)=0$，所以点 P 在

原抛物线上，故抛物线 $y=x^2+x+\dfrac{1}{4}+k\left(x+\dfrac{1}{2}\right)$ 总通过与 k 无关的定

点 $P\left(-\dfrac{1}{2},0\right)$。

评析 例 41 的证明借助了特殊性，即取两条特殊抛物线（特例）探求出定点的坐标，此即所谓"特殊引路"，但特殊性终究不能代替一般性，因此必须将特殊性上升到一般性，才能使问题具有普遍意义，使解题过程严密完整，故上面的验证一步是必不可少的。

第六节　关系映射反演方法

关系(Relation)映射(Mapping)反演(Inversion)方法（RMI 方法）是由中国学者徐利治教授于 1983 年首先提出来的，这一方法在数学中已有着十分广泛和重要的应用，它是一种在化归法基础上发展起来的处理问题的普遍方法和原理。为了说明它的涵义，我们先看一个例子。

【例 42】（哥尼斯堡七桥问题）18 世纪东普鲁士哥尼斯堡有条布勒尔河，它有两条支流在该城市中心汇合成大河，那里有七座桥连着两岸 A、B 和岛屿 C、D（图 6-22）。每天傍晚，位于岛 C 的哥尼斯堡大学的学生们总要在七桥附近散步，欣赏美丽风光，渐渐大家热衷于一个问题，即一个散步者如何才能不重复地一次走遍这七座桥，并返回出发点？

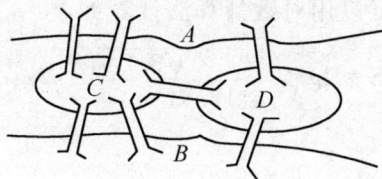

图 6 - 22

　　这个问题似乎简单,然而许多人作过尝试后均未能达到目的。于是,一群大学生就写信给大数学家欧拉,欧拉采用概念映射法成功地解决了这一问题。

　　令 S 表示七桥问题中桥与岛及陆地(连结地点)之间的关系结构,x 为一次能否走过七座桥的问题。欧拉采用这样的概念映射 φ(即进行数学抽象):把 A、B、C、D 四处地点缩小(抽象)成四点,把七座桥表示(抽象)成七条线,于是在映射 φ 下得到 $(S;x)\xrightarrow{\varphi}(S^*;x^*)$,这里 S^* 便可表示为如图 6 - 23 所示的点线图(图中几何线或长或短、或直或曲都无关紧要)。原来的问题 x 便对应为能否一笔画

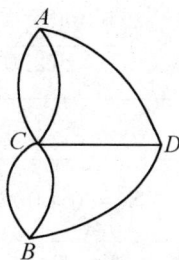

图 6 - 23

出上述平面图的问题 x^*,也就是把"七桥问题"映射为"一笔画问题"。对于后者,欧拉采用简单的逻辑推理手续,即对一笔画问题的结构和特征进行了仔细的分析。凡一笔画中间出现的交点处,曲线一进一出总是通过偶数条,故称之为"偶点",只有作为起点和终点的两个点有可能成为"奇点"(即通过曲线为奇数条)。所以,凡是多于两个奇点的平面图都是不可能一笔画出的。在 S^* 中,A、B、C、D 均为奇点,故 x^* 是"一笔画不可能"。对应地翻译回去(利用 φ^{-1}),便知道原来问题的答案 x 是:不可能不重复地一次通过这七座桥。

　　欧拉对七桥问题的研究诱发了现代数学中的新的数学分支——拓扑学的创立,这充分体现了 RMI 方法的重要性。

　　【例 43】　求

$$S=\frac{7.29^2 \times \sqrt[3]{3.24}}{12.01^5}。$$

思考与分析 可以用对数计算法计算如下：

① 取对数：$\lg S = \lg\left(\dfrac{7.29^2 \times \sqrt[3]{3.24}}{12.01^5}\right) = 2\lg 7.29 + \dfrac{1}{3}\lg 3.24 -$

$5\lg 12.01$；

② 查表计算：$\lg S = 2 \times 0.8627 + \dfrac{1}{3} \times 0.5105 - 5 \times 1.0795 = -4.4981$；

③ 取反对数：$S = 0.0003149$。

显然，我们在此就是借助于对数映射（$y = \lg x$）把一个较为复杂的计算转化成了较为简单的计算（图 6 - 24），即：

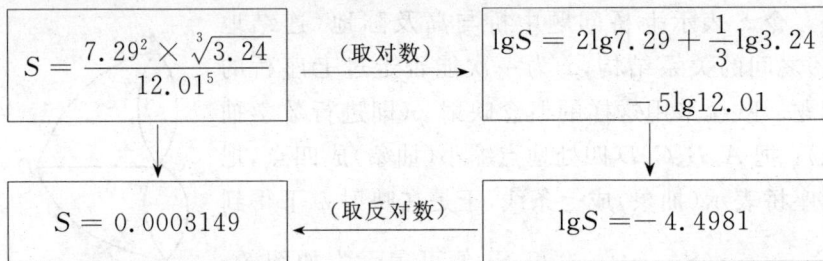

$$S = \dfrac{7.29^2 \times \sqrt[3]{3.24}}{12.01^5} \xrightarrow{\text{（取对数）}} \lg S = 2\lg 7.29 + \dfrac{1}{3}\lg 3.24 - 5\lg 12.01$$

$$S = 0.0003149 \xleftarrow{\text{（取反对数）}} \lg S = -4.4981$$

图 6 - 24

明确的对应关系在数学中被称为映射。由于在应用映射法解决问题的过程中有关的映射在相反的方向上两次得到了应用，即首先被用于由原来的问题去引出问题＊。后来又被用于由相应的解答＊去引出所寻求的解答，因此，在此也就有必要对映射及其逆映射（反演）作出明确的区分。

综上所述，利用映射去解决问题的过程就可归结为如图 6 - 25 所示。

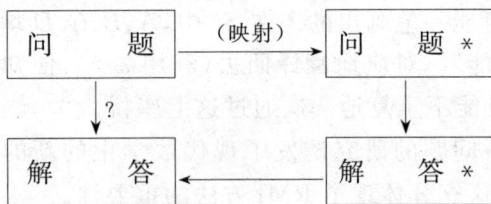

$$\boxed{\text{问 题}} \xrightarrow{\text{（映射）}} \boxed{\text{问 题 ＊}}$$

$$\boxed{\text{解 答}} \xleftarrow{} \boxed{\text{解 答 ＊}}$$

图 6 - 25

我们并可把这一方法更为明确地称为关系映射反演方法。由上面的讨论可以看出，由一般的化归原则到关系映射反演方法的发展是方法论上的一次重要进步。

凡在两类数学对象或两个数学集合的元素之间建立了一种"对应关系"，就定义了一个映射。例如，代数中的线性变换、几何中的射影变换、分析中的变数变换、函数变换、数列变换、积分变换、拓扑学中的拓扑变换等，都是映射概念的例子。

设 φ 是一个映射，它把集合 $S=\{a\}$ 中的元素映入（或映满）另一集合 $S^*=\{a^*\}$，其中 a^* 表示 a 的映象，a 称为原象，这时可记为：

$\varphi: S \to S^*$；$\varphi(a)=a^*$。

特殊地，如果 S 还是一个关系结构，而 φ 能够将 S 映满 S^*，则可记为：

$S^* = \varphi(S)$，

并称 S^* 为映象关系结构。

最后，如果 φ 是可逆映射的话，就把 φ 的逆映射称为"反演"，并记为 φ^{-1}，从而就有：

$\varphi^{-1}: S^* \to S$。

在关系映射反演方法的具体应用中，所面临的问题往往是如何去确定关系结构 S 中的某一未知性状的对象 x。我们称这样的对象 x 为"目标原象"，而把 x 在映射 φ 之下的映象 $x^*=\varphi(x)$ 称为"目标映象"。

其次，我们把所有由数值计算、代数计算、解析计算（包括极限运算等）、逻辑演算以及数学论证等步骤组成的形式过程都称为"数学手续"。相对于给定的具有目标原象 x 的关系结构 S，如果有这样一个可逆映射 φ，它把 S 映成映象关系结构 S^*，在 S^* 中通过某种形式的有限多步数学手续，能够把目标映象 $x^*=\varphi(x)$ 一一地确定下来，就称 φ 为"可定映映射"。

再次，如果所说的可定映映射 φ 是可逆映射，我们就可由目标映象 x^* 去求得目标原象 x，这样，原来的问题就得到了解决。

综上所述，关系映射反演方法可表述如下：

对于含有某个目标原象 x 的关系结构 S，如果能够找到一个可定映映射 $\varphi: S \to S^*$，使得在 S^* 中通过某种形式的有限多步数学手续即能把目标映象 $x^*=\varphi(x)$ 确定下来，而且，相应的逆映射 φ^{-1} 又具有合乎问题需要的可行性,那么我们就可通过关系—映射—定映—反演等步骤求得目标原象 x,如图 6-26 所示。

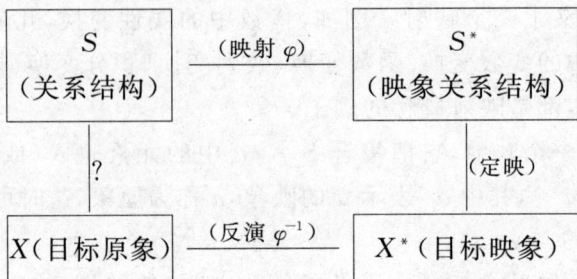

图 6-26

应当指出,在求解较为复杂的问题时,有时可能需要借助多步的 RMI 程序,如图 6-27 所示。

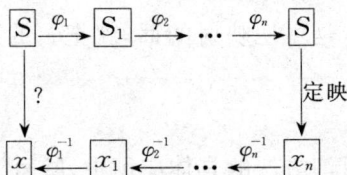

图 6-27

另外,应用 RMI 方法求解问题的过程也并非严格的"单向过程",因为人们有时会发现原来的关系结构 S 中的关系不够充分(即条件不够充分),以致找不到定映去确定目标原象 x,这时人们就往往设想定映方法和目标映象:$x^* = \varphi(x)$ 已经存在,并运用逆推法去求出有关的条件 C^*,然后再通过反演 φ^{-1} 把相应的条件追补到 S 上。上述解题过程可大致表示为图 6-28。

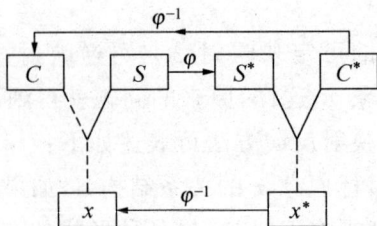

图 6-28

这可以称为"动态的关系映射反演方法"。显然,这是对 G·波利亚下述思想的具体运用和必要发展:"要确定未知数,条件是否充分? 或者它是否不充分? 或者是多余的? 或者是矛盾的?"

【例 44】　设 p_1,p_2,q_1,q_2 为实数,且 $p_1 p_2 = 2(q_1 + q_2)$,求证: $x^2 + p_1 x + q_1 = 0$ 和 $x^2 + p_2 x + q_2 = 0$ 中至少有一实根。

思考与分析　与"至少有一实根"相对立的结论是"两个方程都没有实根"。因此,用反证法比直接证明更容易。

假设 $x^2 + p_1 x + q_1 = 0$ 和 $x^2 + p_2 x + q_2 = 0$ 中无实根,

则 $\Delta_1 = p_1^2 - 4q_1 < 0, \Delta_2 = p_2^2 - 4q_2 < 0$,

两式相加,得

$$p_1^2 + p_2^2 - 4(q_1 + q_2) < 0, \qquad\qquad ①$$

因为已知 $p_1 p_2 = 2(q_1 + q_2)$,

所以 $4(q_1 + q_2) = 2p_1 p_2$,

代入①式,得 $p_1^2 + p_2^2 - 2p_1 p_2 < 0$,即 $(p_1 - p_2)^2 < 0$,矛盾。

最后应当指出,关系映射反演方法之所以在现代数学研究中有着广泛的应用,一个重要的原因就在于:就应用的范围而言,这一方法不仅可用以解决诸如求取某个未知量这类具体的问题,而且也可用于解决涉及到理论的整体结构这样一种具有更高"层次"的问题;另外,就应用的性质而言,关系映射反演方法又不仅可用以得出问题的肯定性解答(即按照原来的要求去解决问题,如求得所要求的未知量),而且也可用以得出问题的否定性解答(即证明原来的问题是不可能得到解决的)。

第七节　构　造　法

所谓"构造法",就是根据题设的特点,用已知条件中的元素作为"元件",用已知的关系式为"支架",在思维中构造一种新的数学形式,如方程、函数、图形、抽屉等,以找到一条绕过障碍的新途径,从而使问题得到解决这样一种方法。

构造法的核心是构造,要善于将形与数结合,将式与方程、函数建立联系,在数学表达的几种形式之间找到相互关系。

平面解析几何证明中的辅助线、因式分解变形中的拆项补项都体现了一种构造性的思维;在确定某一数学结论是否存在时,我们常常把这个数学事实具体找出来,或者举一个范例去否定它。这两者都是构造性的,所有这些构造的共同特点是:创造性地使用已知条件。构造法是运用数学的基本思想经过认真的观察、深入的思考,构造出解题的数学模型,从而使问题得以解决。构造法的内涵十分丰富,没有完全固定的模式可以套用,它是以广泛抽象的普遍性与现实问题的特殊性为基础,针对具体问题的特点而采取相应的解决办法。在解题过程中,若按习惯定势思维去探求解题途径比较困难时,我们可以根据题目特点,展开丰富的联想拓宽自己的思维范围。运用构造法来解题也是培养学生创造意识和创新思维的手段之一,同时对提高学生的解题能力也有所帮助。下面我们通过举例来说明通过构造法解题训练学生发散思维,谋求最佳的解题途径。

一、构造图形

对于一些题目,我们可借助几何图形的特点来构造新图形,从而达到解题的目的。

【例 45】 求值:$\tan 20° + 4\sin 20°$。

思考与分析 此题中的两个三角函数不是特定值,所以我们不能按照常规思想去解这个问题。但由于两数之和是唯一的,故我们可以作出一个图形来实现此算式,且得出的值是完善的。

如图 6 - 29,作出 $\text{Rt}\triangle ABC$,使 $\angle CBD = 20°$,$\angle DBA = 40°$,使 $BC = 1$,$AB = 2$,$AC = \sqrt{3}$,则 $BD =$

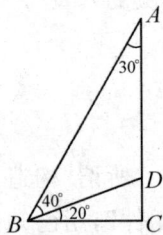

图 6 - 29

$\dfrac{1}{\cos 20°}$,由面积等式 $S_{\triangle ABD} + S_{\triangle DBC} = S_{\triangle ABC}$,有

$$\frac{1}{2} AB \cdot BD\sin 40° + \frac{1}{2} BC \cdot BD\sin 20° = \frac{1}{2} BC \cdot AC,$$

得　$\dfrac{1}{2} \cdot 2 \cdot \dfrac{1}{\cos 20°} \cdot \sin 40° + \dfrac{1}{2} \cdot 1 \cdot \dfrac{1}{\cos 20°} \cdot \sin 20 = \dfrac{\sqrt{3}}{2}$,

即 $4\sin 20° + \tan 20° = \dfrac{\sqrt{3}}{2}$。

通过上面的例子可以看到,我们在解题的过程中要善于观察,善于发现,在解题过程中不要墨守成规,要大胆去探求解题的最佳途径。

二、构造方程

构造方程解题体现了方程观点。运用方程观点解题可以归结为三个步骤:

(1) 将所面临的问题转化为方程问题;

(2) 解这个方程或方程组,讨论它的有关性质,得出相应的结论;

(3) 将方程或方程组的相应结论返回为原问题的结论。

【例46】 已知 $\dfrac{\sqrt{2}b - 2c}{a} = 1$,求证 $b^2 \geqslant 4ac$。

思考与分析 已知条件提供了一个等式,我们把它转化为方程,则结论便成为方程性质的讨论。容易看出,结论与判别式非负类似,因此,应设法构造出一个二次方程有实根。

解 已知等式可化为 $a(-\dfrac{1}{\sqrt{2}}) + b(-\dfrac{\sqrt{2}}{2}) + c = 0$,

这表明二次方程 $ax^2 + bx + c = 0$ 有实根 $x = -\dfrac{\sqrt{2}}{2}$,从而判别式非负,得 $b^2 \geqslant 4ac$。

在运用方程观点解题时应该注意到:

(1) 公式可以理解为方程或等量关系。于是,恒等式证明可以理解为方程变形,求值问题更可以看成是解方程。

(2) 曲线方程的确定及其位置关系的讨论,本质上就是方程的布列或方程的根在某一实数区间的研究。

(3) 函数的许多性质都可以归结为方程的研究。

(4) 不等式的证明和求解都和方程有关。

三、构造恒等式

【例 47】 已知 $f(x)=x^2+px+q$,求证 $|f(1)|$, $|f(2)|$, $|f(3)|$ 中至少有一个不小于 $\frac{1}{2}$。

思考与分析 只须证明 $M=\max\{|f(1)|, |f(2)|, |f(3)|\} \geqslant \frac{1}{2}$。

引进恒等式 $f(x)=x^2+px+q$

$$=\frac{(x-2)(x-3)}{(1-2)(1-3)}f(1)+\frac{(x-1)(x-3)}{(2-1)(2-3)}f(2)$$

$$+\frac{(x-1)(x-2)}{(3-1)(3-2)}f(3),$$

比较 x^2 项的系数,有

$$1=\frac{1}{2}f(1)-f(2)+\frac{1}{2}f(3)\leqslant \frac{1}{2}|f(1)|+|f(2)|+\frac{1}{2}|f(3)|$$

$$\leqslant (\frac{1}{2}+1+\frac{1}{2})M=2M,$$

得 $M=\max\{|f(1)|, |f(2)|, |f(3)|\}\geqslant \frac{1}{2}$。

四、构造函数

函数在我们整个数学学习过程中是相当重要的内容,学生对于函数的性质也比较熟悉。选择比较熟悉的内容来解决棘手问题,既可训练学生的思维,同时也增强了学生思维的灵活性、开拓性和创造性。

【例 48】 设 a,b,c 为绝对值小于 1 的实数,求证 $ab+bc+ca+1>0$。

思考与分析 若直接用不等式的知识去证明这个问题可能有点困难,但如果我们把这个问题看成是个函数问题:当 x 在某个范围时,函数 $f(x)$ 恒大于零,那就比较熟悉和容易得多。

故作函数:$f(a)=(b+c)a+(bc+1)$,$(|a|<1)$,

若 $b+c=0$,则由 $|bc|<1$ 知 $f(a)>0$。

若 $b+c\neq 0$,则 $f(a)$ 为单调函数,$f(a)$ 的值在 $f(1)$,$f(-1)$ 之

数学方法论

间，但

$$f(1)=(b+c)+(bc+1)=(1+b)(1+c)>0, \tag{①}$$

$$f(-1)=-(b+c)+(bc+1)=(1-b)(1-c)>0, \tag{②}$$

故 $f(a)>0$，即 $ab+bc+ca+1>0$。

用函数观点处理本题，把三个字母的不等式转化为两个字母的两个不等式①、②。有些数学题似乎与函数毫不相干，但是根据题目的特点，巧妙地构造一个函数，利用函数的性质可得到简捷的解法。

五、构造反例

反例是指用来说明某个命题不成立的例子，它与论证是相反相成的两种逻辑方法，论证是用已知为真的判断确定另一个判断的真实性，反例是用已知为真的事实去揭露另一个判断的虚假性。

【例 49】 命题"若 x，y 为无理数，则 x^y 也为无理数"是否成立？

思考和分析　如果从正面回答这个问题有点难度，因此构造反例如下：

取无理数 $\sqrt{2}$

(1) 若 $\sqrt{2}^{\sqrt{2}}$ 为有理数，则取 $x=y=\sqrt{2}$；

(2) 若 $\sqrt{2}^{\sqrt{2}}$ 为无理数，则取 $x=\sqrt{2}^{\sqrt{2}}$，$y=\sqrt{2}$，有 $x^y=(\sqrt{2}^{\sqrt{2}})^{\sqrt{2}}=\sqrt{2}^2=2$，仍为反例。

这里对 $\sqrt{2}^{\sqrt{2}}$ 是有理数还是无理数并没有正面回答，但无论它是有理数还是无理数，都给这个命题提供了一个反例，避免了从正面去证明这个命题。

通过以上几个例子，我们可以发现，构造法在解题过程中有着意想不到的功效，问题很快便可解决。构造法解题重在"构造"。构造法在数学解题中有很多的应用，是数学思想方法中很重要的一种。这种方法的基本形式是：以已知条件为原形，以所求结论为方向，构造出一种新的数学形式，使得问题在这种形式下简捷解决。可以构造图形、方程、函数等，这样就促使学生要熟练掌握几何、代数、三角等基本知识和技能,并想方设法加以综合运用,这对学生的多元思维培养、学习兴趣的提高以及钻研独创精神的发挥十分有利。因此,在解题教学时,若能启发学生从多角度、多渠道进行广泛的联想,则能得到许多构思巧妙、新颖独特、简捷有效的解题方法,而且还能加强学生对知识的理解,培养思维的灵活性,提高学生分析问题的创新能力。

例如,在三角形中体现边角关系的定理主要是正弦定理和余弦定理。我们在处理有关三角函数值时,可适当地构造三角形,把问题转化为求三角形中有关线段的关系。

【例 50】 求证:$2(\cos54°+\cos18°)=\tan72°$。

思考与分析 构造如图 $6-30$ 所示 $\text{Rt}\triangle ABC$,$\angle ABC=90°$,$\angle A=72°$,$AB=1$,则 $\tan72°=BC$。

在 AC 上取一点 D,使 $BD=AB=1$;又在 BC,AC 上分别取点 E、F,使 $DE=EF=BD=1$,则可证 $BE=2\cos54°$,$EC=2\cos18°$。

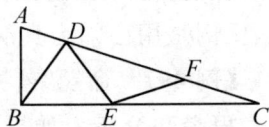

图 $6-30$

因为 $BC=BE+EC=2(\cos54°+\cos18°)$,所以 $2(\cos54°+\cos18°)=\tan72°$。

本题通过用两种不同途径求得 BC 长,利用等量关系得出所证结论,体现了构造思想。

【例 51】 已知实数 a,b,c 满足 $a=6-b$,$c^2=ab-9$,求证 $a=b$。

思考与分析 当然可以用消去 c 的方法求解本题,把它变成一个关于 a,b 的一元二次方程,从而证明 $a=b$。但由于题目条件中有 $a+b$ 和 ab,使我们很自然地联想到韦达定理,因而可以构造一元二次方程求解。

因为 $a+b=6$,$ab=c^2+9$,故构造方程 $x^2-6x+(c^2+9)=0$,其中 a,b 是该方程的两个根。

$x^2-6x+(c^2+9)=(x-3)^2+c^2=0$,故必有 $x=3$ 且 $c=0$,即方程有两个相等的实数根 3,即 $a=b=3$。

【例 52】 已知 x,y,z 均在 $(0,1)$ 内,求证:$x(1-y)+y(1-z)+z(1-x)<1$。

思考与分析 我们构造一个边长为 1 的正三角形 ABC(图 $6-$

31），D,E,F 分别是 AB,BC,CA 上的点，使 $AD=x,BE=z,CF=y$，显然 $x,y,z\in(0,1)$，从而 $DB=1-x,EC=1-z,FA=1-y$，从而

$$S_{\triangle ADF}+S_{\triangle ECF}+S_{\triangle BDE}$$

$$=\frac{1}{2}AD\cdot AE\cdot\sin60°+\frac{1}{2}EC\cdot CF\cdot\sin60°+\frac{1}{2}BD\cdot BE\cdot\sin60°$$

$$=\frac{\sqrt{3}}{4}x(1-y)+\frac{\sqrt{3}}{4}y(1-z)+\frac{\sqrt{3}}{4}z(1-x)$$

$$=\frac{\sqrt{3}}{4}\left[x(1-y)+y(1-z)+z(1-x)\right]$$

由图 6-31 可知

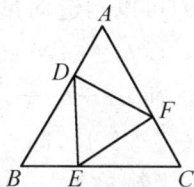

图 6-31

$$S_{\triangle ADF}+S_{\triangle ECF}+S_{\triangle BDE}<S_{\triangle ABC}=\frac{\sqrt{3}}{4},$$

即 $x(1-y)+y(1-z)+z(1-x)<1$。

把数的关系转换成形的问题，使之直观化，所以解题时要注意数与形的转换，即观形思数，由数想形。

【例 53】 任给 7 个实数，证明其中必存在两个实数，使得 $0\leqslant\frac{x-y}{1+xy}\leqslant\frac{\sqrt{3}}{3}$。

思考与分析 题中给出的式子 $\frac{x-y}{1+xy}$ 和 $\frac{\sqrt{3}}{3}$ 使我们联想到三角函数 $\tan x$ 和角度 $\frac{\pi}{6}$，由此我们可以构造 7 个实数分别为 $\tan\theta_i(k=1,2,\cdots,7)$，其中 $-\frac{\pi}{2}<\theta_1\leqslant\theta_2\leqslant\cdots\leqslant\theta_7<\frac{\pi}{2}$，因为 $0<\theta_7-\theta_1\leqslant\pi$，所以 $\theta_7-\theta_6,\theta_6-\theta_5,\cdots,\theta_2-\theta_1$ 这六个值中必有一个不大于 $\frac{\pi}{6}$，否则将与 $\theta_7-\theta_1\leqslant\pi$ 矛盾，即必存在 $\tan\theta_{i+1}$ 和 $\tan\theta_i$，其中 $\theta_{i+1}-\theta_i\leqslant\frac{\pi}{6}$，

则由 $\frac{\tan\theta_{i+1}-\tan\theta_i}{1+\tan\theta_{i+1}\tan\theta_i}=\tan(\theta_{i+1}-\theta_i)\leqslant\frac{\sqrt{3}}{3}$ 即可得证。

本题的构造法中，我们不仅构造了三角函数，而且实际上构造了 6 个抽屉，即把 $(0,\pi]$ 这个区间等分为六个小区间，从而七个数中必有两

个落在同一区间中。

【例 54】 已知 $a,b,c,x,y,z \in \mathbf{R}$，且 $a^2+b^2+c^2=1$，$x^2+y^2+z^2=1$，求证：$-1 \leqslant ax+by+cz \leqslant 1$。

思考与分析 已知条件中是三个实数的平方和，而求证式中是两两乘积之和，这与向量的模和两个向量的数量积可以建立联系，所以我们可以构造向量，解法如下：

设 $\vec{p}=(a,b,c)$，$\vec{q}=(x,y,z)$，则由已知可得：$|\vec{p}|=1$，$|\vec{q}|=1$，而 $ax+by+cz=\vec{p}\cdot\vec{q}=|\vec{p}|\cdot|\vec{q}|\cdot\cos<\vec{p},\vec{q}>=\cos<\vec{p},\vec{q}>\in[-1,1]$，即 $-1 \leqslant ax+by+cz \leqslant 1$。

【例 55】 已知 α,β 分别是方程 $x+10^x=3$ 和 $x+\lg x=3$ 的两个实数根，求 $\alpha+\beta$ 的值。

思考与分析 要分别求出这两个方程的实数根是不可能的，所以我们必须有一个整体的思想，即应该找到这两个根之间的内在联系，提示问题的实质，从而解决问题。

我们将方程变形为 $10^x=3-x$，$\lg x=3-x$，我们构造三个函数，即 $f(x)=10^x$，$g(x)=\lg x$，$h(x)=3-x$，这样，α 即 $f(x)$ 与 $h(x)$ 图像交点的横坐标，同时 β 是 $g(x)$ 与 $h(x)$ 图像交点的横坐标。

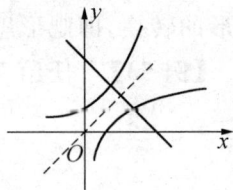
图 6-32

由于 $f(x)$ 与 $g(x)$ 互为反函数，故它们的图像关于直线 $y=x$ 对称，因此点 $(\alpha,3-\alpha)$ 与点 $(\beta,3-\beta)$ 也关于直线 $y=x$ 对称，从而 $\alpha=3-\beta$，$3-\alpha=\beta$，即 $\alpha+\beta=3$。

【例 56】 解不等式 $\dfrac{1-x^2}{1+x^2}+\dfrac{x}{\sqrt{1+x^2}}>0$。

思考与分析 用常规方法比较困难，如果仔细观察不等式左边两项的特征，就可联想到三角公式

$$\frac{1-\tan^2\theta}{1+\tan^2\theta}=\cos2\theta, \quad \frac{\tan\theta}{\sqrt{1+\tan^2\theta}}=\sin\theta,$$

进而联想到三角代换法，

设 $x=\tan\theta(-\dfrac{\pi}{2}<\theta<\dfrac{\pi}{2})$，则原不等式变为 $\cos2\theta+\sin\theta>0$，即 $2\sin^2\theta-\sin\theta-1<0$，

解得 $-\dfrac{1}{2}<\sin\theta<1,-\dfrac{\pi}{6}<\theta<\dfrac{\pi}{2}$，

故原不等式的解是 $x>-\dfrac{\sqrt{3}}{3}$。

【例 57】 解方程组 $\begin{cases} x+ay+a^2z=a^3 \\ x+by+b^2z=b^3 \\ x+cy+c^2z=c^3 \end{cases}$，其中 a,b,c 互不相等。

思考与分析 这是一个含有 x,y,z 的三元一次方程组，不论用消元法或行列式去解，计算都比较复杂。如果仔细观察，就可以发现三个方程的结构是一致的。若把方程组改写为

$$\begin{cases} a^3-za^2-ya-x=0 \\ b^3-zb^2-yb-x=0 \\ c^3-zc^2-zc-x=0 \end{cases}$$

那么，可以认为 a,b,c 就是以 $1,-z,-y,-x$ 为系数的一元三次方程 $t^3-zt^2-yt-x=0$ 的三个根。已知该方程的三个根，可由韦达定理得到

$$\begin{cases} a+b+c=z \\ ab+bc+ca=-y, \\ abc=x \end{cases} 即 \begin{cases} x=abc \\ y=-(ab+bc+ca) \\ z=a+b+c \end{cases}$$

综合上述例子可以看出，构造法解题的思路非常广泛，可以构造方程，构造函数，构造图形，构造复数，构造向量，构造抽屉等等，只要我们对高中数学的各个知识点之间的网络结构牢固掌握，在知识网络的结点上寻找几者之间的联系，那么我们就不难构造数学模型。

第八节 逐步逼进法

华罗庚说："善于退，足够地退，退到最原始而不失去重要性的地

方,是学好数学的一个诀窍!"这里"退"的目的,就是为了逐步逼进。如果让你解决一个比较复杂的问题,并且一下子又不能加以解决,这时你不妨将原问题转化为 n 个按一定顺序串联起来的但比较容易解决的问题,这些问题一个比一个更加逼近原来的问题,接下来你就集中精力解决这些转化得到的问题。随着这些问题的顺次解决,你也就按逐步逼近的方法得到了原来问题的答案。

逐步逼近法在数学中的应用非常广泛。例如求圆面积时,我们用边数逐渐增加的内接多边形来逐步逼近;求曲线弧长时,我们用越来越小的线段组成的内接折线来逐步逼近;对于无理数,我们用一列精确度越来越高的十进小数来逐步逼近;等等。其实,逐步逼近法不仅适用于数学,它对任何科学研究都是卓有成效的。天文学家开普勒发现行星运动三定律用的也是逐步逼近法。他根据对第谷的观察资料进行分析,初次假设太阳绕地球旋转,与观察结果不符;第二次假设火星绕太阳作圆周运动,仍有相当大的偏差;最后假设火星绕太阳作椭圆运动,终于得到了正确的结论。

除了少数例外,科学上的许多重大发现、发明都是按逐步逼近的过程进行的。遗憾的是,我们一般只能看到最后的、成功的结果,而那些逐步逼近的过程则鲜为人知,这是非常可惜的,因为正是在这些被逐步抛弃的中间假设中蕴藏着许多经验教训和无数个不眠之夜。这或许也是某些人对科学家产生迷信,认为他们都是超级天才,非常人所能望其项背的一个重要原因。

【例 58】 人类在研究哥德巴赫猜想时就是运用逐步逼进法。

哥德巴赫猜想可以简单地表示为(1+1),即每个充分大的偶数都可以表示为一个素数加另一个素数。要直接证明这一点太难,于是人们就逐步逼进。

如果对于一个固定的整数 $n>0$,当自然数 m 的素因数不超过 n 个时,称 m 为素因数不超过 n 的殆素数。例如 $15=5\times3,21=3\times7$ 都是素因数不超过 2 的殆素数;30 是素因数不超过 3 的殆素数。

如果对于每一个充分大的偶数都可以表示为一个素数与一个素因数不超过 c 的殆素数之和时,记为(1+c)。

如果对于每一个充分大的偶数都可以表示为两个素因数分别不超过 a 和 b 的殆素数之和时,记为 $(a+b)$。

直接证明 $(1+1)$ 很难,于是就先证 $(a+b)$。

1920 年,挪威数学家布朗用一种古老的筛法证明了 $(9+9)$,即每一充分大的偶数都可表为两个素因数不超过 9 的殆素数之和。

1924 年,德国数学家拉德马哈尔证明了 $(7+7)$。

1932 年,英国数学家麦斯特曼证明了 $(6+6)$。

1938 年,苏联数学家布赫斯塔勃证明了 $(5+5)$。

事隔两年,1940 年,布赫斯塔勃又证明了 $(4+4)$。

1956 年,苏联数论专家维诺格拉托夫证明了 $(3+3)$。

1957 年,我国年青数学家王元成功地证明了 $(2+3)$。

从 1920 年到 1957 年,经过 37 年的努力,人们从 $(9+9)$ 推进到 $(2+3)$。当初"退"到 $(9+9)$,是为了后来的"进",现在进到了 $(2+3)$,但还不是最终结果。另一方面的"退"是"退"到了 $(1+c)$,再经由 $(1+c)$ 向 $(1+1)$"逼"进。

1948 年,匈牙利数学家兰恩依证明了 $(1+6)$。

1962 年,我国数学家潘承洞证明了 $(1+5)$。

同年,潘承洞和王元又证明了 $(1+4)$。

1965 年,布赫斯塔勃、维诺格拉托夫和意大利数学家庞皮艾黎都证明了 $(1+3)$。

1966 年,我国数学家陈景润证明了 $(1+2)$。这是距离 $(1+1)$ 最近的优秀结果。

从上述过程可以看出,这是一场颇为壮观的以退为进的逐步逼进法。

【例 59】 已知二次三项式 $f(x)=ax^2+bx+c$ 的所有系数都是正的,且 $a+b+c=1$,求证:对于任何满足 $x_1x_2\cdots x_n=1$ 的正数组 x_1, $x_2,\cdots,x_n$,都有

$$f(x_1)f(x_2)\cdots f(x_n)\geqslant 1。 \hspace{2cm} ①$$

证明　由 $f(1)=a+b+c=1$ 知,若

$$x_1 = x_2 = \cdots = x_n = 1。 \qquad ②$$

则①中等号成立。

∵ 若 $x_1, x_2, \cdots, x_n$ 不全相等，则其中必有 $x_i > 1, x_j < 1$（不妨设 $i > j$），由

$$f(x_i)f(x_j) - f(1)f(x_i x_j)$$
$$= (ax_i^2 + bx_i + c)(ax_j^2 + bx_j + c) - (a+b+c)(ax_i^2 x_j^2 + bx_i x_j + c)$$
$$= abx_i x_j(x_i - 1)(1 - x_j) + ac(x_i^2 - 1)(1 - x_j^2) + bc(x_i - 1)(1 - x_j)$$
$$> 0。$$

可作变换 $\begin{cases} x'_k = x_k (k \neq i,\ k \neq j), \\ x'_i = x_i x_j,\ \ x'_j = 1, \end{cases}$

则 $\begin{cases} x'_1 x'_2 \cdots x'_n = x_1 x_2 \cdots x_n = 1, \\ f(x'_1)f(x'_2) \cdots f(x'_n) < f(x_1)f(x_2) \cdots f(x_n)。 \end{cases}$

当 $x'_1, x'_2, \cdots, x'_n$ 不全相等时，则又进行同样的变换，每次变换都使 $x_1, x_2, \cdots, x_n$ 中等于 1 的个数增加一个，至多进行 $n-1$ 次变换，必可将所有的 x_i 都变为 1，从而

$$f(x_1)f(x_2) \cdots f(x_n) > f(x'_1)f(x'_2) \cdots f(x'_n) > \cdots > f(1)\ f(1) \cdots f(1) = 1。 \qquad ①$$

评析 此题中逐步调到平衡状态的方法也叫磨光法，所进行的变换称为磨光变换。

【例 60】 取两张大小相同的纸片，先叠在一起，并且确定方位，这样，上下两张纸片上的点就会重合了，每对重合的点就是对应点，即两纸片上的点一一对应起来了。

然而，我们把上面那张纸 B 随意揉成一个小纸球 B（不一定是严格意义上的球），再把小纸球随意丢在下面那张纸片 A_0 上。

这时，小纸球上有没有这样一个点：这个点与其正下方 A_0 上的点（即其垂直投影）正是原来两张纸片重叠时的对应点？

我们来试一试，先作小纸球在 A_0 上的投影区域 A_1，则 $A_1 < A_0$，并且，如果上述那种点存在的话，必定是 A_1 上的对应点，这是显然的。

纸片 B 上与 A_1 对应的那部分当然还在纸球 B 上，再作纸球 B 上的这部分在 A_1 上的垂直投影 A_2，显然 $A_2 < A_1$。

数学方法论

接下去,纸片 B 上与 A_2 对应的那部分在纸球 B 上,作纸球 B 上的这部分在 A_0 上的垂直投影域 A_3,$A_3 < A_2$,如此继续下去,可以得 $A_0 > A_1 > A_2 > \cdots > A_n > \cdots$,会不会出现 $A_{n+1} = A_n$ 的情形?如果出现了,A_n 上的每一点都为所求,否则我们继续做下去。

这样,在一般情况下 A_n 随着 n 增大会"压缩"成一点,这一点即为所求。

事实上,这里所叙述的是拓扑学中的一个重要定理在特殊情形下的体现,这个定理就是所谓不动点定理:任何一个将 n 维球体映为自己的连续映射(双方单值的连续映射称为拓扑映射)至少有一个不动点。这个著名定理由荷兰数学家劳威尔得到。

【例 61】 平面上有 100 条直线,它们之间能否恰有 1985 个不同的交点。

解 100 条直线若两两相交,可得 $C_{100}^2 = 4950$ 个交点,现考虑从这种状态出发,减少交点的个数,使恰好为 1985,办法是使一些直线共点或平行。

设有 k 个共点的直线束,每一束中直线的条数为 $n_1, n_2, \cdots, n_k$($n_i \geqslant 3, i = 1, 2, \cdots, k$),有 $n_1 + n_2 + \cdots + n_k \leqslant 100$。

这时,每一束的交点数下降了 $C_{n_i}^2 - 1$ 个,为使 $(C_{n_1}^2 - 1) + (C_{n_2}^2 - 1) + \cdots + (C_{n_k}^2 - 1) = C_{100}^2 - 1985 = 2965$ 成立,可取最接近 2965 的 $C_{77}^2 - 1 = 2925$ 代替 $C_{n_1}^2 - 1$,即 $n_1 = 77$,类似地,取 $n_2 = 9, n_3 = 4$,则有 $C_{77}^2 - 1 + C_9^2 - 1 + C_4^2 - 1 = C_{100}^2 - 1985 = 2965$。

这表明,100 条直线中,有 77 条直线共 A 点,另 9 条直线共 B 点,还有 4 条直线共 C 点,此外再无"三线共点"或"平行线",则恰有 1985 个交点。

【例 62】 求太湖的最深深度。

我们先在地面上取定直角坐标系 o-xy,并取向上方向为 z 轴正向。设湖底深度可用函数 $z = f(x, y)$ 表示。用一测量船,上面装有测定深度的仪器,可以测得每一点湖的深度,也就是说可以算出 $z = f(x, y)$ 在任意一点 (x, y) 的函数值。

设测量船从湖边某一点 A_1 出发,船应该往哪个方向开好呢?当然应向着湖中心方向开去,但茫茫太湖无边无际,一眼望不到对岸,无法判断哪个方向指向湖中心。如果碰运气盲目地航行,不知何时才能测出最深点,当然不可取。一个自然的想法是退而求其次,虽然不能保证测量船直指湖中心,但应尽量使船逐步往深处,这样尽管航行的路线会有些迂回曲折,但最后总能逐步到达最深点。

按照这种想法,我们首先测出出发点 $A_1(x_1, y_1)$ 和邻近两点 $p_x(x_1+\Delta x, y_1)$, $p_y(x_1, y_1+\Delta y)$ 的函数值,并计算出

$$\alpha_1 = \frac{f(x_1+\Delta x, y_1) - f(x_1, y_1)}{\Delta x},$$

$$\beta_1 = \frac{f(x_1, y_1+\Delta y) - f(x_1, y_1)}{\Delta y}$$

的值,从而近似地求出 P_1 点的梯度向量 (α_1, β_1)。注意到与梯度向量 (α_1, β_1) 相反的方向就是湖深不断增大的方向。因此,应让测量船沿与 P_1 点的梯度向量相反的方向往前开,每隔一定距离测量一次湖的深度。如果后一点测得的深度比前一点深,测量船就继续往前开,直至某一点测得的深度比前一点浅,船就退回到前一点,设该点为 $A_2(x_2, y_2)$。这时,我们就由 A_1 点前进到了 A_2 点。

然后重复上面的过程,近似求出 A_2 点的梯度向量 (α_2, β_2),测量船沿这个梯度向量的相反方向朝前开,一边开一边测量,直到沿这个方向上的最深点停下来,设该点是 $A_3(x_3, y_3)$。这样,测量船依次开到 A_4 点,A_5 点,……若干步以后,测量船几乎就在某一点 A 附近转圈。因此,这个 A 点就是太湖的最深点,由此可以测得太湖的最深深度 $f(x^*, y^*)$。

【例 63】 已知 $x_1, x_2, \cdots, x_{67}$ 是正整数,且 $x_1+x_2+\cdots+x_{67}=110$,求 $x_1^2+x_2^2+\cdots+x_{67}^2$ 的最大值。

思考与分析 我们从任意一组和为 110 的 67 个正整数 $x_1, x_2, \cdots, x_{67}$ 开始进行调整,不妨设 $x_1 \leqslant x_2 \leqslant \cdots \leqslant x_{67}$。

首先把 $x_1, x_2, \cdots, x_{67}$ 冻结,只研究 x_1 和 x_{67},由于 $x_1 \leqslant x_{67}$,并且注意到

$$(x_1-1)^2 + (x_{67}+1)^2 = x_1^2 + x_{67}^2 + 2 + 2(x_{67}-x_1) > x_1^2 + x_{67}^2$$

上面的不等式说明,如果把最小数 x_1 减少 1,而把最大数 x_{67} 增加 1(这时 67 个正整数的和不变),它们的平方和就变大。为此,我们进行这样的调整:

每次把 x_1 减少 1,把减少的 1 加到 x_{67} 上,直到 $x_1=1$ 为止,从而结束对 x_1 的调整。

这样调整的结果是,67 个正整数的和为 110 不变,而平方和在调整后比调整前变大。

再把 x_2 解冻,对 x_2 进行调整,每次把 x_2 减少 1,把减少的 1 加到 x_{67} 上,直到 $x_2=1$ 为止,从而结束对 x_2 的调整。

如此对 $x_3,x_4,\cdots,x_{66}$ 一步一步地调整,直到把 $(x_1,x_2,\cdots,x_{67})$ 调整到 $(1,1,\cdots,1,44)$,这时由于 $1+1+\cdots+1+44=110$,所以 $(x_1^2+x_2^2+\cdots+x_{67}^2)_{\max}=2002$。

第九节　特殊化和一般化

特殊问题的解决是比较容易和简单的。特殊化就是把数学问题中包含的数量、形状、位置关系等加以简单化、具体化、单一化、边缘化。也就是说,当数学问题的一般性不十分明显时,我们从特殊的数、形的数量关系和位置关系入手,由特殊性质推出一般性质,从中找到解题方法或构成解题起点。

在解题过程中,对于一时难以入手的一般问题,一个使用最普遍而又较为简单易行的化归途径,乃是把它向特殊的形式转化,这就是特殊化法。由于特殊的事物与简单的事物有着自然的联系,所以这种方法有两种类型:一是从简单情形入手,作为解决一般问题的突破口;二是从特殊对象考察(包括着眼极端情形),为求解一般问题奠定基础。特殊化是把所研究的数学问题从原来的范围缩小到一个较小范围或个别情形进行考察研究的思维方法。一般化则是与特殊化相反的思维方法,即将研究对象从原来范围扩展到更大范围进行考察和研究。特殊化思想的作用表现为两个方面。

首先,特殊化可以是指将一个数学问题特殊化,从而得到一个新的数学问题。通常可将所研究的问题视为一般性问题，按照增加约束条件，取其局部或个别情形得到特殊性的问题。

例如，对于二项式定理：

$$(a+b)^n = a^n + C_n^1 a^{n-1} b + \cdots + C_n^k a^{n-k} b^k + \cdots + b^n。$$

令 $a=1$，得 $(1+b)^n = 1 + C_n^1 b + \cdots + C_n^k b^k + \cdots + C_n^n b^n。$

令 $a=b=1$，得 $C_n^0 + C_n^1 + \cdots + C_n^k + \cdots + C_n^n = 2^n。$

只要取 a、b 为特殊的值，便可得到一系列的组合数求和式。由此可见，特殊化不仅具有演绎推理的功能，而且是发现问题，进行数学研究的方法之一。

其次，特殊化通过对特殊和个别的对象分析去寻求一般事物的属性，以获得关于所研究对象的性质或关系的认识，找到解决问题的方向、途径或方法。通常我们所说的特例、反例分析法等，都属于这种情形。

【例 64】 过 $\triangle ABC$ 的重心 G 作一条直线 l，把 $\triangle ABC$ 分成两部分，求证：这两部分的面积之差不大于 $\triangle ABC$ 面积的 $\dfrac{1}{9}$。

思考与分析 考虑特殊情形。设 l 平行于 $\triangle ABC$ 的任意一条边 BC。如图 6-33 所示，过点 G 作 $EF \parallel BC$，则 $AE = \dfrac{2}{3} AB$，$AF = \dfrac{2}{3} AC$。所以

$$S_{\triangle AEF} = \frac{1}{2} AE \cdot AF \cdot \sin A$$

$$= \frac{4}{9} \cdot \frac{1}{2} AB \cdot AC \cdot \sin A = \frac{4}{9} S_{\triangle ABC}。$$

$$S_{四边形 EBCF} - S_{\triangle AEF} = (S_{\triangle ABC} - S_{\triangle AEF}) - S_{\triangle AEF}$$

$$= \frac{1}{9} S_{\triangle ABC}。$$

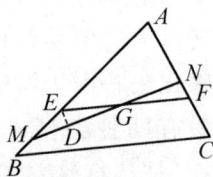
图 6-33

这表明，当 l 平行于 $\triangle ABC$ 的任意一条边时，命题成立。

现考察一般情形。如图 6-33 所示，过点 G 任作一直线 l，与 AB、AC 分别相交于点 M，N。根据前面特例所得的结果，现只需证明

$S_{\text{四边形} MBCN} - S_{\triangle AMN} \leqslant S_{\text{四边形} EBCF} - S_{\triangle AEF}$。作 $ED /\!/ AC$，交 MN 于点 D，易知 $\triangle GED \cong \triangle GFN$，由此得 $S_{\text{四边形} EBCF} - S_{\text{四边形} MBCN} = S_{\triangle EMD}$，$S_{\triangle AMN} - S_{\triangle AEF} = S_{\triangle EMD}$。所以 $S_{\text{四边形} EBCF} - S_{\text{四边形} MBCN} + S_{\triangle AMN} - S_{\triangle AEF} = S_{\triangle EMD} \geqslant 0$。此不等式当且仅当 MN 与 EF 重合时取等号，所以 $S_{\text{四边形} MBCN} - S_{\triangle AMN} \leqslant S_{\text{四边形} EBCF} - S_{\triangle AEF} = \dfrac{1}{9} S_{\triangle ABC}$。

从上面的例题告诉我们，在某些情况下，特殊化能充分揭示事物的本来面目。像例题中，我们利用图形的特殊位置，不仅得到了要求的结果，而且也找到了正确的解题途径。

总之，数学问题的特殊化，可以通过数目的减少、数值范围的缩小、维数的降低、元数的减少、任意图形转化为特殊图形等手段来实施。而特殊元素的选择，往往是中点、端点、定值、零值、垂直、平行、特殊的数和形等等。

事物的共性存在于个性之中，个性体现了共性，特殊化方法是我们在数学解题中探索和发现的重要途径。当然，我们从特殊入手的目的在于探索解决一般问题的方法，特殊情况是观察一般情况的一个窗口，但不能代替一般情况的研究，否则就会造成以偏概全而导致错误，因为在特殊情形下成立的命题，在一般情形下未必正确。如在前面的大部分例子中，在特殊化情况使问题变得明朗后，必须就一般情况给出证明。另外，特殊情形和特殊元素的选择必须恰当，要具有代表性。

当然，特殊化并非万能的，虽然在不少情况下特殊化可以起到一定的作用，但在很多情形，特殊化得不到什么结论，或虽然能得到一些结果，但对一般情形的分析和讨论并没有什么帮助。因此，我们在实践中必须具体问题具体分析，什么时候才能用特殊化考虑，必须作细致的研究。

与特殊化途径相反，在对一般形式问题比较熟悉的情况下，将特殊形式的问题转化为一般形式的问题，这就是一般化法。这种方法是通过找出特殊问题的一般原理，把特殊问题从原有范围扩展到包含该问题的更大范围来进行考察，从而使得我们能够在更一般、更广阔的领域中使用更灵活的方法去寻求化归的途径。例如,在研究数的问题时,可以用一般化法把它化归为式的问题来研究;在研究方程和不等式时,也可以用一般化法把它们置身于函数之中来处理。

一般化的思维作用也表现在两个方面,其一是对数学问题或研究对象的一般化,以求得更具一般性的结论;其二是数学方法的一般化,寻求解决一类问题的普遍方法。

对数学问题的一般化,常采用放宽或取消某些约束条件,或将结论中的数量或关系普遍化。例如,由 $2^3 > 3!, 3^5 > 5!$ 推广到一般结论 $(\frac{n+1}{2})^n > n!$ $(n \in \mathbf{N})$。又如,将 $\sqrt{4} - \sqrt{3} < \sqrt{2}, \sqrt{5} - \sqrt{4} < \sqrt{3} - \sqrt{2}$ 推广到

$$\sqrt{n} - \sqrt{n-1} < \sqrt{n-2} - \sqrt{n-3} \quad (n \in \mathbf{N}, n \geqslant 3)。$$

更一般地,$\sqrt{a} - \sqrt{a-1} < \sqrt{a-2} - \sqrt{a-3}$ $(a \in \mathbf{R}, a \geqslant 3)$。

当然,更多命题的推广不是像上述例子那样简单地由一维向多维的"形式"推广,而要经过类比、归纳和分析后方能得到。如将勾股定理推广为余弦定理;将等差数列推广为高阶等差数列等。

数学方法的一般化,是指将解决某一问题的方法推广为解决某类问题,形成一种固定的模式或程序。像解方程和不等式,就形成了一定的程序或模式。在中学数学中,数学方法的一般化随处可见。事实上,命题、公式、法则等都是方法一般化形成的模式。解一元二次方程的基本方法是配方法,若对于每个具体的二次方程都采用配方法去解,则要做许多重复的劳动,而将问题一般化,对一般的二次方程 $ax^2 + bx + c = 0 (a \neq 0)$ 运用配方法统一处理,得出解决问题的公式,便解决了所有一元二次方程的求根问题。因而从一定意义上说,模式化也是数学研究追求的目标之一。

应当指出的是,借助于一般性问题来解决特殊性问题,有时往往会出奇制胜,这也是一般化思维的一个功能。例如,求证 $50^{99} > 99!$。证明比较困难,而证其一般化后的命题:$\left(\frac{n+1}{2}\right)^n > n!$ $(n \in \mathbf{N})$,则十分容易。

事实上，$\dfrac{n+1}{2}=\dfrac{n(n+1)}{2}\cdot\dfrac{1}{n}=\dfrac{1+2+\cdots+n}{n}>\sqrt[n]{1\cdot2\cdot\cdots\cdot n}\Rightarrow$

$\left(\dfrac{n+1}{2}\right)^n>n!$。

【例 65】 求证 $\dfrac{(1+\sqrt{1998})^{2000}-(1-\sqrt{1998})^{2000}}{\sqrt{1998}}$ 必为整数。

思考与分析 我们可以考虑更一般的问题，去研究 $\dfrac{(1+x)^{2000}-(1-x)^{2000}}{x}$ $(x\in\mathbf{R}$，且 $x\neq0)$ 是怎样的多项式。

令 $f(x)=(1+x)^{2000}-(1-x)^{2000}$，显然它是整系数多项式。由于恒有 $f(-x)=-f(x)$，故 $f(x)$ 是只含奇次项的整系数多项式，从而 $\dfrac{f(x)}{x}$ 就是只含有偶次项的整系数多项式。于是，只要令 $x=\sqrt{1998}$ 即可证得原问题。

【例 66】 （1）已知 a、b 为实数，并且 $e<a<b$，证明 $a^b>b^a$。

（2）如果正实数 a，b 满足 $a^b=b^a$，且 $a<1$，证明 $a=b$。

思考与分析 当 $e<a<b$ 时，欲证 $a^b=b^a$，只要证 $b\ln a>a\ln b$，即证 $\dfrac{\ln a}{a}>\dfrac{\ln b}{b}$。该不等式两边具有相同结构，为此构造函数

$$y=\frac{\ln x}{x}(e<x<+\infty),$$

作为所证不等式的一般形式。从而，在函数的范围内只要研究函数的增减性即可。

当 $x>e$ 时，$y'=\dfrac{x\cdot\dfrac{1}{x}-\ln x}{x^2}=\dfrac{1-\ln x}{x^2}<0$，

所以 $y=\dfrac{\ln x}{x}$ 在 $(e,+\infty)$ 上是减函数。当 $e<a<b$ 时，有 $\dfrac{\ln a}{a}>\dfrac{\ln b}{b}$，进而有 $a^b=b^a$，即（1）得证。

欲证（2），同样采用一般化法。

因为 $0<a<1$，$b>0$，所以 $a^b<1$，从而 $b^a=a^b<1$。

又由 $b^a<1$，$a>0$，可以推得 $b<1$，也就是有 $0<a<1$，$0<b<1$。

由 $a^b = b^a$，即 $\dfrac{\ln a}{a} > \dfrac{\ln b}{b}$，欲证 $a = b$，其实质还是考察函数 $f(x) = \dfrac{\ln x}{x}(0 < x < 1)$ 的增减性。

当 $x \in (0, 1)$ 时，$f'(x) = \dfrac{1 - \ln x}{x^2} > 0$，即 $f(x)$ 在 $(0, 1)$ 上为增函数。

如果 $a \neq b$，那么 $f(a) \neq f(b)$，这是不可能的（与 $f(a) = f(b)$ 矛盾），故必有 $a = b$。

【例 67】 化简：$M = \dfrac{2}{\sqrt{4 - 3\sqrt[4]{5} + 2\sqrt[4]{25} - \sqrt[4]{125}}}$。

思考与分析 这是一个无理式的化简，这类问题通常运算比较麻烦，但观察所要化简的式子，发现式子中有 $\sqrt[4]{25}$，$\sqrt[4]{125}$，它们有如下关系：

$$\sqrt[4]{25} = (\sqrt[4]{5})^2, \quad \sqrt[4]{125} = (\sqrt[4]{5})^3$$

这就启发我们考虑用比较抽象、比较一般的字母 x 来代换，

设 $\sqrt[4]{5} = x$，则 $\sqrt[4]{25} = x^2$，$\sqrt[4]{125} = x^3$

$$M^2 = \frac{4}{4 - 3x + 2x^2 - x^3}$$

$$= -\frac{4}{(x^3 + 3x) - (2x^2 + 4)}$$

$$= -\frac{4[(x^3 + 3x) + (2x^2 + 4)]}{[(x^3 + 3x) - (2x^2 + 4)][(x^3 + 3x) + (2x^2 + 4)]}$$

$$= -\frac{4(x^3 + 2x^2 + 3x + 4)}{x^6 + 6x^4 + 9x^2 - 4x^4 - 16x^2 - 16}$$

$$= -\frac{4(x^3 + 2x^2 + 3x + 4)}{-2x^2 - 6}$$

$$= \frac{2x(x^2 + 3) + 4(x^2 + 2)}{x^2 + 3}$$

$$= 2x + 4 - \frac{4}{x^2 + 3}$$

$$= 2x + 4 - \frac{4(x^2 - 3)}{(x^2 + 3)(x^2 - 3)}$$

$$= 2x + 4 + x^2 - 3$$

$$= (x+1)^2 。$$

由 $M > 0$，所以 $M = x + 1 = \sqrt[4]{5} + 1$。

【例 68】 求证：$25^{49} > 49!$

思考与分析 待证不等式的一般问题是：

求证 $\left(\dfrac{n+1}{2}\right)^n > n! \ (n \in \mathbf{N})$

因为 $\dfrac{n+1}{2} = \dfrac{\dfrac{n(n+1)}{2}}{n} = \dfrac{1+2+3+\cdots+n}{n} > \sqrt[n]{1 \cdot 2 \cdot 3 \cdots n}$

所以，两边乘方 n 次即获得证明。

所以，只须令 $n = 49$ 即可。

【例 69】 设 $p = \sqrt{\underbrace{11\cdots1}_{2n个} - \underbrace{22\cdots2}_{n个}}$，则 p 为多少？

思考与分析 （先归纳，然后进行证明。）设 $x = \underbrace{11\cdots1}_{n个}$，原式被开

方数化为 $\underbrace{11\cdots1}_{n个} \times 10^n + x - 2x = x(10^n - 1) = 9x^2$

所以 $p = \underbrace{33\cdots3}_{n个}$

　　一般化就是把数学问题中的数量、图形形状和位置关系等给予普遍化、抽象化、规律化。也就是说，我们为了解题的需要取消或改变一些条件的限制。

　　我们知道，证明一个一般的命题通常要比证明一个特殊的命题困难得多。然而，我们从前面讨论的几个例子中看到，在解决有些问题时，普遍性的问题可能比特殊的问题更易于解决。

　　总之，一般化可以探索问题的本质，概括规律，强化命题，发展知识或判断解法的正确性，它既是探索的方法，也是推广命题的方法。

　　特殊化和一般化是两种相辅相成的思维方法。解题中使用特殊化是为了探求一般性结论，使用一般化是为了通过一般性结论的成立

说明其特殊情形成立或推广命题。因此,当一般性的问题很难立刻找到解题方法时,不妨将其向特殊方向转化,而当有些特殊的问题涉及过多无关宏旨的枝节,掩盖着问题的本质时,往往转化为一般的情形更容易解决。

特殊化和一般化反映了人类的两种认识过程,即由特殊到一般和由一般到特殊。这两种过程循环往复,每一次循环都可使人类的认识提高一步。数学也正是在这一循环往复中发展并丰富其内容的。

第七章

数学发现方法

　　数学结论的正确性是建立在演绎证明的基础上的。值得研究的又一个问题是,这些结论是怎样被发现的。任何数学断言在得到证明之前,都还不能称为结论,只能称为猜想。

　　本节将论述数学猜想方法,论述的重点是经验归纳法和类比法,而归纳和类比的重要基础在于观察和实验。

第一节　观察和实验

　　"观察、观察、再观察。"(巴甫洛夫语)观察和实验,是发现与解决问题的最形象、最具体的手段之一。有人认为,数学是高度抽象和逻辑性极强的学科,不需形象和具体的思考和操作。这种观点其实是不正确的。事实上,越是抽象和复杂,就越需要形象和具体的辅助与配合。观察能导致发现。解数学题也有个从观察到发现的过程。只有对问题中的数、式、形作认真的观察,才有可能获得解题的途径。

　　观察与实验是数学学习的出发点,是数学思维的基本方法。观察与实验是收集数学事实,获得感性经验的基本方法,是获得和发展数学知识的实践基础。在小学数学教学中,要经常引导学生从数学观察和操作实验入手展开学习。例如,"商不变的性质"和"分数的基本性质"就是通过观察一组算式而发现的;平行四边形、三角形和圆的面积计算公式就是通过操作实验和观察得出的。所以,加强数学方法的教育,一定要帮助学生掌握观察、实验的方法,在观察时能做到:全面观察,整体与部分相结合;有序观察,上下、左右、内外有机联系;突出重点,边观察边思考;集中注意,认真细致;主动积极,尝试归纳。在操作实验时要做到:事前做好物质准备、思想准备、知识准备;依序操作,理解操作方法与技术;手脑并用,边操作、边观察、边思考;主动认真,在操作、观察的基础上尝试概括归纳;操后互议,与同伴交流实验操作的过程与心得。例如,教学"圆柱体的表面积计算"时,可引导学生摸一摸自己制作的圆柱体模型,观察圆柱体的表面积包括哪几部分,并且反复拆开来观察原来的表面由展开图形中的哪些部分组成。在此基础上,让学生做三件事:交流观察的情况与结果;画出圆柱及其表面展开图;给出数据算出表面积,再擦去图说说算式的意义。学生在操作实验和观察中掌握了新知,发展了思维,激活了创新意识,培养了解决实际问题的能力。

观察法是人们对周围世界客观事物和现象在其自然条件下,按照客观事物本身存在的实际情况,研究和确定它们的性质和关系,从而获得经验材料的一种方法。

欧拉说过:"数学这门学科,需要观察还需要实验。"实验是人们根据一定的研究目的,利用仪器或工具对周围世界的客观事物与现象,进行人为的控制、模仿,排除干扰突出主要因素,在最有利的条件下考察和研究它们的性质和关系,从而获得经验材料的一种方法。

在数学研究中,通过观察与实验不仅可以收集新材料、获得新知识,而且常常导致数学的发现与理论的创新。

200 年前,德国数学家歌德巴赫(G. Goldbach)提出了一个命题:"凡大于 4 的偶数都可以表示成两个素数的和"。由于这个命题至今还未能证明,故人们称之为"歌德巴赫猜想",它的发现完全来自于观察。

蒲丰(C. Buffon)的投针实验是运用实验法研究几何概率的典型范例。

数列有许多有趣的性质,L. Fibonacci 就是在对兔子繁殖问题的观察与实验的基础上得到的。

一、观察

观察是有目的、有计划地通过视觉器官去认识数学对象的性质以及相互关系的活动。观察过程是对数学思维材料的接收,或称数学思维信息的输入过程。例如,对方程 $\sqrt{x^2+x+1}(x+1)^2+2=0$ 观察,就要对这个方程的特点进行观察。会观察的学生马上会得出这个方程无解的结论。为什么? 因为 $\sqrt{x^2+x+1} \geqslant 0,(x+1)^2 \geqslant 0$,所以方程左边是大于零,而方程右边为零,等式不成立,所以方程无实数解。可见,观察在数学学习中是十分重要的方法。

由于观察是思维的出发点,必然是有思维参与的一种认识活动,因此,有人认为观察是"思维的知觉"或"思维的窗口"。

【例1】 求证:$1 \cdot \dfrac{1}{2^2} \cdot \dfrac{1}{3^2} \cdot \cdots \cdot \dfrac{1}{n^n} < \left(\dfrac{2}{n+1}\right)^{\frac{n(n+1)}{2}}$ $(n \in \mathbf{N}$ 且 $n \neq 1)$。

观察1,本题与 $n \in \mathbf{N}$ 有关,可以考虑利用数学归纳法证明。

观察2,从式子的数量特征上仔细观察,发现

$$\frac{n(n+1)}{2} = 1+2+3+\cdots+n,$$

$$1 \cdot \frac{1}{2^2} \cdot \frac{1}{3^2} \cdot \cdots \cdot \frac{1}{n^n} = \underbrace{1}_{1\text{个}} \cdot \underbrace{\frac{1}{2} \cdot \frac{1}{2}}_{2\text{个}} \cdots \underbrace{\frac{1}{n} \cdot \frac{1}{n} \cdots \frac{1}{n}}_{n\text{个}}, \tag{1}$$

(1)中有 $(1+2+3+\cdots+n)$ 个乘数,且这些乘数之和为

$$1 + \frac{1}{2} \times 2 + \frac{1}{3} \times 3 + \cdots + \frac{1}{n} \times n = n,$$

利用几何平均数与算术平均数

$$1 \cdot \frac{1}{2^2} \cdot \frac{1}{3^2} \cdot \cdots \cdot \frac{1}{n^n} < \left[\left(1+\frac{1}{2}+\frac{1}{2}+\cdots+\frac{1}{n}+\frac{1}{n}+\cdots+\frac{1}{n}\right) \right.$$
$$\left. \times \frac{1}{1+2+\cdots+n}\right]^{1+2+3+\cdots+n},$$

$$= \left[\frac{n}{\frac{n(n+1)}{2}}\right]^{\frac{n(n+1)}{2}} = \left(\frac{2}{n+1}\right)^{\frac{n(n+1)}{2}}。$$

【例 2】 利用观察发现命题：

（1）彼埃尔·费儿马（1601—1665）在 1640 年观察了一些素数：$3,5,7,11,17,19,\cdots$ 其中数 $5,13$ 和 17 可表示为两个平方数之和。$5=1^2+2^2, 13=2^2+3^2, 17=1^2+4^2$，而其余的数如 $3,7,11,19$ 就不能如此表示，于是他得出："被 4 除时余数为 1 的任意一个素数的平方可以表示成两个平方数之和。"后来，欧拉在 1742—1747 年之间找到了第一个证明方法，再后来，拉格朗日、察基儿也相继证明了该命题。

（2）观察勾股数 $3^2+4^2=5^2, 5^2+12^2=13^2, 7^2+24^2=25^2\cdots$ 猜想：可否找到一个满足 $x^2+y^2=z^2$ 的正整数解 (x, y, z) 的公式呢？

$x=3,5,7, y=4,12,24, z=5,13,25$

观察：$x=2^2-1^2, 3^2-2^2, 4^2-3^2$,

$\qquad y=2\times 2\times 1, 2\times 3\times 2, 2\times 4\times 3$,

$\qquad z=2^2+1^2, 3^2+2^2, 4^2+3^2$,

由此得出一个猜想：$x=a^2-b^2, y=2ab, z=a^2+b^2$，其中 a, b 取任意正整数且 $a>b$，代入 $x^2+y^2=z^2$，检验即可。

【例 3】 设 x, y, z 为互不相同的实数，且 $1+\dfrac{1}{y}=y+\dfrac{1}{z}=z+\dfrac{1}{x}$，

求证：$x^2 y^2 z^2=1$。

分析 观察已知条件 x, y, z 为互不相同的实数，估计可能会出现 $x-y, y-z, z-x$ 等因式。

这些因式应由 $x+\dfrac{1}{y}=y+\dfrac{1}{z}=z+\dfrac{1}{x}$ 设法寻出。

事实上，由 $x+\dfrac{1}{y}=y+\dfrac{1}{z}$ 得出，$yz=\dfrac{y-z}{x-y}$,

同理可得，$zx=\dfrac{z-x}{y-z}, xy=\dfrac{x-y}{z-x}$，三式相乘即可。

【例 4】 设 $a, b, c\in(0, 2]$，求证：$4a+b^2+c^2+abc\geqslant 2bc+2ca+2ab$。

分析　观察左端的 b^2+c^2 与右端的 $2bc$，有 $b^2+c^2 \geqslant 2bc$

现在只需证明，$4a+abc \geqslant 2ca+2ab$。

$4a+abc \geqslant 2ca+2ab \Leftarrow 4+bc \geqslant 2c+2b \Leftarrow bc-2c-2b+4 \geqslant 0 \Leftarrow (b-2)(c-2) \geqslant 0$

【例5】　观察隐含条件求解。

已知 $\sin(x+2y)+\cos(2x-y)=2$，试求锐角 x,y 的值。

分析　一个方程有两个未知数，似乎 x,y 无定值。

由于 $\sin(x+2y) \leqslant 1$，$\cos(2x-y) \leqslant 1$，而题目已知 $\sin(x+2y)+\cos(2x-y)=2$，

故只有 $\begin{cases} \sin(x+2y)=1, \\ \cos(2x-y)=1, \end{cases}$

解得 $x=\dfrac{\pi}{10}$，$y=\dfrac{\pi}{5}$。

【例6】　若 $a>0$，$a^2-2ab+c^2=0$，$bc>a^2$，试确定 a,b,c 的大小。

思考与分析　对 a,b,c 的大小无法顺次枚举，可以随机地取值观察。

暂令 $a=1$：

(1) 取 $b=-1$，$a^2-2ab+c^2=3+c^2>0$，与题设矛盾。

(2) 取 $b=-\dfrac{1}{2}$，$a^2-2ab+c^2=0$，得 $c=0$，与 $bc>a^2$ 矛盾。

(3) 取 $b=2$，$a^2-2ab+c^2=0$，得 $c=\pm\sqrt{3}$，$c=-\sqrt{3}$ 应舍去(否则，与 $bc>a^2$ 矛盾)。$c=\sqrt{3}$ 满足题设条件。

由上述实验得猜想：$b>c>a$。

下面证明：

由 $a>0$，$bc>a^2$ 得 b,c 同号，而 b,c 不可能同为负(否则与 $a>0$，$a^2-2ab+c^2=0$ 矛盾)，可见 $b>0$，$c>0$。

下面证明 $b>c>a$ 就不难了。

由 $a^2-2ab+c^2=0$ 得，$(a-b)^2=b^2-c^2$，

所以 $b^2-c^2 \geqslant 0$，所以 $b \geqslant c$。

若 $b=c$，则 $a=b=c$ 与 $bc>a^2$ 矛盾，故得 $b>c$。

再由 $bc>a^2$ 得 $b>a$。

余下的工作是证明 $c>a$。事实上，

$c^2=2ab-a^2=a(2b-a)$，

因为 $2b-a>a$，得 $c^2>a^2$，故 $c>a$。

【例7】 求证：$n\sqrt[n]{n+1}<n+1+\dfrac{1}{2}+\dfrac{1}{3}+\cdots+\dfrac{1}{n}$ $(n\in\mathbf{N},$ 且 $n>1)$。

思考与分析 如果用数学归纳法证明，在论证的第二步，"从 K 到 $K+1$"时将碰到很大困难。

如果从结构上观察分析，可以发现这个不等式和平均值不等式：

$$\sqrt[n]{a_1a_2\cdots a_n}\leqslant\frac{a_1+a_2+\cdots+a_n}{n}$$

在结构上有相似之处。只要把题中不等式的两端都除以 n，结构上就更加相似。题中的不等式可改写为

$$\sqrt[n]{n+1}<\frac{1}{n}\left(n+1+\frac{1}{2}+\frac{1}{3}+\cdots+\frac{1}{n}\right),$$

从结构上看，我们必须设法把右端括弧中的 $n+1$ 个数的和改写为 n 个数的和，而这 n 个数的积正好是 $n+1$。

因为 $n+1+\dfrac{1}{2}+\dfrac{1}{3}+\cdots+\dfrac{1}{n}$

$$=(1+1)+\left(1+\frac{1}{2}\right)+\left(1+\frac{1}{3}\right)+\cdots+\left(1+\frac{1}{n}\right)$$

$$=2+\frac{3}{2}+\frac{4}{3}+\cdots+\frac{n+1}{n},$$

所以欲证的不等式可改写为

$$\sqrt[n]{n+1}<\frac{1}{n}\left(2+\frac{3}{2}+\frac{4}{3}+\cdots+\frac{n+1}{n}\right)。$$

【例8】 试证：$\dfrac{a-b}{1+ab}+\dfrac{b-c}{1+bc}+\dfrac{c-a}{1+ca}=\dfrac{(a-b)(b-c)(c-a)}{(1+ab)(1+bc)(1+ca)}$。

思考与分析 观察式中左右两边可发现明显的特征，右式恰为左边中三项之积，这使人联想到公式

$\tan A + \tan B + \tan C = \tan A \cdot \tan B \cdot \tan C (A + B + C = \pi, k \in \mathbf{Z})$。

设 $a = \tan A$，$b = \tan B$，$c = \tan C$，则

$$\frac{a-b}{1+ab} = \tan(A-B), \quad \frac{b-c}{1+bc} = \tan(B-C), \quad \frac{c-a}{1+ac} = \tan(C-A),$$

因为 $(\angle A - \angle B) + (\angle B - \angle C) + (\angle C - \angle A) = 0 = k\pi (k=0)$，

所以 $\tan(A-B) + \tan(B-C) + \tan(C-A)$

$$= \tan(A-B) \cdot \tan(B-C) \cdot \tan(C-A),$$

即 $\dfrac{a-b}{1+ab} + \dfrac{b-c}{1+bc} + \dfrac{c-a}{1+ca} = \dfrac{(a-b)(b-c)(c-a)}{(1+ab)(1+bc)(1+ca)}$。

（一）观察的内容

数学对象是客观事物的数量关系和空间形式,因此数学观察不外乎观察数量关系与空间形式这两个方面。在解题过程中,我们不仅需要观察已知的和需要求解的,还需要观察从已知到求解的整个过程中涉及的一切数量关系和空间形式,随时捕捉有用的解题信息。就其对解题的重要性而言,我们特别需要注意观察以下几个方面的内容。

1. 观察数据的结构和特点

【例 9】 已知 x，y 均为实数,且 $y = \sqrt{\dfrac{2x+1}{4x-3}} + \sqrt{\dfrac{2x+1}{3-4x}} + 1$,求 $x^2 + y^2$ 的值。

解 此题已知的数据中,两个被开方数恰好互为相反数,因此只有当它们同时为 0 时才有意义,于是,易求得 $x = -\dfrac{1}{2}$，$y = 1$；$x^2 + y^2 = \dfrac{5}{4}$。

【例 10】 解方程 $\left(\sqrt{7 - 4\sqrt{3}}\right)^x + \left(\sqrt{7 + 4\sqrt{3}}\right)^x = 14$。

解 我们不难发现,$(7 - 4\sqrt{3}) \cdot (7 + 4\sqrt{3}) = 1$,于是可令 $y = \left(\sqrt{7 - 4\sqrt{3}}\right)^x$,将原方程化为 $y + \dfrac{1}{y} = 14$,解之得 $y = 7 \pm 4\sqrt{3}$,所以 $x = \pm 2$。

【例 11】 证明以下恒等式:

$$\frac{(x-b)(x-c)}{(a-b)(a-c)} + \frac{(x-c)(x-a)}{(b-c)(b-a)} + \frac{(x-a)(x-b)}{(c-a)(c-b)} = 1。$$

证明 容易看出,当 x 取 a, b, c 值时,等式成立;如果给定等式不是恒等式,那么它只能是关于的一次方程或二次方程,至多只能有两个根。由于 a, b, c 必取不同的值,因此至少有 a, b, c 这样三个根,矛盾,故给定等式为恒等式。

由以上三个例子可以看到,无论是给定条件的数据特点,还是求证结论的数据特点,对解题思路都有重要的启迪作用。如果观察时不细心,不留意,目的不明确或者不积极思考,那么这些数据特点是难以发现的。

2. 观察形态的特点

【例 12】 已知关于 x 的一元二次方程 $x^2 + 2kx - k + 1 = 0$ 的两根分别在区间 $(0,1)$ 与 $(1,2)$ 内,求 k 的取值范围。

解 这是一个代数问题。如果我们写出原方程的根,并根据所在的区间列出不等式组来寻找 k 的取值范围,将十分烦琐。此时,假如我们注意观察形态特征,不难画出 $y = x^2 + 2kx - k + 1$ 大致应符号的图像(如图 7-1),并得出 k 取值应满足的条件为

$$\begin{cases} \Delta > 0, & (1) \\ f(0) > 0, & (2) \\ f(1) < 0, & (3) \\ f(2) > 0。 & (4) \end{cases}$$

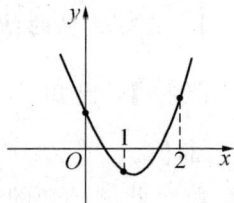

图 7-1

条件(1)保证方程有两个根,条件(2)、(3)保证有一根在 $(0,1)$ 上,条件(3)、(4)保证另一根在 $(1,2)$ 上。由此可推得,满足这些条件的 k 不存在(注:条件(1)也可省略)。

由以上例子不难看出,对于几何问题固然必须观察其形态特征来解,而对于非几何问题,有时也需要通过图像或几何模型来观察其形态特征。细心观察形态特征可将那些深藏不露的数量关系以醒目、直观的形式展示在我们的面前。

数学方法论

3. 观察题设和题断结构上的区别与联系

【例 13】 已知 a, b, c, d, e, f, g 均为正数,求证:

$$\frac{a+b+c+d}{a+b+c+d+e+f}+\frac{c+d+g+e}{c+d+g+e+b+f}>\frac{g+e+a+b}{g+e+a+b+d+f}.$$

证明　本题是不等式证明题。如果我们设想用放缩法来证明,那么就要把观察的目标集中在不等式两端的区别与联系上,左边是两项和,因此可将右边相应地分成两项和:

$$\frac{a+b}{g+e+a+b+d+f}+\frac{g+e}{g+e+a+b+d+f}\text{(想一想,为什么这样}$$

分?)

于是,只需证明:

$$\frac{a+b+c+d}{a+b+c+d+e+f}>\frac{a+b}{g+e+a+b+d+f}\tag{1}$$

和

$$\frac{c+d+g+e}{c+d+g+e+b+f}>\frac{g+e}{g+e+a+b+d+f}\tag{2}$$

但

$$\frac{a+b+c+d}{a+b+c+d+e+f}>\frac{a+b}{a+b+e+f}>\frac{a+b}{g+e+a+b+d+f}$$

故(1)式成立,同理可证得(2)式成立。

以上例子说明,观察题设与题断在结构上的区别与联系,为我们铺设了由题设通向题断的道路,观察题断式子两端在结构上的区别与联系,为我们架起了由一端到达另一端的桥梁。通常所说的分析综合法,正是沿着不断缩小已知与未知的区别、扩大已知与未知的联系,从"已知"推导"可知",又由"未知"探寻"需求",最后使"可知"与"需求"完全合拢。

4. 观察数和形变化的规律

【例 14】 设 P 是正 $\triangle ABC$ 内的一点,分别以三边为对称轴作 P 的对称点 P_1, P_2, P_3,求证:$S_{\triangle P_1 P_2 P_3} \leqslant S_{\triangle ABC}$。

思考与分析　如果记 PP_1 与 AB 的交点为 M,PP_2 与 BC 的交点为 N,PP_3 与 CA 的交点为 Q,那么当 P 点在 $\triangle ABC$ 中变动时,$PM+PN+PQ$ 为定值($\triangle ABC$ 的高),且 PM, PN, PQ 之中任意两条线段都相交成 $120°$ 角。上述规律的发现,为证明奠定了基础。

证明　设正 $\triangle ABC$ 的边长为 a，P 到边的距离分别为 x，y，z，于是

$$S_{\triangle P_1 P_2 P_3} = S_{\triangle P_1 PP_2} + S_{\triangle P_2 PP_3} + S_{\triangle P_3 PP_1}$$

$$= \frac{1}{2} \cdot 4xy \cdot \sin 120° + \frac{1}{2} \cdot 4yz \cdot \sin 120° + \frac{1}{2} \cdot 4zx \cdot \sin 120°$$

$$= \sqrt{3}(xy + yz + zx) \leqslant \sqrt{3} \cdot \frac{1}{3}(x + y + z)^2 = \frac{\sqrt{3}}{4}a^2,$$

故 $S_{\triangle P_1 P_2 P_3} \leqslant S_{\triangle ABC}$。

在此例中，我们观察到了 P 点的变化过程中的几个不变量。可见，观察数和形的变化规律在解题中占有十分重要的地位。规律弄清楚了，一个漂亮的解题方案就水到渠成了。

（二）数学观察的主要方法

观察的方法很多，按照观察的途径，可将解题观察的方法分成直接观察和间接观察两种。

1. 直接观察

解题总是从直接观察开始：看一看题设是什么？题断是什么？它们各有什么特点？涉及到什么概念？什么定理？是否和以前见过的问题类似？题设与题断的区别与联系在哪里？还有什么隐蔽的条件可以利用？哪些解题方法不妨在这里试上一试？在解题过程中，还需要不断地进行直接观察：看一看已经证明了什么？还可以证明什么？还需要证明什么？还余下什么条件尚未利用？目前问题呈现什么新的特点和规律？下一步该怎么办？

直接观察还需要灵活地调整观察角度：既可从数量关系的角度去观察，又可从图形特征的角度去观察；既可从整体规律的角度去观察，又可从局部特点的角度去观察；既可从与这部分知识相关的角度去观察，又可从与那部分知识相关的角度去观察。在各种不同的观察角度的对比中，不难发现有利于抓住问题本质特征的最佳角度，酝酿出简捷、明快的好解法来。

【例 15】 设 a，b，c 是满足 $\sqrt{a} + \sqrt{b} + \sqrt{c} = \dfrac{\sqrt{3}}{2}$ 的正数。试证方程组

$$\begin{cases} \sqrt{y-a}+\sqrt{z-a}=1, & ① \\ \sqrt{z-b}+\sqrt{x-b}=1, & ② \\ \sqrt{x-c}+\sqrt{y-c}=1 & ③ \end{cases}$$

有惟一的实数解。

分析　如果观察者看到此方程组是无理方程组,试图用化无理方程为有理方程的常规方法来做此题,那是难以奏效的。因此,它迫使观察者改变观察角度。

观察一　目标:条件$\sqrt{a}+\sqrt{b}+\sqrt{c}=\dfrac{\sqrt{3}}{2}$与方程①、②、③的区别与联系;

联想:化条件①为如下形式:

$$\sqrt{?-a}+\sqrt{?-a}=1。$$

发现:可试着去构造出方程的一组解来。

证法一　由已知得

$$\frac{1}{\sqrt{3}}(2\sqrt{c}+\sqrt{a})+\frac{1}{\sqrt{3}}(2\sqrt{b}+\sqrt{a})=1,$$

即　$\sqrt{\dfrac{4}{3}(c+\sqrt{ca}+a)-a}+\sqrt{\dfrac{4}{3}(b+\sqrt{ba}+a)-a}=1,$

所以　$y=\dfrac{4}{3}(c+\sqrt{ca}+a)$,$z=\dfrac{4}{3}(b+\sqrt{ba}+a)$

是①的一个解;由对称性知

$$z=\frac{4}{3}(b+\sqrt{ba}+a),\ x=\frac{4}{3}(c+\sqrt{cb}+b)$$

是②的一个解;

$$x=\frac{4}{3}(c+\sqrt{cb}+b),\ y=\frac{4}{3}(c+\sqrt{ca}+a)$$

是③的一个解。

$$\text{故}\begin{cases} x_1 = \dfrac{4}{3}(b + \sqrt{bc} + c), \\[2mm] y_1 = \dfrac{4}{3}(c + \sqrt{ca} + a), \\[2mm] z_1 = \dfrac{4}{3}(a + \sqrt{ab} + b) \end{cases}$$

是原方程组的一个解。

再证惟一性 若 x'，y'，z' 也是原方程组的解。如果 $x' > x_1$，则由③知 $y' < y_1$。又由①知，$z' > z_1$，再由②知 $x' < x_1$，矛盾。同理，如果 $x' < x_1$，也引出矛盾，所以 $x' = x_1$。同理可得 $y' = y_1$，$z' = z_1$。故原方程组的解惟一。

观察二 目标：$\sqrt{a} + \sqrt{b} + \sqrt{c} = \dfrac{\sqrt{3}}{2}$；联想：边长为 1 的正三角形内任何一点到三边距离之和等于高的长的 $\dfrac{\sqrt{3}}{2}$；发现：可构造一个图形，以便观察图形特征。

证法二 如图 7-2 所示，在边长为 1 的正三角形内取一点 P，使它到三边的距离依次为 $\sqrt{a}$，$\sqrt{b}$，$\sqrt{c}$，于是 $x_1 = PA^2$，$y_1 = PB^2$，$z_1 = PC^2$ 为方程组的一个解（解的惟一性证明同证法一）。

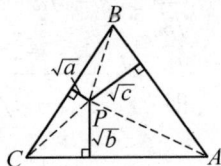

图 7-2

从上例可看到，要观察到隐蔽的数量关系和图形特征，并非轻易之事，必须有数学知识上的娴熟、思维上的灵巧以及锲而不舍的精神。

2. 间接观察

有时直接观察难以奏效，往往改用间接观察的方法：观察原问题失利时，不妨变更一个命题，增加或减少一个条件，强化或弱化某个结论，用"新观点"在另一范畴里重新阐述命题，再来观察审视已经变更了的命题；观察复杂（抽象、一般）问题失利时，不妨退一步，先去观察某个简单（具体、特殊）的问题；正面观察失利时，不妨假设结论成立，观察可以推出什么，或许它正是要找的目标。

【例 16】 求证：不存在自然数 p，q 满足不等式

$$\left| \sqrt{2} - \frac{p}{q} \right| < \frac{1}{3q^2}。 \qquad ①$$

证　先观察①式，去绝对值符号得

$$-\frac{1}{3q^2} < \sqrt{2} - \frac{p}{q} < \frac{1}{3q^2},$$

即　$\sqrt{2}q - \dfrac{1}{3q} < p < \sqrt{2}q + \dfrac{1}{3q}。 \qquad ②$

从几何角度观察②式，可将原命题变更为：如果 p，q 是自然数，那么不存在边长分别为 $\sqrt{2}q$，$\dfrac{1}{3q}$，p 的三角形。

再从反面观察变更后的命题。如果存在边长分别为 $\sqrt{2}q$，$\dfrac{1}{3q}$，p 的三角形，那么由余弦定理得

$$p^2 = 2q^2 + \frac{1}{9q^2} - \frac{2\sqrt{2}}{3}\cos A（A 为边长为 p 的边所对的角）。$$

所以　$2q^2 + \dfrac{1}{9q^2} - \dfrac{2\sqrt{2}}{3} < p^2 < 2q^2 + \dfrac{1}{3q^2} + \dfrac{2\sqrt{2}}{3}$

当 $q=1$ 时，可得 $1 < p^2 < 4$，矛盾。

当 $q \geqslant 2$ 时，$p^2 > 2q^2 - \dfrac{2\sqrt{2}}{3} > 2q^2 - 1$，且 $p^2 < 2q^2 + \dfrac{1}{36} + \dfrac{2\sqrt{2}}{3} < 2q^2 + 1$，从而有 $p^2 = 2q^2$，矛盾。

至此，问题的证明就完成了。

变更命题的方法使我们绕过了正面的障碍，将数学的奥秘一个个揭穿。一个优秀的数学竞赛选手之所以优秀，就在于他能在"山穷水尽"之处"柳暗花明"，他那敏锐的观察力和丰富的联想能力，使他总能绕过险滩，跨过急流，铺设出一条妙趣横生的证明之路。

对数学学习而言，数学观察主要有以下几种方法：

（1）整体性观察法：整体性观察着眼于被观察对象的整体特征上。

【例 17】 试证：$\dfrac{1}{1+\sqrt{2}}+\dfrac{1}{\sqrt{2}+\sqrt{3}}+\cdots+\dfrac{1}{\sqrt{n-1}+\sqrt{n}}=\sqrt{n}-1$

观察 （ⅰ）这是个根式恒等式；（ⅱ）左边根号均在分母上，右边根号在分子上；（ⅲ）左边是 $n-1$ 个根式之和，右边是两个根式之差。

思考 要使左右两边相等，必然要从左边"开刀"，使之得到右边的结果。自然想到分母有理化。

证明 左边 $=(\sqrt{2}-1)+(\sqrt{3}-\sqrt{2})+\cdots+(\sqrt{n}-\sqrt{n-1})=\sqrt{n}-1$ $=$ 右边。

（2）特征性观察法：特征性观察就是要去抓住对象的特征。

【例 18】 设 $f(x)$ 为实函数（即 x 与 $f(x)$ 均为实数），且 $f(x)-2f\left(\dfrac{1}{x}\right)=x$，求 $f(x)$。

观察 对 $f(x)-2f\left(\dfrac{1}{x}\right)=x\cdots\cdots$ (1)

通过观察易见其特征为：$f(x)$ 与 $f\left(\dfrac{1}{x}\right)$ 的变元互为倒数。

思考 要求出 $f(x)$ 的表达式，必须从（1）式中得出，但仅（1）式的条件不足。还需根据观察结果：变元互为倒数，用 $\dfrac{1}{x}$ 代替 x，得

$$f\left(\frac{1}{x}\right)-2f(x)=\frac{1}{x}\cdots\cdots \qquad (2)$$

通过（1）、（2）式消去 $f\left(\dfrac{1}{x}\right)$，即可得 $f(x)$。

解 由式（1）、（2）式消去 $f\left(\dfrac{1}{x}\right)$，得

$$f(x)=\frac{1}{3}x-\frac{2}{3x}。$$

（3）归纳性观察法：归纳性观察，一般用于解答含有自然数 n 的一些数学问题。

【例 19】 试证只有一个质数 p，使 $p+10$，$p+14$ 仍是质数。

观察：$p=2$ 时，$p+10=12$，$p+14=16$，不是；

$p=3$ 时，$p+10=13$，$p+14=17$，是；

$p=5$ 时，$p+10=15$，$p+14=19$，不是；

$p=7$ 时，$p+10=17$，$p+14=21$，不是；

$p=11$ 时，$p+10=21$，$p+14=25$，不是；

$p=13$ 时，$p+10=23$，$p+14=27$，不是。

由此观察到 $p=3$ 是本题的解。这只是由观察得到的猜想。

证明　若 $p=3k+1$，$p+14=3k+15=3(k+5)$ 是合数；

若 $p=3k+2$，$p+10=3k+12=3(k+4)$ 是合数。

故仅 $p=3k$ $(k\in\mathbf{N})$ 时，才可能使 $p+14$、$p+10$ 均为质数，但 $p=3k$ 的质数仅有 $p=3$ 一个，所以 $p=3$ 是使 $p+10$ 与 $p+14$ 均为质数的那个质数。

（4）特例性观察法：在观察一些比较复杂的数学问题时，往往从特例入手进行观察，得出结论后推到一般性上去。这是一种行之有效的观察法。

【例 20】　在 $\triangle ABC$ 中，$AB=AC$（定长），过 A 任作一直线截 BC 于 P，交外接圆 O 于 Q（图 $7-3(1)$）。求证：$AP\cdot AQ$ 为定值。

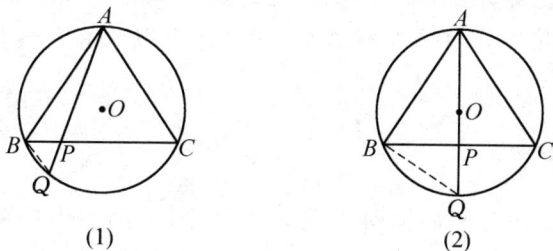

$$(1)\qquad\qquad\qquad(2)$$

图 $7-3$

观察　对 AQ 作特例观察，即把 AQ 放在特殊位置，即使 AQ 过 O 点（图 $7-1(2)$）。根据射影定理，得 $AP\cdot AQ=AB^2$。

证明　在图 $7-1(1)$ 中，连 BQ，在 $\triangle ABP$ 与 $\triangle AQB$ 中，

因为 $\angle ABP=\angle ACB=\angle AQB$，$\angle PAB=\angle BAQ$，

所以 $\triangle ABP\backsim\triangle AQB$。

故 $\dfrac{AB}{AQ}=\dfrac{AP}{AB}$，

即 $AB^2=AQ \cdot AP$。

3. 数学观察在数学学习中的作用

（1）有利于数学概念的建构。在数学概念建构学习中，要依赖于对事物的观察，并通过观察得到事物的本质特征，进而形成概念。

例如，学生在学习圆上的弦切角概念时，可通过弦的变化的观察，形成弦切角概念。

（2）有利于数学发现学习。数学发现学习是学生通过数学活动，亲自发现数学知识的一种学习形式。在发现学习过程中，重要的是从对事物的观察开始。例如，学生通过对一元二次方程的两个根的关系的观察而发现根与系数的关系。

（3）有利于获得解题方法、途径。数学学习中，很重要的一项内容是解题。解题途径的获得有赖于对题目条件（结论）的深入观察。如上面的一些例子，都说明通过观察而得到解题的途径与方法。

（4）有利于培养数学的观察力。学生学习数学不仅要学习数学知识，更重要的是培养能力。观察能力是数学的一种能力。学生通过观察解题，不仅掌握许多观察方法，而且还可以掌握观察技巧，从而提高观察能力。

二、实验

科学实验是人们根据科学研究的需要，借助于专门的仪器，人为地、有目的地、有控制地、模拟地排除非本质的干扰因素，突出主要因素，在最有利的条件下观察事物的现象，从而探索规律的一种方式。

数学实验就是人们根据数学研究的需要，人为地、有目的地、有控制地、模拟地创设一些有利于观察的数学对象，并对其实行观察和研究的一种方式。

数学实验可以把一些较为复杂的问题变得直观化和简单化，有利于问题的解决，这就是说，在数学学习中不可低估数学实验的作用。

（一）数学实验的特点

数学实验的特点如下：

1. 直观性

有些数学问题，如果仅仅凭借思考，往往比较抽象，很难得出结果，但如果进行一些具体的实验，则可把问题直观化、简单化，并且一目了然，使问题很快得到解决。

【例 21】　某轮渡公司在甲、乙两地开设航班，每天中午从甲地向乙地开出一艘轮船，同时，也从乙地向甲地开出一艘轮船，假设轮船在行驶中是匀速的，且往返一次均是七昼夜，问今天从甲地开往乙地的轮船，在航行过程中，将会遇到几艘本公司的轮船从对面开来？

实验　这个问题表面上看起来似乎很容易，但解答起来需要费一些周折，于是我们不妨设计如下的实验：

如图 7 - 4 所示，把航班画成时间—路程图，其中横坐标表示时间，纵坐标表示路程，点 O 代表今天中午时刻，OA 表示今天中午由甲地开出的航班路线，其余平行图线表示从乙地开往甲地的航班路线。

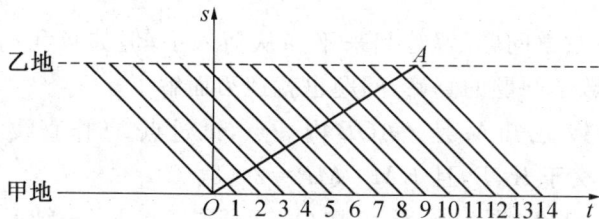

图 7 - 4

通过上述"实验"，观察发现：今天中午开出的航班，在起航之时，恰好遇上七天前从乙地开来的轮船，以后又逐一遇见前六天，前五天，……开来的轮船，从图中看出恰遇见十五艘从乙地开往甲地的轮船。

在本例中，我们不难看出：实验有助于把问题直观化。

2. 强化特征性

数学实验可以使一些数学问题的特征强化，即把数学问题放置在最特殊的位置上去观察，从而使隐蔽的性质充分得以暴露。

【例 22】 如图 7-5 所示，AB 是同心圆 O 的外圆的弦，且它切内圆于 P，已知 AB 的长为 a，求圆环面积。

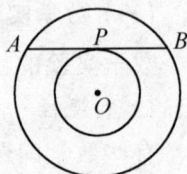

图 7-5

实验 本题初看起来弦 AB 的长度与圆环面积似乎没有必然的联系，于是我们把题设的条件作一下强化实验：

把内圆的半径强化到零，即把内圆退缩成点圆，则 AB 恰为外圆的直径，圆环即成外圆，求圆环面积即成为求外圆面积，得 $\pi \cdot \left(\dfrac{a}{2}\right)^2 = \dfrac{1}{4}\pi a^2$，可见，圆环的面积定是 $\dfrac{1}{4}\pi a^2$ 无疑。

事实上，这个问题可以解答如下：

$$S_{圆环} = S_{大圆} - S_{小圆} = \pi \cdot OA^2 - \pi \cdot OP^2$$

$$= \pi(OA^2 - OP^2) = \pi \cdot AP^2 = \pi \cdot \left(\frac{a}{2}\right)^2$$

$$= \frac{1}{4}\pi a^2.$$

3. 试探性

有不少数学问题，解答起来不知从何入手，但如果我们进行一些实验，发现数学问题的真谛，问题也就迎刃而解了。

【例 23】 已知 M 是 $\angle AOB$ 内一点，试过点 M 作直线，分别与射线 OA、OB 交于 K、P，且 $KM : MP = 2 : 3$。

实验 （1）如图 7-6 所示，在 OA 上任取一点 K_1，连结 K_1M，并且将其延长至 P_1，使 $K_1M : MP_1 = 2 : 3$。

（2）在 OA 上任取另一点 K_2，连结 K_2M，并且将其延长至 P_2，使 $K_2M : MP_2 = 2 : 3$。

（3）在 OA 上任取第三点 K_3，连结 K_3M，并且将其延长至 P_3，使 $K_3M : MP_3 = 2 : 3$。

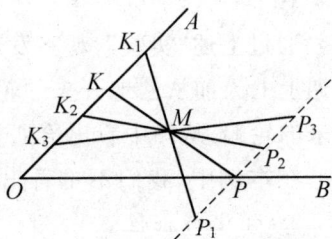

图 7-6

如此等等，通过实验，可知：

（1）$P_1, P_2, P_3, \cdots$ 在一条直线上；

（2）该直线平行于 OA，且与 OB 交于 P（图 7-6）。

由上述实验可知：连结 PM，并延长 PM 与 OA 交于 K，则 KP 为所求。

4. 检验性

数学实验不仅可以发现一些数学对象的性质与规律，还可以检验数学命题的真假。

【例 24】 任意三个连续整数之和能被 3 整除。

检验 （1）$3+4+5=12, 3|12$；

（2）$8+9+10=27, 3|27$；

（3）$13+14+15=42, 3|42$。

通过以上三次检验，说明命题为真，事实上，设任意三个整数为 n，$n+1, n+2$，则它们之和为 $n+(n+1)+(n+2)=3n+3=3(n+1)$，显然，$3|3(n+1)$。

（二）实验与数学学习的关系

实验与数学学习有着密切的关系，这主要是由于数学学习过程很多场合下需要数学实验作为它的一种手段。实验与数学学习的关系，我们可以从以下几方面来讨论：

1. 实验是学习过程的一种尝试活动

众所周知，许多复杂的数学问题的解决一般都不是立即想出来的，学生在解答许多数学问题的过程中，多是经过许多尝试活动，从多种尝试的活动中寻求解题的可能性和发现解题的突破口。

【例 25】 过圆上一点 D 作 DE 垂直直径 AB 于 EO，过 A、D 各作一切线交于 C，连结 CB，交 DE 于 F，则 $DF=FE$（图 7-7）。

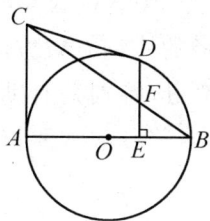 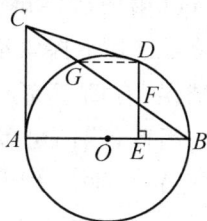 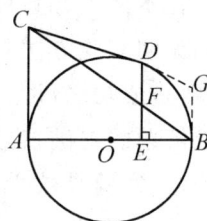

图 7-7　　　　图 7-8　　　　图 7-9

思考 1（尝试 1）　要证 $DF=FE$，首先想到的是去构造两个全等三角形，且其对应边恰为 DF 与 FE，于是只好过点 D 作 $DG \parallel AB$ 交 CB 于 G（图 $7-8$），但对 $\triangle GDF$ 与 $\triangle BEF$ 是否全等，条件不足，故添 DG 线的尝试以失败告终。

思考 2（尝试 2）　要证 $DF=FE$，把 DF、FE 置于两对相似三角形中（图 $7-9$）。由于 EF 在相似三角形 BAC 与 BEF 中，所以设法构造一对相似三角形，使 DF 置于其中，于是过 B 作圆的切线 BG 交 CD 的延长线于 G，则得 $\triangle CGB$ 与 $\triangle CDF$。

由于 $DE : BG = CD : CG$，得

$$DF = \frac{CD \cdot BG}{CG};\tag{1}$$

由于 $EF : AC = EB : AB$，得

$$EF = \frac{EB \cdot AC}{AB};\tag{2}$$

又由于 $AC = CD, BG = DG$，故有

$$DF = \frac{CD \cdot DG}{CG},\tag{$1'$}$$

$$EF = \frac{CD \cdot EB}{AB}。\tag{$2'$}$$

再由 $AC \parallel ED \parallel BG$，知 $\dfrac{DG}{CG} = \dfrac{EB}{AB}$，

故 $\dfrac{CD \cdot DG}{CG} = \dfrac{CD \cdot EB}{AB}$，

从而知 $DF = EF$。

在本例中，通过两次尝试（第一次尝试失败，第二次尝试成功）的实例说明实验方法是数学学习过程中探索证题途径的一种有效方法，"失败是成功之母"，通过"试误"有助于完成数学学习，特别是有助于寻求解题的突破口或途径。因此，我们可以说，数学学习常常要依赖于实验，实验是数学学习过程的一种尝试活动。

2. 数学实验活动是培养数学学习能力的一种途径

在数学学习中，不同数学能力的学生在进行尝试活动时，在性质

上有明显的区别。数学能力低的学生所作的尝试,正如苏联克鲁捷茨基著的《中小学生数学能力心理学》指出的那样,"总是以盲目而没有目标的运算及胡乱而无系统的求解企图为特点(更确切地说,他们想凭猜测碰巧地发现一种解法)"。

数学能力较高的学生所作的尝试"是服从于一个明确的纲要或有计划地、有组织地探究系统的特征的。有能力的学生的尝试总是有目的、有系统的,并且指向着证实他们所作出的假设。有能力的学生在作尝试时,常常意识到为什么要进行这一尝试,想达到什么目的,以及下一步怎么办。"

"尝试常常与其说是作为解题的直接企图,倒不如说是一种借助每次尝试中得出的辅助信息来彻底弄清题目的手段。"通过尝试可以看出题目的本质,通过尝试可以发现一些隐蔽的规律与性质。这是尝试的明显的作用。但是我们更应当看到,学生在学习中,通过不断的尝试逐渐提高自己的观察与实验能力。"实践出真知",学生在数学学习的各种尝试中增长才干是不言而喻的。在几何学习中,通过许多添加辅助线的尝试,使学生逐步体会到添加辅助线的目的,逐步了解添辅助线的一些规律,找到添加不同辅助线的关键与办法。例如,造全等三角形或用平移的办法来证明角或线段相等,用造弦切角来证明圆周角相等,等等。

三、通过观察和实验培养学生的发现能力

如何在教学中通过观察和实验培养学生的发现能力,笔者认为主要有以下几点:

(一)创设问题情境,引导学生探寻、发现问题

发现问题是学习的起点,要促使学生积极地探寻、发现问题,教师应创设问题情境,在学生熟悉的生活情境中,在充满趣味的故事情境中,在出现认知冲突的矛盾情境中,使学生乐于发现数学问题,这些问题既适合学生已有的知识能力,又需经一番努力才能解决,促使学生形成对未知事物进行探索的心向,激发起学生的疑惑与思索,激发起学生强烈的求知欲望,提高学习的目的性和自觉性,培养学生独立思

考的能力和积极探索的精神。

例如,在教学"圆的面积"一课时,教师采用多媒体动画演示:在一片大草地上,一只羊被长3米的绳子拴在木桩上,它最多可以吃多少平方米的草呢?动画把学生带入了隐含数学问题的生动有趣的情境中,学生经过思考探寻不难发现,这就是要求圆的面积。

（二）提出实验假设,引导学生大胆观察猜想

发现问题后,要鼓励学生根据自己的学习经验和观察,对问题提出各种可能性,进行假设。心理学表明:"直觉思维能以最快的速度去攻克未知,是一种高效的思维。"当学生心中产生无法解决的问题时,他们往往会凭借直觉思维去猜想问题的种种可能性,进行假设,学生的猜想可能会因为知识经验不够丰富,难以把握知识的本质,会出现猜错的现象,但这时不能打消学生的积极性,而应引导他们说出思路,也许会导出另外的也许是更好的发现。

（三）进行实验设计,引导学生自主创造

能否通过实验发现知识,实验设计是关键环节,同时也是促进学生自主探索的好时机。给学生充分的思考时间和设计的机会,教师不应苛求学生走自己所设计的思路,倡导学生独立思考,积极思维,自主创造。

（四）实验实施过程中,引导学生积极探究

1. **注重合作、共同探究**

（1）师生合作。传统的教学方式,过分强调教师的主体作用,教师与学生之间往往处于一种紧张甚至对立的状态,信息交流不畅,更谈不上自主探索。在实验探究中,师生应平等相待、互相信任、同心协力、共同探索。教师走下讲台,走到学生中间去,与学生合作,及时发现学生思维的火花,及时发现教学设计中的不足,适时调控。

（2）生生合作。实验实施的过程更是学生之间相互交流、相互鼓励、相互帮助共同克服困难的过程。合作小组之间既有分工又有合作,当遇到问题时,敢于提出自己的看法,善于倾听他人的意见,勇于接受他人的见解,在亲自体验知识产生的过程的同时培养学生的协调

数学方法论

能力、责任意识和合作精神。

2. 发现问题、深入探究

知识探索的过程是复杂的、渐进的过程，探索中往往会遇到各种各样的新问题和新矛盾，这时应抓住问题与矛盾，继续深入探究，不断地发现与完善，得到科学的结论。

（五）实验结果评价阶段，引导学生自主总结，验证假设

实验完成后，师生对实验中取得的数据、资料进行处理分析，仔细观察，进行分析、综合、推理等思维加工，得出比较科学的概念。教师不包办代替，充分放手让学生归纳总结，或师生交流，或小组讨论，在交流中互相补充、争论、修改，将学生个人的发现转化为全班学生的共同财富，将感性认识上升为理性认识，将结论不断地完整化、科学化。

总之，在实验中引导学生自主探索时，教师仅仅发挥指导者的作用，不能喧宾夺主，越俎代庖，而应充分调动学生的主动性，允许学生试误探索，帮助他们在自主探究的过程中理解掌握数学基本知识、基本技能和数学思想方法，让学生的生命潜能和创造精神得到充分释放。

数学中的推理有两种：论证推理和合情推理。论证推理又称演绎推理，是思维进程中从一般到特殊的推理。这种推理以形式逻辑或论证逻辑为依据，每一步推理都是可靠的、无可置辩的和终决的，因而可以用来肯定数学知识，建立严格的数学体系。数学上的证明是论证推理，呈现在我们面前的科学数学是一门以论证推理为特征的演绎科学。科学数学所呈现的东西已经是科学数学建造过程的尾声，是数学家创造性工作结出的果实，而在整理成这些定型的逻辑论证材料之前，有着更为漫长的探索发现过程，这就是合情推理。所以在数学探究中进行的推理主要是合情推理。

数学中的合情推理是多种多样的，其中归纳推理（不包括完全归纳）和类比推理是两种用途最广的特殊合情推理，而且它们都含有猜想成分。

第二节　猜　　想

　　数学一向被人们认为是一门严密的逻辑演绎科学。因此,传统的数学往往只注重演绎论证,但数学发现的普遍形式是提出假设,即不具有严密逻辑演绎的猜想。

　　著名数学家牛顿曾经说过:"没有大胆的猜想,就做不出伟大的发现。"猜想是一种高级的创造性思维形式。数学中的猜想一般以类比、分析、归纳、观察等方法为基础,对命题的结论做出假设或推测,从而发现解决问题的新思路。所以归纳、类比是数学发现的重要方法。

一、猜想的概念

　　猜想是在对研究的对象或问题进行观察、实验、分析、比较、联想、类比、归纳的基础上,依据已有的材料和知识做出的符合一定经验与事实的推测性想像的思维方式,它是一种合理推理或似真推理。猜想作为一种基本思维方式和方法,其重要性在数学研究中体现得尤为突出。G·波利亚(George Polya,1887—1985)说过:"在你证明一个数学定理之前,你必须猜到这个定理,在你搞清楚证明细节之前,你必须猜出证明的指导思想。"数学家的创造性工作成果是论证推理,即证明,但这个证明是通过合情推理,通过猜想而发现。"(G·波利亚著.李志尧等译.数学与猜想.第二卷.北京:科学出版社,1984:第177页)

　　数学猜想,是指依据某些已知事实和数学知识,对未知的量及其关系所作出的一种似真的推断。它既有一定的科学性,又有某种假定性。它的真伪性,一般说来,是难以一时解决的。它是数学研究一种常用的科学方法,又是数学发展的一种重要的思维方式。从每一个数学成果都有一个由"潜"到"显"的过程来看,数学猜想同数学问题、数学悖论一样,是一种数学潜形态。研究与阐述数学猜想的类型、特征以及提出与解决的主要思想方法,对把握数学的本质及其发展规律,有着重要的意义。

四色问题是数学猜想的著名例子。1976年,发生了一件震惊世界数学界的大事：三位美国数学家利用三台百万次的电子计算机证明了四色猜想：任何平面上的地图,总可以把它的每一个国家用四种颜色中的一种来染色,并且使得任意两个相邻国家的颜色都不相同。有趣的是,这个结论早在100多年前就知道了。当时一个名叫格色里的英国人发现,他碰到的所有地图,都可以只用四种颜色来染色。于是,他就根据经验归纳法作出了上面的"四色猜想"。由猜想导致数学发明的事实俯拾皆是,如哥德巴赫关于"任何一个大偶数都可表示成两个质数之和"的猜想,"所有等周长的平面图形中,以圆的面积为最大"的猜想等等。

数学通常被人们看作一门论证科学,似乎定理加证明就构成了它的全部内容,殊不知这仅仅是它的一个方面。其实,数学的创造过程与其他任何知识的创造过程一样。在证明一个定理之前,你先得猜想这个定理的内容;在你作出详细证明之前,你先得猜想证明的思路。简言之,一切数学定理及其证明都离不开猜想。如果没有猜想,数学家将寸步难行;如果没有猜想,如今矗立在我们面前的这座雄伟瑰丽的数学宫殿就不复存在。

二、数学猜想的类型

数学猜想从其所表述的内容看大体可以分为存在型、规律型和方法型等三种类型。

(一)存在型猜想

所谓存在型猜想,即指内容是讨论存在性问题的那些数学猜想。这一类型的数学猜想,按其内容又分为两种：

(1)只讨论存在与否。比如,"克拉莫猜想"：当 $x = P_n$, $y = P_n^{\frac{1}{2}} \log P_n$ 时,在区间$[x, x+y]$中必定有素数存在;"连续统假设"：在"可数"的势与"连续统"的势之间没有其他的势;"欧拉方阵猜想"：半偶数的方阵是不存在的等。

(2)既讨论存在与否,又指明其内容或量的关系。比如,"波文猜想"：方程 $1^n + 2^n + \cdots + m^n = (m+1)^n$，只有正整数解 $n=1$，$m=2$，其中不但肯定方程存在正整数解，而且指明了解就是 $n=1$，$m=2$。又比如"伯特兰猜想"：在 $\dfrac{n}{2}$ 与 $n-2(n>6)$ 之间至少有一个素数；"孪生素数猜想"：孪生素数有无穷多，其中不仅肯定存在，而且还指明了存在的数量。

（二）规律型猜想

所谓规律性猜想，即指内容是揭示规律性的那些数学猜想。这一类型的数学猜想按其内容又可分为三种：

（1）揭示性质。比如，"泰特猜想"：任何 3-连通的三次平面图都是哈密顿的；"凯特兰猜想"：除 $8=2^3$、$9=3^2$ 以外，没有两个连续整数都是正整数的乘幂等。

（2）揭示状态。比如，"彭加勒猜想"：在 n 维空间中的一点集，若是 $n-1$ 连通的紧致流形，则必定是 n 维球；"场站设置猜想"：在平面上 n 点连线总长度最短时，其连线间的结点角皆小于 $120°$ 等。

（3）揭示量的关系。比如，"比巴霸赫猜想"：若函数 $f(x)=x+\sum\limits_{n=2}^{\infty}a_n x^n (n$ 为复变数)在定义域单位圆内($|x|<1$)单值、连续，且当 $x=0$ 时，有 $f(0)=0$，$f'(0)=1$，则 $|a_n|\leqslant n$。"牛曼猜想"：任意 n 个连续整数 $m+1$，$m+2$，$\cdots$，$m+n$ 都可以重新排列成 $m+i_1$，$\cdots$，$m+i_n$，使 $(m+i_j,j)=1(j=1,2,\cdots,n)$，就分别揭示了系数与指数，整数 $m+i$ 与自然数 j 的关系。

（三）方法型猜想

所谓方法型猜想，即指内容是阐述解决问题的方法与途径的那些数学猜想。比如，20 世纪 30 年代，运筹学研究中提出了所谓场站设置问题：已知平面上有 n 个点，每个点都对应一个重量，今在平面上求一点 x，使之每个已知点的重量集中在 x 点上的吨千米数（这里假定重量单位为吨，距离单位为千米）为最小。60 年代，波兰数学家鲁卡雪维奇从解非线性方程组出发提出了一种计算简便的迭代法。他多次实际应用，发现这个方法都收敛，但一直未给出理论证明。

到了 70 年代中期,人们才最后获得了理论证明。可见,在未给出证明之前,这种被实际应用的方程实质上是一种"猜想"。还比如,在最优化研究中,出现了各种各样的算法,其中有些算法在相当长的时间内给不出理论上的证明。在没有给出理论证明之前的那些算法,实质上都是"猜想"。

三、数学猜想的特征

数学猜想是一种数学的潜形态,作为潜形态表现出与显形态不同的一些特征。

(一)真伪的待定性

前面已讲过,数学猜想具有两个显著的特点:一是具有一定的科学性,二是具有某种假定性。正是由于这两个特点,便决定了数学猜想是处于孕育阶段的尚待证实和公认的科学思想,也就是说,它必然表现出真伪的待定性,结果可能被肯定,也可能被否定,还可能是不可判定的。比如,1926 年,德国数学家范德瓦登提出猜想:设 A 是 $n \times n$ 矩阵,矩阵元为 a_{ij}($i=1, 2, \cdots, n, j=1, 2, \cdots, n$),则 A 的正项行列式(permanent)$Per(A)$ 定义为 $Per(A) = \sum\limits_{\delta \in S_n} a_1, \delta_{(1)},$ $a_2, \delta_{(2)}, \cdots, a_n, \delta_{(n)}$,其中,$S_n$ 表示 n 个符号的对称群。这一猜想,引起了不少数学家的兴趣,并对此进行了探讨与研究,但 50 多年没有取得突破性的进展,直到 1980 年,苏联数学家费里克曼和埃戈伊夫证明了其是正确的,从而肯定了这个猜想。这是被肯定的,还有被否定的。比如,前面讲到的"欧拉方阵猜想"与"泰特猜想"等,最后都被否定了。

数学猜想中,除了可能被肯定和否定的以外,还有不可判定的,比如"连续统假设"就属于这一类。事实上,1882 年,康托尔提出:在"可数"的势与"连续统"的势之间没有其他的势。1938 年,哥德尔证明了由 ZFC 公理系统推不出连续统假设的否定式。1963 年,柯恩又证明了 ZFC 公理系统推不出连续统假设。这两个结论即证明了连续统假设在 ZFC 公理系统中是不可判定的命题。这就是说,连续统假设在

ZFC 公理系统中,既无法判定是真,亦无法判定是假,只有通过开拓新领域来寻求解决的办法了。

(二) 思想的创新性

数学猜想作为一种数学潜形态,它常常是数学理论的萌芽和胚胎,因而必然具有创新性。创新是数学猜想的灵魂,没有创新就没有数学猜想。数学猜想的创新性首先表现在提出新的见解上面。比如,"欧氏第五公设可证"这一数学猜想,就提出了与《几何原本》不同的新观点。也正因为如此,引起了许多数学家的研究兴趣,进行了大量的试证工作。其次,数学猜想的创新性还表现在预见新的事实上面。比如,瑞士著名数学家伯努利对自然数平方的倒数这一无穷级数之和,长期想求但一直求不出来,深为其艰难而感叹。后来,欧拉对这一难题进行了深入研讨,他通过大胆而巧妙的类比,提出了"$\frac{\pi^2}{6}=1+\frac{1}{2^2}+\frac{1}{3^2}+\cdots$"这一数学思想。这一猜想即预见了一个新的事实,即自然数平方的倒数这一无穷级数之和等于$\frac{\pi^2}{6}$。后来,从理论上证明了这一预见是正确的。第三,数学猜想的创新性也表现在揭示新的规律上面。比如,尺规作图是几何学中一个极为重要的问题。在这一问题的探讨中,人们总是力图弄清在几何图形中哪些能够用尺规作出,哪些不能用尺规作出,即揭示和发现其中的规律性。正是为了适应这种需要,德国数学家高斯提出猜想:所有边数等于费尔马数 $F(n)=2^{2^n}+1$ 中素数的正多边形,均可用尺规作图作出来。这一猜想明确揭示了一些特殊正多边形是可用尺规作出的规律,从而将这一问题的探讨向前推进了一大步。事实上,后来高斯不仅亲自作出了一些符合上述猜想条件的正多边形(如正十七边形),而且还从理论上证明了这一猜想是正确的。

(三) 目标的具体性

一般说来,数学猜想中所给出的结论是明确的、具体的,诸如"有解"、"无解","可证"、"不可证","可作"、"不可作"等,但是,一般数学问题并非这样明确、具体,因此与一般数学问题相比,目标的具体性是数学猜想的一个明显特征。事实上,无论是哪种类型的数学猜想,都具有这种具体性。我们先来看存在型猜想。这种猜想有时是明确指出要解决的目标是具体的某种对象存在还是不存在。比如,"费尔马大定理"这一数学猜想,就明确指出要解决的具体目标是当 n 为大于 2 的整数时方程 $x^n + y^n = z^n$ 不存在正整数解。这类猜想也有时不仅具体指出这种存在性,而且还指出存在的具体内容或多少。比如,杰波夫猜想则在指出相邻平方数之间存在素数的同时又具体指出至少有两个。至于规律型猜想与方法型猜想,也是如此,它们所指明要达到的目标均为具体的规律、方法等。

【例 26】 在各边长度给定的一切四边形中,何时具有最大面积?

因为四边形的各边长度给定,于是面积大小随四边形顶角大小而变化。为了得出一般结论,不妨先取一特殊情况:设四边长相等,则四边形为菱形或正方形,显然当四边形为正方形时面积最大。能否由此推测各顶角均为直角时,四边形面积最大?如设四边长为 a, b, c, d,考虑到当 a, b 夹角为直角时,则斜边为定长,而斜边与其余各边 c, d 不一定恰能构成直角,所以四边形有最大面积时,各顶角不一定都是直角。因此我们可以猜想:四边形对角互补时面积最大。这个猜想可以证明如下:

如图 7 - 10 所示,四边形面积 $S = S_{\triangle ABC} + S_{\triangle ADC}$

$$= \frac{1}{2}(ab\sin\alpha + cd\sin\beta),$$

即 $ab\sin\alpha + cd\sin\beta = 2S$。　　　　　　（1）

又因为 $AC^2 = a^2 + b^2 - 2ab\cos\alpha$,

$AC^2 = c^2 + d^2 - 2cd\cos\beta$,

两式相减得:

$$ab\cos\alpha - cd\cos\beta = \frac{1}{2}(a^2 + b^2 - c^2 - d^2), \quad (2)$$

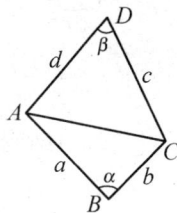

图 7 - 10

把(1)、(2)分别平方、相加,经整理可得:

$$S^2 = \frac{1}{4}[a^2b^2 + c^2d^2 - 2abcd\cos(\alpha + \beta)] - \frac{1}{16}(a^2 + b^2 - c^2 - d^2)^2。$$

此式仅当 $\cos(\alpha+\beta)$ 取最小值 -1，即 $\alpha+\beta=\pi$ 时，S 取最大值。

因此我们得到了定理：在各边长度给定的一切四边形中，当对角互补时面积最大。

四、得到数学猜想的方法

(一) 对称原理

"在数学题设条件里地位相同的未知量，可以想象它们在解答中的地位也相同。"（波里亚语）数据和条件里的对称性不仅仅被求解对象所反映，而且为求解过程所反映。

【例 27】 若 $0 < x_i < 1$ 且 $\sum\limits_{i=1}^{n} x_i = 1$，求 $\sum\limits_{i=1}^{n} x_i^2$ 的最小值。

思考与分析 因为 $\sum\limits_{i=1}^{n} x_i^2$ 是对称多项式，根据对称原理，我们可预测在题设条件下，当 $x_i = \dfrac{1}{n}(i = 1, 2, \cdots, n)$ 时，$\sum\limits_{i=1}^{n} x_i^2$ 取得最小值。下面验证这一猜想。

事实上，由柯西不等式知

$$\left(\sum_{i=1}^{n} 1 \cdot x_i\right)^2 \leqslant \sum_{i=1}^{n} 1^2 \cdot \sum_{i=1}^{n} x_i^2,$$

即 $1 \leqslant n \cdot \sum\limits_{i=1}^{n} x_i^2$，

所以 $\sum\limits_{i=1}^{n} x_i^2 \geqslant \dfrac{1}{n}$，

当 $x_i = \dfrac{1}{n}(i = 1, 2, \cdots, n)$ 时，$\sum\limits_{i=1}^{n} x_i^2$ 取得最小值 $\dfrac{1}{n}$。

(二) 归纳猜想

所谓归纳，作为数学思想方法，是指通过对特例的分析引出普遍的结论，主要是通过实验、观察、分析从而归纳出结论。有时得到的结论不一定是正确的，要求将归纳出的结论进行严格的证明，具体过程是：归纳（不完全）—猜想—完全归纳（数学归纳法证明）。

【例 28】 若 $a > 0$，$a^2 - 2ab + c^2 = 0$，$bc > a^2$，试确定 a，b，c 的大小。

思考与分析　对 a，b，c 的大小无法顺次枚举，可以随即地取值观察。

暂令 $a=1$

（1）取 $b=-1$，$a^2-2ab+c^2=3+c^2>0$，与题设矛盾。

（2）取 $b=-\dfrac{1}{2}$，$a^2-2ab+c^2=0$，得 $c=0$ 与 $bc>a^2$ 矛盾。

（3）取 $b=2$，$a^2-2ab+c^2=0$，得 $c=\pm\sqrt{3}$。$c=-\sqrt{3}$ 应舍去（否则，与 $bc>a^2$ 矛盾），而 $c=\sqrt{3}$ 满足题设条件。

由上述实验，得猜想：$b>c>a$。

下面证明：

由 $a>0$，$bc>a^2$ 得 b，c 同号，而 b，c 不可能同为负的（否则与 $a>0$，$a^2-2ab+c^2=0$ 矛盾），可见 $b>0$，$c>0$

下面证明 $b>c>a$ 就不难了。

由 $a^2-2ab+c^2=0$ 得 $(a-b)^2=b^2-c^2$，

所以 $b^2-c^2\geqslant0$，所以 $b\geqslant c$。

若 $b=c$，则 $a=b=c$，与 $bc>a^2$ 矛盾，故得 $b>c$。

再由 $bc>a^2$ 得 $b>a$，

余下的工作是证明 $c>a$。事实上，

$c^2=2ab-a^2=a(2b-a)$，

因为 $2b-a>a$，得 $c^2>a^2$，所以 $c>a$。

【例 29】　证明：具有下列形式的数

$$N=\underbrace{44\cdots4}_{n}\underbrace{88\cdots8}_{n-1}9$$

是完全平方数。

思考与分析　这类题初看起来无从下手，但利用不完全归纳法对 $n=1,2,3\cdots$ 具体数字试试：

当 $n=1$ 时，$N=49=7^2$；

当 $n=2$ 时，$N=4489=67^2$；

当 $n=3$ 时，$N=444889=667^2$；

当 $n=4$ 时，$N=44448889=6667^2$；

由此作如下猜想：

$$\underbrace{44\cdots4}_{n}\underbrace{88\cdots89}_{n-1} = (\underbrace{66\cdots6}_{n}+1)^2。$$

证明 $\underbrace{44\cdots4}_{n}\underbrace{88\cdots89}_{n-1} = (\underbrace{AA\cdots A}_{n}+1)^2, A \in \{1, 2, \cdots, 9\}$

即 $4 \times \underbrace{11\cdots1}_{n} \times 10^n + 8 \times \underbrace{11\cdots1}_{n} + 1 = (A \times \underbrace{11\cdots1}_{n}+1)^2,$ (1)

令 $\underbrace{11\cdots1}_{n} = B,$

则 $10^n = 9 \times \underbrace{11\cdots1}_{n} + 1 = 9B + 1,$代入(1)中

$4B(9B+1)+8B+1=(BA+1)^2,$

$BA^2 + 2A - (36B+12) = 0,$

$(A-6)(BA+6B+2) = 0,$

$A = 6$(负根舍去)，

所以 $\underbrace{44\cdots4}_{n}\underbrace{88\cdots89}_{n-1} = (\underbrace{66\cdots6}_{n}+1)^2$

所以 N 必为完全平方数。

【例 30】 已知函数 $f(x) = \dfrac{x}{\sqrt{1+x^2}}$，求 $f\{f[\cdots f(x)]\}$。

解 先进行具体的计算：

由 $f(x) = \dfrac{x}{\sqrt{1+x^2}}$，得

$$f[f(x)] = \frac{f(x)}{\sqrt{1+f^2(x)}} = \frac{\dfrac{x}{\sqrt{1+x^2}}}{\sqrt{1+\left(\dfrac{x}{\sqrt{1+x^2}}\right)^2}}$$

$$= \frac{\dfrac{x}{\sqrt{1+x^2}}}{\sqrt{\dfrac{1+2x^2}{1+x^2}}} = \frac{x}{\sqrt{1+2x^2}},$$

同理可得　$f\{f[f(x)]\}=\dfrac{x}{\sqrt{1+3x^2}}$,

……

于是归纳猜想出 $f\{f[\cdots f(x)]\}=\dfrac{x}{\sqrt{1+nx^2}}$。

归纳猜想是从特殊到一般的思维方法。G·波利亚说过:"科学家处理经验的方法,通常称为归纳法"。在数学学习中,归纳猜想不仅是数学发现的重要方法,也是数学解题的一个重要途径。

【例31】　平面上 n 条直线,每两条直线都相交,每三条直线都不共点,这 n 条直线把平面分成多少部分?

分析　1 条直线分平面为 2 部分;第二条直线被第一条直线分成 2 段,增加了 2 部分,则 2 条直线分平面为 4 部分;第三条直线被前两条直线分成 3 段,增加了 3 部分,则 3 条直线分平面为 7 部分,……,即 $2+2+3+\cdots$

猜想　已知 k 条直线,再加一条,它就被 k 条直线分成 k 段,增加了 k 部分,所以 n 条直线分平面为 $2+2+3+\cdots+n=\dfrac{n^2+n+2}{2}$ 部分。

(证明略)

类似地提出问题:平面上有 n 个圆,每两个圆都相交于两点,每三个圆都不相交于一点,这 n 个圆把平面分成多少部分?

猜想　已知 k 个圆,再加一个圆,被前 k 个圆分成 $k+1$ 段弧,增加了 $2k$ 部分,所以 n 个圆分平面为 $2+2(2-1)+2(3-1)+\cdots+2(n-1)=n^2-n+2$ 部分,记 $f(n)=n^2-n+2$。

下面用数学归纳法给予严格的证明。

(1) 当 $n=1$ 时,$f(1)=2$,结论正确。

(2) 设 $n=k$ 时,k 个圆把平面分成 $f(k)=k^2-k+2$ 个部分。

(3) 当 $n=k+1$ 时,在 k 个圆把平面分成 k^2-k+2 个部分的情况下,又增加了一个圆,它理应与前 k 个圆都相交,则相交多出了 $2k$ 个部分。因此,$f(k+1)=k^2-k+2+2k=(k+1)^2-(k+1)+2$。

所以,当 $n=k+1$ 时,结论也成立。这就证明了当 $n\in\mathbf{N}$ 时,结论也正确,即平面上两两相交且任三个不共点的 n 个圆把平面分成 $f(n)=n^2-n+2$ 个部分。

数学归纳法是应用范围很广的论证方法,其基本形式是为了证明与参数 n 有关的命题对一切自然数成立,首先严格归纳基础,其次提出归纳假设,最后完成归纳过渡,从而得出一切自然数成立。

五、解决数学猜想的途径

提出数学猜想的目的在于解决它。我们知道,数学猜想是科学性与假定性的统一体,既然数学猜想本身具有科学性和假定性,那么究其结果,既可能被肯定,也可能被否定,还可能是不可判定的。那么,如何从理论上进行判定呢?归纳起来,有以下一些途径。

(一) 举反例否定猜想

对于某数学猜想,如果能举出一个反例,那么这个数学猜想便被否定了。比如,19 世纪末,泰特提出了关于"任何 3 -连通的三次平面图是哈密顿的"断言,这就是著名的泰特猜想。这个猜想的大意是,如果把由点和线组成的图形画在平面上,且线与线之间除了有公共的端点外没有任何交点,这样的图在图论中叫做"平面图"。如果把图中的每个点视作一个城市,那么联袂两个点的线便可看作是交通线。1859 年哈密顿提出了相当于下面这样一个问题:能不能找到一条旅行路线,从一个城市出发,沿着交通线经过每一个城市恰好一次,再回到原来的出发地?如果能找到这样一条旅行路线,我们就称这样的图为一个哈密顿图。并不是每个平面图都是哈密顿图,但许多具有 3 -连通的三次平面图是哈密顿的。这是不是一个普遍规律呢?1946 年托特给出了一个 46 个点的具有上述性质的平面图的反映,从而证明了泰特的猜想是不对的。

(二) 逐次逼近猜想

数学猜想中有不少是世界著名难题。对于这些世界难题,人们常常设法先证明它的一种减弱的命题,然后一步一步地向它逐次趋近,数学发展史上有许多这样的事例。比如,前面提到的哥德巴赫猜想,

自 1742 年被提出后,许多数学家陆续作出了越来越靠近最后解决(假定以偶数＝(1＋1)来表示)的成果:

　　1924 年,拉德马哈尔证明了:偶数＝(7＋7);

　　1932 年,爱斯斯尔曼证明了:偶数＝(6＋6);

　　1938 年,布赫斯塔勃证明了:偶数＝(5＋5);

　　1940 年,布赫斯塔勃证明了:偶数＝(4＋4);

　　1950 年,维诺格拉多夫证明了:偶数＝(3＋3);

　　1958 年,王元证明了:偶数＝(2＋3);

　　1962 年,潘承洞证明了:偶数＝(1＋4);

　　1962 年,王元和潘承洞证明了:偶数＝(1＋4);

　　1965 年,布赫斯塔勃证明了:偶数＝(1＋3);

　　1973 年,陈景润证明了:偶数＝(1＋2);

　　1859 年,德国数学家黎曼一连提出了六个猜想,而其中第一、三、四个猜想已于 1892 年由法国数学家阿达玛证明;第二、六个猜想已于 1894 年由曼高尔特解决。后来只剩下第五个猜想,即函数 $\xi(s) = \dfrac{1}{1^s} + \dfrac{1}{2^s} + \dfrac{1}{3^s} + \cdots$ (其中,$s = \delta + ti$ 为复数)的零点全部落在复平面的一条直线 $\delta = \dfrac{1}{2}$ 上。100 多年来,许多数学家就其减弱的命题进行了试证,并取得了一系列重要成果,逐步向最后结果靠近,但至今尚未解决。

　　采取逐次逼近的方法证明数学猜想也并不都是由特殊的命题一步一步地、机械地进行,有时是"一般"与"特殊"交错进行。比如,证明"彭加勒猜想"(在 n 维空间中的一个点集,若是 $n-1$ 连通的紧致流形,则必定是 n 维球)的情形就是如此。关于这个猜想,当 $n=1,n=2$ 时,人们早已知道其结果是正确的,1960 年,美国数学家斯梅尔又证明了当 $n \geqslant 5$ 的一般情形也是对的。但是 $n=3$,$n=4$ 的特殊情形,却长期得不到解决。一直到 1981 年,美国数学家弗里德曼才证明了当 $n=4$ 时,彭加勒猜想也是对的。又过了 5 年,即 1986 年,葡萄牙数学家莱戈和英国数学家罗克最后证明了当 $n=3$ 时彭加勒猜想也是成立的。这样,自 1904 年彭加勒提出这一猜想,到 1986 年最后解决这一猜想,共经历了 82 年的时间,人们是通过"特殊——一般—特殊"的曲折途径获得成功的。

(三)命题转化证明猜想

有些数学猜想,用直接证明的方法长期得不到进展,怎么办呢?人们往往选取命题转化的途径。其具体做法有两个:第一是转化为等价命题,即要想证明某个数学猜想,先提出与其等价的命题,然后证明这个等价命题,从而原数学猜想得证。

运用命题转化来证明数学猜想的第二个具体做法是,要证明某个数学猜想,先证明另一个数学猜想成立,然后由这个数学猜想推论出原数学猜想成立。

六、研究数学猜想的意义

事实表明,数学猜想是解决数学理论自身矛盾和疑难问题的一个有效途径,研讨它,对数学理论的发展有着极其重要的意义。

数学猜想对数学发展的巨大推动作用,不仅由于猜想得到的结论可以作为进一步研究的基础和出发点,而且还在于一个好的猜想往往证明非常困难,因而迫使数学家在探索其证明的过程中创造出新的方法。费尔马是一个业余数学家,他有这样一种习惯:把读书心得,以及发现的定理或证明,随便地写在书页的边上。他在《算术学》这本书的页边写道:"任何整数的立方,不能分成两个整数的四次方之和;或者一般地,任何整数的 n 次方,除平方外,都不能分成两个整数的 n 次方之和。我想出了一个绝妙的证明方法,但是,这页边太窄,不容我将证明写出来。"也就是说,费尔马猜想方程 $x^n + y^n = z^n$,当 $n > 2$ 时,永远没有整数解。这个结论,从经验上看似乎不难证明。可是,当费尔马的儿子将这个结论发表之后,世界各国最著名的数学家都想重新给出它的证明方法,但是都没有成功。费尔马猜想成了数学史上一个非常著名的难题。后来,人们干脆称之为"费尔马大定理"。为了征得这个难题的解答,德国科学院和法国科学院不惜重金悬赏,但结果只是每年都收到大量错误证明的稿件(其中还有一些著名数学家的稿件)。在科学研究上的失败,绝不会是徒劳的。正是由于众多数学家前仆后继、不畏劳苦地寻求费尔马猜想的证明，其中一些数学家在"数论"方面创造了一系列新的理论和新的数学方法，从而大大推动了数学的发展。费尔马猜想可称得上是一只产金蛋的老母鸡。当年大数学家希尔伯特称他已证明了费尔马大定理，然而他不肯发表，因为他舍不得杀掉这只产金蛋的老母鸡。这恐怕是人们编造出来的一则故事，但确实能生动地说明数学猜想的作用。素以严谨著称的数学，怎么会离不开猜想这种不严格的思维形式呢？对这个问题的认识得有点辩证法。对待数学和对待其他科学一样，不仅要会严格，而且要善于不严格。科学就是"严格"与"不严格"的对立统一。过于严格只能循规蹈矩地前进，而善于"不严格"却往往能得到出奇制胜的成功。当初，牛顿、莱布尼茨创立微积分时，也是很不严格的，含有相当的猜想成分。在以后大约两个世纪的漫长岁月中，经过波尔察诺、魏尔斯脱拉斯、柯西等人的巨大努力才奠定了理论基础。至今，数学理论中还有许多不严格的地方，还有许多基本的问题尚未找到令人满意的答案。试问，如果不允许不严格的猜想存在，数学到底能走多远？！科学家福克说："伟大的以及不仅伟大的发现，都不是按逻辑的法则发现的，而都是由猜想得来；换句话说，大都是凭创造的直觉得来的。"

（一）丰富数学理论

在数学研究中，数学猜想起着"中介"和"桥梁"作用，它的研究与解决必然丰富数学理论，促进数学的发展。我们可以分三种情况加以分析。

第一，若某个数学猜想最后被证明是正确的，那么它就转化为数学留念，从而丰富了数学内容。一般说来，数学猜想被肯定之后，即成为数学定理。这是数学猜想"中介"、"桥梁"作用的最主要表现。比如，"四色猜想"，在它于 1840 年被提出后一直到 1976 年获得证明以前的 136 年间，始终以"猜想"形式存在着，但从获证那天起就转化为"四色定理"，即成为科学的数学理论了。

第二，即使某个数学猜想未获得最后解决，但在研讨的过程中，却往往创造出一些意想不到的理论成果。比如，自 1859 年提出"黎曼猜想"后，经过 100 多年，直到今日仍未最后解决。但是，人们却在探讨这一猜想的过程中,尤其在假定某猜想是正确的基础上,获得了一系列新的重要结论。1901 年,冯·柯赫在假定黎曼猜想成立的前提下,证明了最理想的素数定理的误差项,即证明了 $\pi(x) - \mathrm{li}x = o(\sqrt{x}\ln x)$,其中 $\pi(x)$ 表示不超过 x 的素数个数,$\mathrm{li}x = \lim\limits_{h\to 0}(\int_0^{1-h} + \int_{1-h}^x)\dfrac{\mathrm{d}t}{\ln t}$。

特别应当指出的是,本来有些结论是在黎曼猜想成立的前提下得到的,但后来为了使证明严格化,却绕过这一猜想得到了最后确定。也就是说,黎曼猜想有着发现新理论的功能。事实上,1965 年,数学家朋比利在研讨哥德巴赫猜想过程中,采用"大筛法"证得了:偶数=(1+3),从而取得了当时这项研究的最好成果。但是,在假定黎曼猜想成立的前提下,这一结果是容易得到的。朋比利的出色之处正是在于,他绕开黎曼猜想而证得了这一结果,与当时许多数学家在假定黎曼猜想成立条件下得到不少结论,但却未获证明相比,朋比利的成就就显得特别突出,因而得到了数学界的高度评价,并荣获了"费尔兹奖"。

上面讨论的是,假定数学猜想成立的前提下,获得一些重要结果,其中有的绕开此猜想而获证,也有的等待此猜想最后确证后方能取得突破。下面我们再来分析另外一种情况,即某数学猜想未最后解决,但在寻解过程中,却直接得到一些重要成果。就拿"费尔马大定理"来说,为了证明它,300 多年来,许多大数学家欧拉、高斯、狄利克雷、柯西、库默等,都付出过辛勤的劳动,但至今仍未得到最后解决。虽然如此,人们却在试证的过程中,得到一些新的成果,像库默创立的"理想数论",不仅为建立代数数论这一重要数学分支奠定了基础,而且还成为其他许多数学分支的有效工具。

第三,虽然某个数学猜想被否定了,但在否定的过程中,却有时发现一些其他方面的数学理论。"欧氏第五公设可证"这一猜想最后被否定了。但是,它的否命题:"欧氏第五公设不可证"却被证明是正确的。特别应当指出的是,在这一证明获得成功的同时,奇妙地发现并建立了一种崭新的几何理论——非欧几何学,为几何学的发展作出了划时代的贡献。

（二）促进数学方法论的研究

研讨数学猜想的重要意义，不仅表现在它可以丰富数学理论，推动数学科学的发展，而且还表现在它能够促进数学方法论的研究。

1. 数学猜想作为一种研究方法，它本身就是数学方法论的研究对象

我们本章讨论了数学猜想的提出方法与判定途径等，这些内容，实际上均属于数学方法规律性问题的探讨。也就是说，这里所概括出来的类型、特征、方法、途径等，对总结一般科学方法论尤其是对创造性思维方法的研究具有特殊的价值。像提出数学猜想的变换条件法与逐级猜想法，判定数学猜想真伪性的逐次逼近与命题转化等，对其他科学方法的研究，都有直接参考作用。

2. 研究数学猜想的过程中，又创造许多新方法，从而丰富了数学方法论的研究对象

比如，在探讨哥德巴赫猜想的过程中，1930 年，史尼尔曼创造了"密率法"；1973 年，陈景润改进了古老的"筛选法"。又如，人们为了解决"连续统假设"这一数学猜想，相继创造了"可构成性方法"与"力迫法"。再如，在证明"四色猜想"的过程中，创造了具有深远意义的机器证明方法等等。

3. 数学猜想作为数学发展的一种重要思维形式，它又是科学假说在数学中的具体表现，并深刻反映了数学发展的相对独立性与数学理论的相互导出的合理性

恩格斯指出："数学是从人们需要中产生的，……但是，正如同在其他一切思维领域中一样，从现实世界抽象出来的规律，在一定的发展阶段上就和现实世界脱离，并且作为某种独立的东西，作为世界必须适应的外来的规律而与现实世界相对立。"又说："数学上各种数量的明显的相互导出，也并不证明它们的先验的来源，而只是证明它们的合理的相互关系。"数学猜想是恩格斯上述论述的生动体现。事实上，从前面我们考察与分析的大量事例中不难看出，数学猜想确是在数学发展到积累了大量资料，需要进行理论整理，探索其理论内部的矛盾规律这一阶段上产生出来的，因而大都表现为命题的逻辑判断形式,并动用思维规律来判定其真伪性。也正是因为数学发展具有相对独立性,数学理论的相互导出具有合理性,所以数学家从数学理论自身的体系中提出一些数学猜想,才有其科学的预见性,可以吸引许许多多数学工作者,而且往往在相当长的时间内还可以促进数学发展的中心课题,甚至代表着数学研究的方向。

第三节　归　纳　法

通过观察和实验等途径,可以获得大量的各种经验材料,这些都是数学发现的基础,然而,还需要对经验材料进行逻辑组织,归纳法正是经验材料的数学组织化方法。

一、归纳法的含义和种类

归纳是指通过对特例的分析去引出普通的结论。因此,归纳法是由个别的、特殊的事例推出同一类事物的一般结论的方法。简而言之,归纳法是由特殊到一般的推理方法。归纳法按照研究的对象是否完全,可以分为完全归纳法与不完全归纳法。

(一) 完全归纳法

完全归纳法是根据某类事物中的每一事物都具有某种性质而作出该类事物都具有这种性质的一般性结论的归纳推理方法。完全归纳法分为穷举归纳法和类分法两种形式。

穷举归纳法的推理形式如下:

x_1 具有性质 F,

x_2 具有性质 F,

······

x_n 具有性质 F,

$(\{x_1, x_2, \cdots, x_n\} = A)$

推论:A 类事物具有性质 F。

类分法的推理形式如下:

A_1 具有性质 F,

A_2 具有性质 F,

……

A_n 具有性质 F,

$(A_1 \cup A_2 \cup A_3 \cdots \cup A_n = A)$

────────────────

推论：A 类事物具有性质 F。

区别：前者对某类事物的每一个对象作逐一考察,后者将某类事物(可含无穷多个对象)划分或几个子类逐一研究。

完全归纳法是一种严格的推理方法,所得的结论是可靠的,在数学中可以用来进行证明。

(二) 不完全归纳法

不完全归纳法是根据考察的一类事物的部分对象具有某种性质,作出该类事物都具有这种性质的一般性结论的归纳推理方法。

不完全归纳法的推理形式如下:

x_1 具有性质 F,

x_2 具有性质 F,

……

x_n 具有性质 F,

$(\{x_1, x_2, \cdots, x_n\} \subset A)$

────────────────

推论：A 类事物具有性质 F。

由于不完全归纳法仅仅通过对一类事物的部分对象的考察,就作出该类事物具有一般性结论的判断,结论不一定可靠,只是一种合情推理,其结论正确与否,还需要理论的证明和实践的检验。

不完全归纳法是提出归纳法的一种常用方法。例如,哥德巴赫猜想就是用这种方法提出来的。哥德巴赫首先发现对于较小的自然数,把一偶数拆成若干组两个奇数之和,其中至少有一组是两个奇素数,把一奇数拆成若干组三个奇数之和时,其中至少有一组均为奇素数。然后,他根据这些最初的有限验算,大胆提出了猜想:所有每个大于 4 的偶数都可以表示为两个奇素数之和。

又如,1664 年,法国数学家费尔马研究了形如 $F(n)=2^{2^n}+1$ 的数($n \geqslant 0$ 的整数),并具体计算出以下五个数:

$F(0)=2^{2^0}+1=2+1=3$,

$F(1)=2^{2^1}+1=2^2+1=5$,

$F(2)=2^{2^2}+1=2^4+1=17$,

$F(3)=2^{2^3}+1=2^8+1=257$,

$F(4)=2^{2^4}+1=2^{16}+1=65537$。

由于上述这五个数都是素数,费尔马用不完全归纳法提出以下猜想:任何形如 $2^{2^n}+1$($n \in \mathbf{N}$)的数(通常称为费马数,记作 F_n)都是素数,这就是著名的费尔马猜想。但半个世纪后,善于计算的欧拉发现,第五个费马数 $F_5=2^{2^5}+1=4294967297=641 \times 6700417$ 并非素数。

利用不完全归纳法提出数学猜想不仅表现在通过一些个别计算结果作出一般判断,而且还表现在通过一些特殊推理作出普遍结论。

例如,我国数学家柯召和孙琦研究了方程

$$x^n+(x+1)^n+\cdots+(x+h)^n=(x+h+1)^n, \tag{1}$$

并具体地证明了在 $1 \leqslant n \leqslant 33$ 时,只有正整数解:

$$\left. \begin{array}{l} \text{i）当 } n=1, h=1 \text{ 时},x=1, \\ \text{ii）当 } n=2, h=1 \text{ 时},x=3, \\ \text{iii）当 } n=3, h=2 \text{ 时},x=3。 \end{array} \right\} \tag{2}$$

同时还证明了方程(1),当 n 为素数时,除具有 i）和 iii）两个正整数解以外,无其他正整数解。根据上述推理,柯召和孙琦猜想:方程(1)除解(2)以外,无其他正整数解。现已证明,当 $1 \leqslant n \leqslant 400$ 时,此猜想成立。对于 $n>400$ 的情形,至今尚未见到证明。

【例 32】 设 $f(n)=n(n^2+2)$($n \in \mathbf{N}$),求证:$f(n)$ 能被 3 整除。

分析 自然数有无穷多个,不能一一列举。根据被 3 除的余数($3m, 3m-1, 3m-2$)来分类讨论。

证明 (1) 当 $n=3m$ 时,$f(n)=3m[(3m)^2+2]$;

(2) 当 $n=3m-1$ 时,$f(n)=(3m-1)[(3m-1)^2+2]$

$$=(3m-1)(9m^2-6m+3);$$

(3) 当 $n=3m-2$ 时,$f(n)=(3m-2)[(3m-2)^2+2]$。

（三）经验归纳法

【例 33】 （四方定理的发现）数论中有所谓的四方定理。

对 $\forall n \in \mathbf{N}$，方程 $x^2 + y^2 + z^2 + w^2 = n$ 都有非负整数解。

该定理的发现应归功于巴切（Bachet），是他首先建立了猜想，其猜想的过程正是四方定理被发现的过程。

人们发现有许多直角三角形的边长全是自然数，如 3,4,5;5,12,13;8,15,17;20,21,29 等：

$$25 = 5^2 = 3^2 + 4^2, 100 = 10^2 = 6^2 + 8^2$$

这些式子说明一些平方数可以表示为两个平方数的和，也有些非平方数的自然数可以表示为两个平方数之和，如：

$$2 = 1^2 + 1^2, 5 = 2^2 + 1^2, 8 = 2^2 + 2^2$$

有些自然数可以表示为一个或三个平方数之和，如：

$$1 = 1^2, 3 = 1^2 + 1^2 + 1^2$$

于是巴切提出一个问题，即要用多少个平方数的和即可表示所有的自然数。巴切利用不完全归纳法寻找答案，经过简单的实验和观察，可有

$$1 = 1^2, 2 = 1^2 + 1^2, 3 = 1^2 + 1^2 + 1^2, 4 = 2^2, 5 = 2^2 + 1^2, 6 = 2^2 + 1^2 + 1^2 \cdots$$

他发现一个自然数要么本身就是平方数，要么可表示为两个或三个或四个平方数的和，于是猜想：任何自然数都可以用不多于四个平方数的和表示。

经验归纳法的可靠性比较弱，但同时又是一种创造性比较强的方法，它在数学发现和数学创造活动中具有十分重要的作用。

从具体问题或具体素材出发──→实验和观察──→经验归纳──→推广──→形式普通命题──→证明。

1. 经验归纳法的分类

经验归纳法一般可分为枚举法和因果归纳法。

（1）枚举归纳法：以某个对象的多次重复为其判断依据，它的推

理基础是对个别对象的实验和观察。费马猜想、四方定理的提出均运用了枚举归纳法。

【例 34】 （角谷猜想）任取一个大于 2 的自然数反复进行下述两种运算：

（1）若是奇数，就将该数乘以 3 再加上 1；

（2）若是偶数，则将该数除以 2。

对 3 反复进行这样的运算：

$3 \to 10 \to 5 \to 16 \to 8 \to 4 \to 2 \to 1$。

对 4，5，6 进行类似运算，其结果也是 1；

对 7 反复进行这样的运算：

$7 \to 22 \to 11 \to 34 \to 17 \to 52 \to 26 \to 13 \to 40 \to 20 \to 10 \to 5 \to 16 \to 8 \to 4 \to 2 \to 1$

运用枚举归纳法，建立了这样一个猜想：

从任意一个大于 2 的自然数出发，反复进行（1）、（2）两种运算，最后必定得到 1。

这个猜想后来被多次检验，发现对 7000 亿以下的数都是正确的，但是否对大于 2 的一切自然数都是正确，至今还不得而知。

（2）因果归纳法：把一类事物中部分对象的因果关系作为判断的前提，而作出一般性猜想的推理方法。它与枚举归纳法的不同之处在于，因果归纳法不仅仅通过对几个特殊对象的实验和观察，而且对结论发生的原因作一定的科学判断分析，即注重因果关系的分析，并以此作为进一步推理的依据。它相对枚举归纳法来说，可靠性已大大增加。

【例 35】 猜想等比数列的通项公式。

有等比数列 a_1，a_2，a_3……其中各项之间有如下关系：

$$a_2 = a_1 q, \quad a_3 = a_2 q = a_1 q^2 \cdots$$

通过猜想得等比数列的通项公式为

$$a_n = a_1 q^{n-1}。$$

2. 经验归纳法的应用

经验归纳法是数学发现和数学创造的重要方法，它在应用中发挥的作用有：① 数学研究中用经验归纳法发现问题的结论；② 用经验归纳法发现解决问题的途径。一般说来，用经验归纳法猜测问题的结论有两种形式：① 由特殊事物直接猜测问题的结论；② 根据规律先猜测一个递推关系，然后凭借递推关系去发现结论。

【例36】 求 $\sqrt{\underbrace{11\cdots1}_{2n}-\underbrace{22\cdots2}_{2}}$ 的值。

当 $n=1$ 时，$\sqrt{11-2}=\sqrt{9}=3$；

当 $n=2$ 时，$\sqrt{1111-22}=\sqrt{1089}=33$；

当 $n=3$ 时，$\sqrt{111111-222}=\sqrt{110889}=333$；

…………

于是归纳出猜想：$\sqrt{\underbrace{11\cdots1}_{2n}-\underbrace{22\cdots2}_{n}}=\underbrace{33\cdots3}_{n}$。

【例37】 试问平面上 n 条彼此相交且无三者共点的直线能把平面分割成多少部分？

设 $f(n)$ 为 n 条直线把一平面分成的块数。

显然 $f(1)=2$，因为一条直线把平面分成两块。

$f(2)=4$，可以这样解释：当平面内在直线 l_1 的基础上多添一条直线 l_2 时，由于 l_1 与 l_2 有一个交点，这个交点把 l_2 分成 2 段，每一段都是把所在的平面一分为二，所以增加了 2 块，$f(2)=f(1)+2$。

类似地，$f(3)=7$，$f(3)=f(2)+3$，

……

$$f(n)=f(n-1)+n$$

$$f(n)=2+2+3+4+\cdots+(n-1)+n=1+\frac{n(n+1)}{2}=\frac{n^2+n+2}{2}$$

【例38】 凸多面体的欧拉（Euler）定理的发现道路。

凸多面体的欧拉（Euler）定理：任意一个凸多面体 P 的 Euler 示性数都是 2，即 $X(P)=F+V-E=2$，其中 F、V 和 E 分别表示凸多面体的面、顶点和棱的数目。人们猜想当时欧拉发现这个定理的过程是这样的：

首先观察了一些特殊的多面体，并列成下表：

多面体	面(F)	顶点(V)	棱(E)
立方体	6	8	12
三棱柱	5	6	9
五棱柱	7	10	15
三棱锥	4	4	6
四棱锥	5	5	8
五棱锥	6	6	10
八面体	8	6	12
屋顶体	9	9	16
截角立方体	7	10	15

当考察这些排列的数据之后发现,把每个多面体的 $F+V$ 求出来与 E 值比较,每一种情形都满足关系式 $F+V=E+2$,于是猜想:对于任何多面体,面数加顶点数等于棱数加 2。

进一步检验一些多面体,比如十二面体和二十面体,结果都仍有 $F+V=E+2$。

然后,欧拉用"生成法"再一次进行验证。其生成过程是:若多面体外增加一点 A,并与靠近它的那一面(不妨设有 k 个顶点的面)的各顶点联结起来,这样就增加了 k 条边,也就是 E 增加了数目 k,另一方面又增加了 $(k-1)$ 个面,外加顶点 A,这样 $F+V$ 的数值也增加了 $(k-1)+1=k$,因此差量 $(F+V)-E$ 总是保持不变。

然而,通过对镶嵌画的框架状多面体进行检验,却发现 $F+V=E+2$ 并不成立。

为此将猜想修改为:任何一个凸多面体的面、顶点和棱的数目满足关系式 $F+V=E+2$。

尽管在理论上还需对此猜想作进一步的证明,但通过这样的归纳推理事实上已经获得了一个数学真理。

【例39】 (因子和问题)欧拉探究整数 n 的因子和 $\sigma(n)$ 的过程是这样的:

1 只有一个因子,就是它自己,即 $\sigma(1)=1$;素数 p 有且只有两个因子,即 1 和它自己,故 $\sigma(p)=p+1$,反之,若 $\sigma(b)=b+1$,则 b 为素数;合数都有不少于三个的因子,如 $\sigma(4)=1+2+4=7$,$\sigma(6)=1+2+3+6=12\cdots$,欧拉很快就得出结论:若 $a\neq b$,且 a、b 都是素数,则 $\sigma(ab)=1+a+b+ab=(1+a)(1+b)=\sigma(a)\sigma(b)$,$\sigma(a^2)=1+a+a^2=\dfrac{a^3-1}{a-1}$。

以上结果不难推广到一般情形,有趣的是欧拉作了以下观察:

他列出了从 1 到 99 的各数的因子和,这里列出前 29 个:

n	0	1	2	3	4	5	6	7	8	9
0	—	1	3	4	7	6	12	8	15	13
10	18	12	28	14	24	24	31	18	39	20
20	42	32	36	24	60	31	42	40	56	30

这似乎是很零乱的,可是欧拉观察到了如下现象:

从表中看,$\sigma(10)=18$,但它与相邻的前几个数有关:$18=13+15-6-4$ 或写作 $\sigma(10)=\sigma(10-1)+\sigma(10-2)-\sigma(10-5)-\sigma(10-7)$;再观察:

$\sigma(11)=\sigma(11-1)+\sigma(11-2)-\sigma(11-5)-\sigma(11-7)=18+13-12-7=12$;

$\sigma(12)=\sigma(12-1)+\sigma(12-2)-\sigma(12-5)-\sigma(12-7)+\sigma(0)$,这里 $\sigma(0)=12$;

$\sigma(13)=\sigma(13-1)+\sigma(13-2)-\sigma(13-5)-\sigma(13-7)+\sigma(13-12)$;随后:

$\sigma(14)=\sigma(14-1)+\sigma(14-2)-\sigma(14-5)-\sigma(14-7)+\sigma(14-12)$;

$\sigma(15)=\sigma(15-1)+\sigma(15-2)-\sigma(15-5)-\sigma(15-7)+\sigma(15-12)+\sigma(0)$,此处 $\sigma(0)=15$;

当 $n=99$ 时,有:

$\sigma(99)=\sigma(99-1)+\sigma(99-2)-\sigma(99-5)-\sigma(99-7)+\sigma(99-12)+\sigma(99-15)-\sigma(99-22)-\sigma(99-26)+\sigma(99-35)+\sigma(99-40)-$

$\sigma(99-51)-\sigma(99-57)+\sigma(99-70)+\sigma(99-77)-\sigma(99-92)$。

对于括号中的减数：$1,2,5,7,12,15,22,26,35,40,51,57,70,77,$ $92,\cdots$，欧拉作了每相邻两数的差：

$1,3,2,5,3,7,4,9,5,11,6,13,7,15,\cdots$

规律很明显：奇数项是：$1,2,3,4,5,6,7,\cdots$

偶数项是：$3,5,7,9,11,13,15,\cdots$

于是欧拉得出了猜想：对于任何自然数 n，以下公式成立：

$$\sigma(n)=\sigma(n-1)+\sigma(n-2)-\sigma(n-5)-\sigma(n-7)$$
$$+\sigma(n-12)+\sigma(n-15)-\sigma(n-22)-\sigma(n-26)$$
$$+\sigma(n-35)+\sigma(n-40)-\sigma(n-51)-\sigma(n-57)$$
$$+\sigma(n-70)+\sigma(n-77)+\sigma(n-92)-\sigma(n-100)$$
$$+\sigma(n-117)+\sigma(n-126)-\sigma(n-145)+\sigma(n-115)+\cdots$$

上式中虽写为无限和的形式，但实际上，当括号中的数开始出现负数时就去掉，故只有有限项；当括号中的数变为 0 时，此时 $\sigma(0)$ 随 n 而定，即取 $\sigma(n)=n$。

从这个例子使我们看到了欧拉深刻的观察力和探究力，这是杰出数学家的优秀品质！

第四节　类　　比

G·波利亚指出："类比是某种类型的相似性……是一种更确定的和更概念性的相似。"所谓类比，是根据两个对象或两类事物间存在着的相同或类似属性，联想到另类事物也可能具有某种属性的思维方法。在数学研究中常用的类比有：数与形的类比、特殊与一般的类比、平面与空间的类比、有限与无限的类比等。可通过对数的研究来探讨有关图形的性质，通过对特殊问题的研究类比到一般情况的研究，也可在熟练掌握了平面图形的性质之后，遇到空间问题时，通过与平面图形的比较，发现某些类似之处，或结论的形式类似或解决问题的方法类似，进而找到解决问题的方法和途径。

数学方法论

一、类比的含义与作用

类比是根据两个（或两类）不同的对象之间在某些方面有相同或相似之处，猜测它们在其他方面也可能相同或相似，并作出某种判断的推理方法。简而言之，类比推理是由特殊到特殊的推理形式：

A 具有性质 F_1，F_2，…，F_n，P

B 具有性质 F'_1，F'_2，…，F'_n

B 具有性质 P'

这里，F'_1，F'_2，…，F'_n，P'，分别与 F_1，F_2，…，F_n，P 相同或相似。A 和 B 指不同的对象或不同的事物。

【例 40】 已知 $\triangle ABC$，求证：$\dfrac{1}{A}+\dfrac{1}{B}+\dfrac{1}{C}\geqslant\dfrac{9}{\pi}$。

证明 $\sqrt[3]{ABC}\leqslant\dfrac{A+B+C}{3}=\dfrac{\pi}{3}$，

所以 $\dfrac{1}{A}+\dfrac{1}{B}+\dfrac{1}{C}\geqslant\dfrac{3}{\sqrt[3]{ABC}}=\dfrac{3}{\dfrac{\pi}{3}}=\dfrac{9}{\pi}$，

$\dfrac{1}{A}+\dfrac{1}{B}+\dfrac{1}{C}\geqslant\dfrac{3^2}{\pi}$。

运用类比可得：

在四边形 $ABCD$ 中，有 $\dfrac{1}{A}+\dfrac{1}{B}+\dfrac{1}{C}+\dfrac{1}{D}\geqslant\dfrac{4^2}{2\pi}$；

在五边形 $ABCDE$ 中，有 $\dfrac{1}{A}+\dfrac{1}{B}+\dfrac{1}{C}+\dfrac{1}{D}+\dfrac{1}{E}\geqslant\dfrac{5^2}{3\pi}$；

…………

通过归纳、猜想得到：

在 N 边形 $A_1A_2\cdots A_n$ 中，有 $\displaystyle\sum_{i=1}^{n}\dfrac{1}{A_i}\geqslant\dfrac{n^2}{(n-2)\pi}$。

二、几种常见的类比

（一）数与形的类比

【例41】 求证：$\dfrac{x-y}{1+xy}+\dfrac{y-z}{1+yz}+\dfrac{z-x}{1+zx}=\dfrac{x-y}{1+xy}\cdot\dfrac{y-z}{1+yz}\cdot$

$\dfrac{z-x}{1+zx}$（其中 x,y,z 均为实数）。

思考与分析 从上面所给等式的形式看，很像一个三角公式：

$\tan A+\tan B+\tan C=\tan A\cdot\tan B\cdot\tan C$ （A,B,C 为一三角形的

三内角）。

若令 $\tan A=\dfrac{x-y}{1+xy}$，$\tan B=\dfrac{y-z}{1+yz}$，$\tan C=\dfrac{z-x}{1+zx}$，

即令 $A=\theta_1-\theta_2$，$B=\theta_2-\theta_3$，$C=\theta_3-\theta_1$，

而 $x=\tan\theta_1$，$y=\tan\theta_2$，$z=\tan\theta_3$，且 $A+B+C=0$，符合等式成立

的三个条件（证明略）。

（二）特殊与一般的类比

有些几何命题往往是由我们所熟知的命题进行推广或引申而得

到的。勾股定理也可视为在直角三角形中，以三边为边的三个正方形

面积的关系类比到一般三角形上，有下面的结论：

【例42】 如图 7 - 11 所示，在 $\triangle ABC$ 中，$AB'\perp AB$，$AC'\perp AC$，

DA 为 $\triangle AB'C'$ 外接圆的直径，过 B,C 分别作 BB_1、CC_1 平行且等于

DA，则平行四边形 BB_1C_1C 的面积等于以 AB、AC 为边的两个正方形

面积的和。

证明 如图 7 - 11 所示，延长 DA 交 BC 于
点 E，设 $AB=b$，$BC=a$，$AC=c$，$BE=a_1$，$EC=$
a_2，$AD=d$，$\angle BB_1C_1=\angle AEC=\alpha$，$\angle BAE=\beta$，
$\angle CAE=\gamma$，则：

$S_{\square BCC_1B_1}=a\cdot d\cdot\sin\alpha=(a_1+a_2)\cdot d\cdot\sin\alpha。$

由正弦定理得：$\dfrac{b}{\sin(\pi-\alpha)}=\dfrac{a_1}{\sin\beta}$

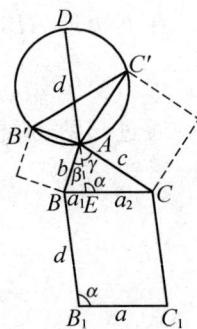

图 7 - 11

$$\Rightarrow a_1=\frac{\sin\beta}{\sin\alpha}\cdot b\frac{c}{\sin\alpha}=\frac{a_2}{\sin\gamma}$$

$$\Rightarrow a_2=\frac{\sin\gamma}{\sin\beta}\cdot c=\frac{b}{d}\cdot bd+\frac{c}{d}\cdot cd,$$

且 $\sin\beta=\cos\angle B'AD=\dfrac{b}{d}$，$\sin\gamma=\cos\angle C'AD=\dfrac{c}{d}$。

所以 $S_{\square BCC_1B_1}=\left(\dfrac{\sin\beta}{\sin\alpha}\cdot b+\dfrac{\sin\gamma}{\sin\alpha}\cdot c\right)\cdot d\cdot\sin\alpha$

$$=\sin\beta\cdot b\cdot d+\sin\gamma\cdot c\cdot d=b^2+c^2;$$

即平行四边形 BB_1C_1C 的面积等于以 AB、AC 为边的两个正方形面积的和。

（三）平面与空间的类比

在数学学习中，很多空间问题直接着手解决很困难，但可通过类似于它在平面上的问题，再来解决会简单得多。因此，将平面问题类比到空间图形中去会得到一些新的命题和结论。

还是以勾股定理为例：直角三角形斜边长为 c，两直角边为 a,b，则 $c^2=a^2+b^2$，将此定理扩展到空间，类比可得如下命题：

【例 43】　过长方形 $ABCD-A_1B_1C_1D_1$ 同一顶点 B 出发的三条棱 BA、BB_1、BC 的端点 A、B_1、C 作截面 AB_1C 得三棱锥 $B-AB_1C_1$，若截面 AB_1C 的面积为 S，三棱锥的其他含有直角的各侧面面积依次为 S_1,S_2,S_3，则 $S^2=S_1^2+S_2^2+S_3^2$。

思考与分析　如图 $7-12$ 所示，在平面集合中，设 $\mathrm{Rt}\triangle ABC$，斜边 $AB=c$，直角边 $BC=a,AC=b$，由顶点 C 作斜边 AB 的高 CH，垂足为 H，则利用射影定理得，$c=AH+HB=\dfrac{b^2}{c}+\dfrac{a^2}{c}$，故 $c^2=a^2+b^2$。

作类比，在立体几何中（图 $7-13$），设三棱锥 $C-ABB_1$，在底面三角形 ABB_1 内，过 B 作 $BH\perp AB_1$ 于 H，连接 CH，由三垂线定理知 $CH\perp AB_1$。设 $BB_1=a,BA=b,BC=c$，则

$$BH=\frac{ab}{\sqrt{a^2+b^2}},\ AH=\frac{b^2}{\sqrt{a^2+b^2}},B_1H=\frac{a^2}{\sqrt{a^2+b^2}},$$

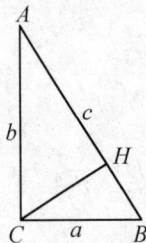

图 7 - 12

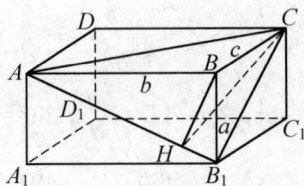

图 7 - 13

从而 $CH^2 = CB^2 + BH^2 = c^2 + \left(\dfrac{ab}{\sqrt{a^2+b^2}} \right)^2 = \dfrac{a^2c^2 + b^2c^2 + a^2b^2}{a^2+b^2}$，

于是 $S_{\triangle CHA} = \dfrac{1}{2} CH \cdot AH = \dfrac{b^2 \sqrt{a^2c^2 + b^2c^2 + a^2b^2}}{2(a^2+b^2)}$，

$S_{\triangle CHB_1} = \dfrac{1}{2} CH \cdot BH_1 = \dfrac{a^2 \sqrt{a^2c^2 + b^2c^2 + a^2b^2}}{2(a^2+b^2)}$，

故 $S = S_{\triangle CHA} + S_{\triangle CHB_1} = \dfrac{(a^2+b^2) \sqrt{a^2c^2 + b^2c^2 + a^2b^2}}{2(a^2+b^2)}$

$= \sqrt{ \left(\dfrac{1}{2}ac \right)^2 + \left(\dfrac{1}{2}bc \right)^2 + \left(\dfrac{1}{2}ab \right)^2 } = \sqrt{S_1^2 + S_2^2 + S_3^2}$，

即 $S^2 = S_1^2 + S_2^2 + S_3^2$。

直四面体是特殊的四面体，正如直角三角形是特殊的三角形一样，我们自然想到：任意四面体中是否有类似的结果？在一般三角形中，与勾股定理密切相关的余弦定理，它是描述一般三角形中边、角关系的，比勾股定理更一般，那么余弦定理是否可以推广到四面体中去？

【例 44】 三角形中的余弦定理可以类比地推广到空间四面体中，在任一四面体中，它的一个面面积的平方等于其他三个面面积的平方和，减去这三个面中每两个面的面积与它们所夹二面角余弦的积的两倍。

思考与分析 设底面面积为 D，侧面面积分别为 A, B, C，三个侧面两两所成的二面角分别为 $A - c - B, B - a - C, C - b - A$，其中 a, b, c 分别为 A、B、C 所对二面角的棱，则有：

$D^2 = A^2 + B^2 + C^2 - 2(AB\cos A - c - B + BC\cos B - a - C$

$+CA\cos C-b-A)_{\circ}$　　　　　　　　　　　　　　　　(1)

证明　设底面面积为 D，三边长分别为 d,e,f，三个侧面 A,B,C 顶角分别为 α,β,γ，则由余弦定理知：

$$d^2=b^2+c^2-2bc\cos\alpha;$$

$$e^2=c^2+a^2-2ca\cos\beta;$$

$$f^2=a^2+b^2-2ab\cos\gamma;\qquad\qquad\qquad\qquad(2)$$

再由海伦(Hero)公式，知

$$16D^2=2(d^2e^2+e^2f^2+f^2d^2)-(d^4+e^4+f^4);\qquad(3)$$

把(2)式代入(3)式，化简得：

$$16D^2=4[b^2c^2(1-\cos^2\alpha)+c^2a^2(1-\cos^2\beta)+a^2b^2(1-\cos^2\gamma)]$$
$$-8[a^2bc(\cos\alpha-\cos\beta\cos\gamma)+ab^2c(\cos\beta-\cos\gamma\cos\alpha)$$
$$+abc^2(\cos\gamma-\cos\alpha\cos\beta)]\qquad\qquad\qquad(4)$$

再把 $b^2c^2\sin\alpha=4A^2,\cdots,a^2b^2c=4BC/(\sin\beta\sin\gamma),\cdots$ 代入(4)，化简得

$$D^2=A^2+B^2+C^2-2[AB(\cos\gamma-\cos\alpha\cos\beta)/(\sin\alpha\sin\beta)$$
$$+BC(\cos\alpha-\cos\beta\cos\gamma)/(\sin\beta\sin\gamma)$$
$$+CA(\cos\beta-\cos\gamma\cos\alpha)/(\sin\gamma\sin\alpha)]\qquad(5)$$

$$\left.\begin{array}{l}\cos A-c-B=(\cos\gamma-\cos\alpha\cos\beta)/(\sin\alpha\sin\beta);\\\cos B-a-C=(\cos\alpha-\cos\beta\cos\gamma)/(\sin\beta\sin\gamma);\\\cos C-b-A=(\cos\beta-\cos\gamma\cos\alpha)/(\sin\gamma\sin\alpha);\end{array}\right\}\quad(6)$$

把(6)式代入(5)式可得(1)成立。

(四) 有限与无限的类比

类比是富于创造性的方法之一，著名数学教育家 G·波利亚指出："数学家的创造性工作成果是论证推理，即证明，但这个证明是通过合情推理，通过猜想才发现的。只要数学的学习过程稍能反映数学的发明过程的话，那么就应该让猜想、合理推理占有相当的位置。"类比是合理推理的一种。通过类比可提出猜想，运用类比推理是教学中进行再创造的重要方法之一。

【例 45】　$1+\dfrac{1}{2^2}+\dfrac{1}{3^2}+\cdots+\dfrac{1}{n^2}+\cdots=?$

$1+\dfrac{1}{2^2}+\dfrac{1}{3^2}+\cdots+\dfrac{1}{n^2}+\cdots=?$ 这是贝努利曾遇到的难题,欧拉第一个得到了它的解答,其求解过程是这样的:

他考虑方程:$b_0-b_1x^2+b_2x^4-b_3x^6+\cdots+(-1)^nb_nx^{2n}=0$,这是一个偶数方程,因此当 a 为其根时,$-a$ 必为其根。

现设此方程的 $2n$ 个根是:β_1,$-\beta_1$,β_2,$-\beta_2$,$\cdots$,β_n,$-\beta_n$,

这 $2n$ 个根又是方程:$b_0\left(1-\dfrac{x^2}{\beta_1^2}\right)\left(1-\dfrac{x^2}{\beta_2^2}\right)\cdots\left(1-\dfrac{x}{\beta_n^2}\right)=0$ 的根,

上面两个方程的根全部相等,且常数项也相等,故其他相应的系数也相等,特别地,关于 x^2 这一项的系数应相等,即 $b_1=b_0\left(\dfrac{1}{\beta_1^2}+\dfrac{1}{\beta_2^2}+\cdots+\dfrac{1}{\beta_n^2}\right)$,

仍照上面的考虑:因为方程 $\dfrac{\sin x}{x}=0$,

也就是方程:$1-\dfrac{x^2}{3!}+\dfrac{x^4}{5!}-\dfrac{x^6}{7!}+\cdots+(-1)^n\dfrac{x^{2n}}{(2n+1)!}+\cdots=0$,

故它的根为:π,$-\pi$,2π,-2π,$\cdots$,$n\pi$,$-n\pi$,$\cdots$

这与下述方程的根完全相同:

$$\left(1-\dfrac{x^2}{\pi^2}\right)\left(1-\dfrac{x^2}{4\pi^2}\right)\cdots\left(1-\dfrac{x^2}{n^2\pi^2}\right)\cdots=0,$$

比较以上两个方程关于 x^2 项的系数,得:

$$\dfrac{1}{3!}=\dfrac{1}{\pi^2}+\dfrac{1}{2^2\pi^2}+\dfrac{1}{3^2\pi^2}+\cdots+\dfrac{1}{n^2\pi^2}+\cdots$$

进而,得:

$$1+\dfrac{1}{2^2}+\dfrac{1}{3^2}+\cdots+\dfrac{1}{n^2}+\cdots=\dfrac{\pi^2}{6}。$$

虽然这里欧拉用的是将有限到无限的不严格类比法(为此欧拉一直验证到小数点后六位),但这却是一个正确的结论。由此可见,在最后作出严格论证前的探究(严格或不严格)对得到正确结论有多大的帮助!

【例46】 有 n 个平面,其中没有任何两个平面互相平行,没有任何三个平面相交于同一条直线或交线互相平行,也没有四个平面过同一点,那么这 n 个平面把空间分割成几部分?

容易想到,一个平面、两个平面、三个平面分别可以把空间分成 2、4、8 个部分,但四个以上的平面能把空间分成几个部分就难于回答了。为了能找到一个思考的方法,可以采用降维的方法去探究,即到平面内去寻找一个类比对象。

平面被直线分割:平面上有 n 条直线,其中没有任何两条直线平行,没有任何三直线过同一点,那么 n 条直线可以把平面分割成几部分?

设用 n 条直线可把平面分割成 a_n 个部分,则前 $(n-1)$ 条直线可把平面分割成 a_{n-1} 个部分。由于第 n 条直线与前 $(n-1)$ 条直线有 $(n-1)$ 个交点,从而把第 n 条直线分成 n 段,而每一段把所在块一分为二,于是增加了 n 块,由此得:

$$\begin{cases} a_n = a_{n-1} + n \\ a_1 = 2 \end{cases}$$

解得:$a_n = \dfrac{n^2+n+2}{2}$,此即为 n 条直线将平面分割成的块数。

类似考虑本例,若增加一个平面,可以把空间多分割成几部分,由于第 n 个平面与前 $(n-1)$ 个平面相交,在这第 n 个平面上有 $(n-1)$ 条交线,这些交线没有任何两条平行,也没有任何三条共点,因此根据类比对象的结论可知第 n 个平面被 $(n-1)$ 条直线分成 $\dfrac{(n-1)^2+(n-1)+2}{2} = \dfrac{n^2-n+2}{2}$ 块,而每一块把所在的部分空间一分为二,于是增加了 $\dfrac{n^2-n+2}{2}$ 个部分。因此,n 个平面将空间分成的部分数为:

$$1 + \sum_{k=1}^{n} \frac{k^2-k+2}{2}$$

$$= 1 + \frac{1}{2}(1^2+2^2+\cdots+n^2) - \frac{1}{2}(1+2+\cdots+n) + \underbrace{(1+1+\cdots+1)}_{n}$$

$$= 1 + \frac{1}{2} \times \frac{n(n+1)(2n+1)}{6} - \frac{1}{2} \times \frac{n(n+1)}{2} + n$$

$$= \frac{n^3 + 5n + 6}{6} 。$$

【例 47】 若 $s = 15 + 195 + 1995 + 19995 + \cdots + 1\underbrace{999\cdots9}_{44个9}5$，则 s

的末四位数字的和是多少？

$$s = (2 \times 10 - 5) + (2 \cdot 10^2 - 5) + \cdots + (2 \cdot 10^{45} - 5)$$

$$= 2(10 + 10^2 + \cdots + 10^{45}) - 45 \times 5 = 22\cdots22220 - 225,$$

所以 s 的末四位数字为 $1995,1 + 9 + 9 + 5 = 24$。

第五节　演　绎　推　理

演绎推理是从一般原理推出个别结论的逻辑思想方法。其特点是：在推理的形式合乎逻辑的条件下，运用演绎法从真实的前提一定能推出真实的结论。因此，演绎推理是一种必然性推理。

演绎推理是逻辑证明的工具，整个欧几里得几何就是一个演绎推理系统。演绎推理也是发展假设和理论的一个必要环节。19 世纪数学家们由对欧几里得第五公设的独立性的试证导致发现非欧几何。

演绎推理法是数学论证表述的基本方法，这种方法在中学数学中有明显的体现。可以说，在中学数学中，演绎法可谓一统天下，无论是教材的编排，还是教师的课堂教学，甚至学生的解题过程，都在运用演绎推理。所有的这些都表明：第一，演绎法是数学中的一个重要方法，无论是数学的教学，还是数学的学习都应当高度重视演绎推理方法；第二，正确处理好演绎推理方法的教学方式，使学生可以比较容易地学习和运用演绎推理方法。

按前提与结论之间的结构关系，演绎推理的具体形式主要有三段论、假言推理、选言推理、关系推理等。在数学中最为基础且应用较多的是三段论，这里我们作简要的介绍。

所谓"三段论"，就是由两个判断（其中至少有一个是全称判断）得出第三个判断的一种推理方法。可以这样认为，数学的理论证明就是由这种三段论式的演绎法联结成的理论表述形式。

例如,凡同边数的正多边形都是相似的。这两个正多边形的边数是相同的,所以这两个正多边形也是相似的。

这里有三个判断,第一个判断提供了一般的原理原则,叫做三段论的大前提;第二个判断指出了一个特殊场合的情况,叫做三段论的小前提;联合这两个判断,说明一般原则和特殊情况间的联系,因而得出的第三个判断,叫做结论。

任何一个三段论,都是由三个判断组成的。而这三个判断中只包含三个不同的概念,其基本模式为:

大前提:一切 M 都是 P(或非 P);

小前提:S 是 M;

结论:S 是 P(或非 P)。

简述为
$$\begin{array}{c} \because M - P \\ S - M \\ \hline \therefore S - P \end{array}$$
(第一格)

这是三段论的第一格。还有三格,即第二至第四格的模式分别是

$$\begin{array}{c} \because P - M \\ S - M \\ \hline \therefore S - P \end{array} \qquad \begin{array}{c} \because M - P \\ M - S \\ \hline \therefore S - P \end{array} \qquad \begin{array}{c} \because P - M \\ M - S \\ \hline \therefore S - P \end{array}$$
(第二格)　　　　　　(第三格)　　　　　　(第四格)

在一般数学论证中,我们并不要求列出大前提、小前提、结论这样的演绎推理形式,但是我们必须清楚,演绎法是严格遵守这种三段论式的形式化规则的。

在应用演绎推理方法时,我们必须注意以下三点:

第一,掌握演绎法运用的形式化特点。这个形式化的特点要求,在运用演绎法时对数学的符号、公式、命题都必须从形式化的意义上理解它的含义。只有深入理解了符号、公式、命题之间的关系,才能运用演绎法去表述,否则就会使演绎法的使用出现差错。

第二,演绎法作为一种形式化的思维方式、论证方式,必须严格遵守其形式化的规则,虽然在具体论证时可以省略其中某些说明,但必须清楚每一步推理、每一步运算的前提依据是什么,否则就会出现逻辑上或方法上的混乱。

第三,应用形式化的演绎方法时,应当注意前提条件的内涵。如果只注重形式的演绎推理,有时就可能带来错误的结论。

事实上,在解决数学问题时,归纳与演绎两种思维方法往往交替出现,由归纳法去猜测问题的结论或猜测解决问题的方法,再用演绎去完成严格的推理证明。

【例 48】 化简:$\left(1-\dfrac{1}{4}\right)\left(1-\dfrac{1}{9}\right) \cdot \cdots \cdot \left(1-\dfrac{1}{n^2}\right)$ $(n \geqslant 2, n \in \mathbf{N})$。

思考与分析 可设 $M_n = \left(1-\dfrac{1}{4}\right)\left(1-\dfrac{1}{9}\right) \cdot \cdots \cdot \left(1-\dfrac{1}{n^2}\right)$,则 M_2 $= \dfrac{3}{4}$,$M_3 = \dfrac{2}{3}$,$M_4 = \dfrac{5}{8}$,$M_5 = \dfrac{3}{5}$,$\cdots$ 于是由不完全归纳猜测,$M_n = \dfrac{n+1}{2n}$。然后应用数学归纳法去演绎证明,得到此猜想为真。

为此,教学要采用"归纳与演绎交互为用的原则"。徐利治教授指出:"为了培育既有创造发明能力,又有逻辑论证能力的数学师资和学生,应该在中学和大专院校的数学教材中,采用'归纳与演绎交互为用的原则',按照这条原则,不仅应该教学生运用科学归纳法试着去猜结论、猜条件、猜定理、猜证法,而且还要让他们学会从探索性演绎法过渡到纯形式演绎法,能够把预见性的合理命题或定理的证明一丝不苟地建立在逻辑演绎基础上。"

有时不是先用不完全归纳法再演绎,而是先演绎推证,获得结论之后再分类归纳。

【例 49】 在单位正方形的周界上任意两点之间连一条曲线,若它把正方形分成面积相等的两部分,求证这条曲线的长度不小于1。

思考与分析 设这两点为 P、Q,曲线为 L,P、Q 的相互位置只有三种可能:

(1)分别在正方形的对边上(图 7 - 14),这时 L 的长显然不小于

直线段 PQ，从而不小于正方形的边长。

（2）分别在正方形的邻边上（图 7-15），设所在邻边为 AB、BC，则对角线 AC 与曲线 L 必有共同点，否则曲线不可能把正方形分为相等的两部分。设公共点为 R，则 L 的长不小于 R 到 AB 与 BC 的距离 RP_1 与 RQ_1 之和，而后者等于 1，从而 L 的长不小于 1。

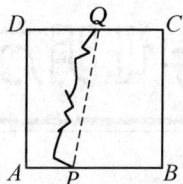
图 7-14

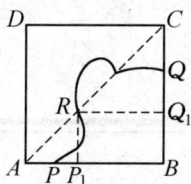
图 7-15

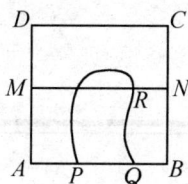
图 7-16

（3）在正方形的同一边上（图 7-16），这时过正方形的中心引 $MN /\!/ PQ$，与 L 交于 R，则 L 的长不小于 R 到 PQ 距离的 2 倍，而后者等于 1，从而 L 的长不小于 1。

综上所述，曲线 L 的长度不小于 1。

第八章

数学证明方法

第一节　数学归纳法

　　数学方法是以数学为工具进行科学研究的方法,即用数学语言表达事物的状态、关系和过程,经过推导、运算和分析,以形成解释、判断和预言的方法。

　　数学方法具体有以下三个基本特征:一是高度的抽象性和概括性;二是精确性,即逻辑的严密性及结论的正确性;三是应用的普遍性和可操作性。

　　在中学数学中常用的基本数学方法微观地大致可分为以下三类:逻辑学中的方法,数学中的一般方法和特殊方法。以下主要介绍的是逻辑学中的归纳法。

一、关于归纳法与数学归纳法的介绍

　　人们在实践活动中形成了概念和判断之后,就可以根据已有的知识,通过推理获取新的知识,这种从一个或几个已知判断,推出另一个新判断的思维过程,我们称之为推理。推理必须合乎逻辑。由一般到特殊的推理,称之演绎推理,又称演绎法;反之,由特殊到一般的推理,称之归纳推理,又称归纳法。所谓归纳法,是指通过对特殊的、具体的

事物的分析、认识、研究,从而导出一般性结论的方法。这种方法的主要步骤为:收集素材(观察、试验研究对象)——→归类整理——→分析概括——→形成猜想。

归纳法可分为三种,一种是完全归纳法:根据对某一事物中每一对象都具有的某种属性的考察,从而推出这类事物全体都有这种属性的结论;另一种是不完全归纳法:在考察某类中的部分对象具有或不具有某一属性并在考察过程中未遇到反例的基础上,得出该类全部对象具有或不具有该属性的结论;另一种是典型归纳推理:只考察某类中的极少数对象,将它们作为典型,由典型事例是否具有某一属性,得出该类对象具有或不具有该属性的结论。从前提与结论的联系程度来看,完全归纳法具有必然性,而后两者具有偶然性。

数学上经常使用完全归纳法来证明这样一类命题,这种类型的命题按其条件可以分为若干种不同的情况,在每种情况下都要考察不同的因素或采用不同的手法才能使命题获证,当且仅当在所有不同的情况下命题都成立,整个命题才成立。尽管完全归纳法是一种严格的证明方法,但它要求对研究对象的所有情况都要逐一研究到,因此,当研究对象包含的情况很多,甚至是无限时,对研究对象逐一进行考察将无法实现,所以完全归纳法的使用有其局限性。而数学又是一门完全严格的学科,因而采用"搭梯子、爬楼梯"式的条件来限制,以保证论证过程的严格有效。这就是自然数中的"皮阿诺公设"。

应用不完全归纳法得出的一般性结论未必正确,应用完全归纳法推出的一般性结论则必定正确。不完全归纳法的可靠性虽不是很大,但它在科学研究中有着重要作用,许多数学猜想(如哥德巴赫猜想)都来源于不完全归纳法。"归纳——→猜想——→证明"这是人们发现新结论的重要途径。数学中有许多与自然数有关的命题,我们已经知道,用不完全归纳法证明是不可靠的。但如果改用完全归纳法,则又是不可能的,因为自然数有无限多个,我们不可能对所有的自然数都一一加以验证,为解决这一"有限"与"无限"的矛盾,数学归纳法应运而生。

数学归纳法是数学证明的一种重要工具,它常用来证明与自然数有关的命题。它基于自然数的一个重要性质:**任意一个自然数的集**

合,如果包含数 1,并且假设包含数 k,也一定包含 k 的后继数 $k+1$,那么这个集合包含所有的自然数。这一重要性质,为解决上述有限与无限的矛盾提供了理论依据。也就是说,如果能证明:

(1) 当 $n=1$ 时命题成立;

(2) 假设当 $n=k$ 时命题成立,有 $n=k+1$ 时命题成立。

那么我们就能由 $n=1$ 时命题成立,推出 $n=1+1=2$ 时命题成立;由 $n=2$ 时命题成立,推出 $n=2+1=3$ 时命题也成立;……如此继续上去,虽然我们没有对所有的自然数一一逐个加以验证,但根据自然数的重要性质,实质上已经对所有的自然数作了验证。这样的证明方法叫做数学归纳法。可见数学归纳法是一种完全归纳法。

二、用数学归纳法证明的一般步骤

用数学归纳法证题的一般步骤是:

(i) 设 $P(n)$ 是一个关于自然数 n 的命题,证明 $P(n)$ 当 $n=1$(或 $n=n_o$)时成立;

(ii) 假设 $P(k)$($k \geqslant n_o$)成立,证明 $P(k+1)$ 成立。

那么,$P(n)$ 对任意自然数 n 都成立。

运用数学归纳法证题时,步骤(i)是奠基步骤,是命题论证的基础,称为归纳基础;步骤(ii)是归纳步骤,是判断命题的正确性能否由特殊推广到一般,它反映了无限递推关系,其中假设 $P(k)$ 成立(注意是"假设",而不是确认命题成立),称为归纳假设,在证明"$P(k) \Rightarrow P(k+1)$"的过程中有没有运用归纳假设是数学归纳法证题的本质特征,其中在证命题 $P(k+1)$ 成立时没有运用归纳假设的证明不是数学归纳法。

运用数学归纳法证题时,以上两个步骤缺一不可。事实上,有(i)而无(ii),那就属于不完全归纳法,故论断的普遍性是不可靠的;反之,有(ii)无(i),则归纳假设就失去了依据,从而使归纳步骤的证明成了"无本之木,无源之水",由于证明建立在不可靠的基础之上,所以不能判断原命题的正确与否。

第二节　数学归纳法在中学阶段的应用举例

一般说来,对于一些可以递推的与自然数有关的命题都可以用数学归纳法来解决。与自然数有关的恒等式、不等式的证明、数的整除问题、数列问题以及某些几何问题,都是数学归纳法的运用对象,都可以用数学归纳法来证明。

一、数学归纳法在与自然数 n 有关的恒等式证明中的应用

在中学阶段学生最头疼的是碰到证明一些与 n 有关的问题,因为他们平常接触到最多的是那些具体的数据,一旦遇到这类问题往往会束手无策。而用数学归纳法去解这些问题正是"它们"最好的克星。下面我们来看一个数学归纳法在组合恒等式证明中的例子。

下面这个结论是我国元朝数学家朱世杰在 1303 年左右发现的,所以通称朱世杰恒等式。

【例 1】　求证: $\sum\limits_{i=0}^{r} C_{k+i}^{k} = C_{k+r+1}^{k+1}$。

证明　对于 r 作数学归纳法,这里 r 的初始值为 0。

(1) 当 $r=0$ 时,左边 $=C_k^k=1$,右边 $C_{k+1}^{k+1}=1$,可见 $r=0$ 时命题成立。

(2) 设 $r=1$ 时命题成立,即

$$\sum_{i=0}^{l} C_{k+i}^{k} = C_k^k + C_{k+1}^k + \cdots + C_{k+1}^k = C_{k+l+1}^{k+1},$$

则当 $r=l+1$ 时,

$$\begin{aligned}
\sum_{i=0}^{l+1} C_{k+i}^{k} &= \sum_{i=0}^{l} C_{k+i}^{k} + C_{k+l+1}^{k+1} \\
&= C_{k+l+1}^{k+1} + C_{k+l+1}^{k} \\
&= C_{k+(l+1)+1}^{k+1},
\end{aligned}$$

可见当 $r=l+1$ 时命题成立。由(1)、(2)可知,对一切非负整数,原命题都成立。

数学归纳法也可以用在一些含 n 的三角函数的恒等式的证明中,

我们也来看一个例子。

【例 2】 设 $\sin\dfrac{a}{2}\neq 0$，用数学归纳法证明：

$$\sin a + \sin 2a + \sin 3a + \cdots + \sin na = \frac{\sin\dfrac{na}{2}\sin\dfrac{(n+1)a}{2}}{\sin\dfrac{a}{2}}$$

证明 （1）当 $n=1$ 时，左边是 $\sin a$，右边是 $\dfrac{\sin\dfrac{a}{2}\sin a}{\sin\dfrac{a}{2}}=\sin a$，

等式成立。

（2）假设当 $n=k$ 时等式成立，就是

$$\sin a + \sin 2a + \sin 3a + \cdots + \sin ka = \frac{\sin\dfrac{ka}{2}\sin\dfrac{(k+1)a}{2}}{\sin\dfrac{a}{2}}$$

那么当 $n=k+1$ 时，

$\sin a + \sin 2a + \sin 3a + \cdots + \sin ka + \sin(k+1)a$

$$=\frac{\sin\dfrac{ka}{2}\sin\dfrac{(k+1)a}{2}}{\sin\dfrac{a}{2}}+\sin(k+1)a$$

$$=\frac{\sin\dfrac{ka}{2}\sin\dfrac{(k+1)a}{2}+\sin\dfrac{a}{2}\sin(k+1)a}{\sin\dfrac{a}{2}}$$

$$=\frac{\dfrac{1}{2}\left(\cos\dfrac{a}{2}-\cos\dfrac{2k+1}{2}a+\cos\dfrac{2k+1}{2}a-\cos\dfrac{2k+3}{2}a\right)}{\sin\dfrac{a}{2}}$$

$$=\frac{\cos\dfrac{a}{2}-\cos\dfrac{2k+3}{2}a}{2\sin\dfrac{a}{2}}$$

$$= \frac{\sin\frac{(k+1)a}{2}\sin\frac{[(k+1)+1]a}{2}(k+1)a}{\sin\frac{a}{2}}$$

这就是说，当 $n=k+1$ 时等式也成立。

根据(1)、(2)可知，等式对任何 $n\in\mathbf{N}$ 都成立。

二、数学归纳法在不等式证明中的应用

在用数学归纳法证明不等式的命题时，在把 $n=k$ 的不等式转化为 $n=k+1$ 的不等式的命题时，证明不等式的基本方法如比较法、分析法、综合法、放缩法等仍是证题的常用方法。证题的关键是如何运用归纳假设，常用的技巧有：欲证"$p(k)\geqslant0\Rightarrow p(k+1)\geqslant0$"，可证 $p(k+1)+p(k)\geqslant0$；欲证"$p(k)\geqslant k\Rightarrow p(k+1)\geqslant k+1$"，可证：$p(k+1)\geqslant p(k)+1$，且 $p(k)+1\geqslant k+1$；等等。

【例 3】 设 $a_i>0(i=1,2,\cdots,n)$，且 $a_1+a_2+\cdots+a_n=1$。用数学归纳法证明：

$$a_1^2+a_2^2+\cdots+a_n^2\geqslant\frac{1}{n}(n\geqslant2)。$$

思考与分析　证明的难点在于第二步。一个常见的错误是：在 $n=k$ 时命题成立的假设下，直接得出

$$a_1^2+a_2^2+\cdots+a_k^2+a_{k+1}^2\geqslant\frac{1}{k}+a_{k+1}^2>\frac{1}{k+1}。$$

应注意 $n=k$ 和 $n=k+1$ 时的前提条件分别为

$$\sum_{i=1}^{k}a_i=1\text{ 和 }\sum_{i=1}^{k+1}a_i=1。$$

既然当 $n=k+1$ 时的前提条件变化了，就不能直接套用 $a_1^2+a_2^2+\cdots+a_k^2\geqslant\frac{1}{k}$ 的结论，而应设法改造前提条件，使之符合归纳假设的要求。

证明　(1) 当 $n=2$ 时，因 $a_1+a_2=1$，故 $a_1^2+a_2^2+2a_1a_2=1$；又 $a_1^2+a_2^2\geqslant2a_1a_2$，所以 $a_1+a_2\geqslant\frac{1}{2}$。

（2）假设当 $n=k$ 时命题成立，即在 $a_1+a_2+\cdots+a_n=1$ 且 $a_i>0(i=1,2,\cdots,k)$ 的条件下有

$$a_1^2+a_2^2+\cdots+a_k^2\geqslant\frac{1}{k}。\qquad\qquad\qquad①$$

则当 $n=k+1$ 时，因为

$$a_1+a_2+\cdots+a_k+a_{k+1}=1，且\ a_i>0，\qquad②$$

所以，$\dfrac{a_1}{1-a_{k+1}}+\dfrac{a_2}{1-a_{k+1}}+\cdots+\dfrac{a_k}{1-a_{k+1}}=1$，

根据②，$0<a_{k+1}<1$，故 $1-a_{k+1}>0$，因而满足归纳假设①，所以

$$\left(\frac{a_1}{1-a_{k+1}}\right)^2+\left(\frac{a_2}{1-a_{k+1}}\right)^2+\cdots+\left(\frac{a_k}{1-a_{k+1}}\right)^2\geqslant\frac{1}{k}。$$

所以 $a_1^2+a_2^2+\cdots+a_k^2\geqslant\dfrac{(1-a_{k+1})^2}{k}$，

所以 $a_1^2+a_2^2+\cdots+a_k^2+a_{k+1}^2\geqslant\dfrac{(1-a_{k+1})^2}{k}+a_{k+1}^2$。

因为 $\dfrac{(1-a_{k+1})^2}{k}+a_{k+1}^2-\dfrac{1}{k+1}$

$$=\frac{(k+1)a_{k+1}^2-2(k+1)a_{k+1}+1}{k(k+1)}$$

$$=\frac{1}{k(k+1)}[(k+1)a_{k+1}-1]^2\geqslant 0，$$

所以 $a_1^2+a_2^2+\cdots+a_k^2+a_{k+1}^2\geqslant\dfrac{1}{k+1}$。

因此，原命题对于大于 1 的自然数都成立。

【例4】 设 $f(\log_a x)=\dfrac{a(x^2-1)}{x(a^2-1)}$ （$a>0$ 且 $a\neq1$）。

（1）求函数 $f(x)$ 的定义域，并讨论其增减性；

（2）求证：$f(n)>n$ （$n>1,n\in\mathbf{N}$）。

证 （1）解略。

（2）i）当 $n=2$ 时，$f(2)-2=\dfrac{(a+1)^2}{a}>0$，

所以 $f(2)>2$ 成立，即不等式当 $n=2$ 时成立。

ii) 设 $n=k$ 时，$f(k)$，即 $\dfrac{a}{a^2+1}\cdot(a^k-a^{-k})>k$。

于是 $f(k)+1>k+1$。

欲证 $f(k+1)>k+1$，只须证 $f(k+1)>f(k)+1$。

因为 $f(k+1)-[f(k)+1]$

$$=\frac{a}{a^2-1}(a^{k-1}-a^{-k-k})-\frac{a}{a^2-1}(a^k-a^{-k})-1$$

$$=\frac{a(a^k-1)(a^{k-1}-1)}{a^{k-1}(a+1)},$$

由于 a^k-1 与 $a^{k+1}-1$ 同号，故上式的值为正。

即 $f(k+1)-[f(k)+1]>0$。

所以 $f(k+1)>f(k)+1>k+1$。

即当 $n=k+1$ 时，$f(n)>n$ 成立。

由 i)，ii)知，对 $n\in\mathbf{N}$ 且 $n>1$，不等式 $f(n)>n$ 恒成立。

【例 5】 用数学归纳法证明：$1+\dfrac{1}{2^2}+\dfrac{1}{3^2}+\cdots+\dfrac{1}{n^2}\geqslant\dfrac{3n}{2n+1}$。

证明 （1）当 $n=1$ 时，左边 $=1$，右边 $=\dfrac{3\times 1}{2\times 1+1}=1$，所以左边 $\geqslant$ 右边，即命题成立。

（2）假设 $n=k$ 时，命题成立，即 $1+\dfrac{1}{2^2}+\dfrac{1}{3^2}+\cdots+\dfrac{1}{k^2}\geqslant\dfrac{3k}{2k+1}$。

则当 $n=k+1$ 时，要证

$$1+\frac{1}{2^2}+\frac{1}{3^2}+\cdots+\frac{1}{k^2}+\frac{1}{(k+1)^2}\geqslant\frac{3(k+1)}{2(k+1)+1},$$

只要证 $\dfrac{3k}{2k+1}+\dfrac{1}{(k+1)^2}\geqslant\dfrac{3(k+1)}{2k+3}$。

因为 $\dfrac{3(k+1)}{2k+3}-\dfrac{3k}{2k+1}-\dfrac{1}{(k+1)^2}$

$$=\frac{3}{4(k+1)^2-1}-\frac{1}{(k+1)^2}=\frac{1-(k+1)^2}{(k+1)^2[4(k+1)^2-1]}$$

$$=\frac{-k(k+2)}{(k+1)[4k^2+8k+3]}<0。$$

所以 $\dfrac{3k}{2k+1}+\dfrac{1}{(k+1)^2} \geqslant \dfrac{3(k+1)}{2k+3}$ 成立，

即 $1+\dfrac{1}{2^2}+\dfrac{1}{3^2}+\cdots+\dfrac{1}{k^2}+\dfrac{1}{(k+1)^2} \geqslant \dfrac{3(k+1)}{2(k+1)+1}$ 成立。

所以 当 $n=k+1$ 时命题成立。

根据(1)、(2)可知，对一切 $n \in \mathbf{N}$，$1+\dfrac{1}{2^2}+\dfrac{1}{3^2}+\cdots+\dfrac{1}{n^2} \geqslant \dfrac{3n}{2n+1}$ 成立。

评析 用数学归纳法证题的关键是第二步，难点是第二步，在本例中，我们不能像证明等式那样将 $\dfrac{3k}{2k+1}$ 和 $\dfrac{1}{(k+1)^2}$ 相加，一般地，这两项相加并不恰好等于 $\dfrac{3(k+1)}{2(k+1)+1}$，这正是问题的难点所在，这里我们利用归纳假设结合分析法或求差法从 $n=k$ 推导出 $n=k+1$ 时命题成立。

从例 4、例 5 可见，由命题 $p(k)>f(k)$ 推证 $p(k+1)>f(k+1)$，通常都是寻求一个过渡式，即 $p(k)+[f(k+1)-f(k)]$，通过证明 $p(k+1)>p(k)+[f(k+1)-f(k)]$ 及利用归纳假设 $p(k)>f(k)$ 达到证明 $p(k+1)>f(k+1)$ 的目的。

三、数学归纳法在解数列问题中的应用

在中学阶段我们还会碰到求等差或等比数列前 n 项和的题目，而数学归纳法用在这里的话就会得到事半功倍的效果。

【例 6】 用数学归纳法证明：$1+3+5+\cdots+(2n-1)=n^2$。

证明 (1) 当 $n=1$ 时，左边 $=1$，右边 $=1$，等式成立。

(2) 假设当 $n=k$ 时等式成立，就是

$1+3+5\cdots+(2k-1)=k^2$，

那么，$1+3+5\cdots+(2k-1)+[2(k+1)-1]$

$=k^2+[2(k+1)-1]$

$=k^2+2k+1$

$=(k^2+1)$。

这就是说,当 $n=k+1$ 时等式也成立。

根据(1)和(2)可知,等式对任何 $n\in\mathbf{N}$ 都成立。

【例 7】 已知点的序列 $A_n(x_n,0),n\in\mathbf{N},x_1=0,x_2=a>0,A_3$ 是线段 A_1A_2 的中点,A_4 是线段 A_2A_3 的中点,$\cdots\cdots,A_n$ 是线段 $A_{n-2}A_{n-1}$ 的中点。

(1) 写出 x_n 与 x_{n-1},x_{n-2} 之间的关系式($n\geqslant3$)。

(2) 设 $x_{n+1}-x_n=a_n$,计算 a_1,a_2,a_3,由此推测数列 $\{a_n\}$ 的通项公式,并加以证明。

(3) 求 $\lim\limits_{n\to\infty}x_n$ 的值。

思考与分析 本题是以几何关系为背景的数列问题,涉及到中点的坐标公式,事实上,本题间接地给出了数列 $\{x_n\}$ 的递推关系式,故可据此确定数列 $\{x_n\}$。另外,根据数列 $\{a_n\}$ 与 $\{x_n\}$ 的关系 $a_n=x_{n+1}-x_n$,可确定数列 $\{a_n\}$。

解 (1) $A_1(x_1,0)=A_1(0,0),A_2(x_2,0)=A_2(a,0),A_3(x_3,0)=A(\frac{a}{2},0)\cdots$

由 $A_n(x_n,0)$ 是点 $A_{n-2}(x_{n-2},0)$ 与 $A_{n-1}(x_{n-1},0)$ 的中点,易得

$$x_n=\frac{x_{n-2}+x_{n-1}}{2}(n\geqslant3)。$$

(2) 由(1)的结果,以及 $x_1=0,x_2=a$,得

$$x_3=\frac{a}{2},x_4=\frac{3}{4}a,x_5=\frac{5a}{8},\cdots$$

所以 $a_1=x_2-x_1=a,$

$$a_2=x_3-x_2=\frac{a}{2}-a=-\frac{a}{2},$$

$$a_3=x_4-x_3=\frac{3}{4}a-\frac{a}{2}=\frac{a}{4}。$$

猜想 $a_n=(-\frac{1}{2})^{n-1}a$。

下面用数学归纳法证之。

当 $n=1$ 时,$a_1=(-\frac{1}{2})^0\cdot a=a$,所以猜想成立。

设当 $n=k$ 时,猜想成立,即 $a_k=(-\frac{1}{2})^{k-1}a$,

则当 $n=k+1$ 时,

$$a_{k+1}=x_{k+2}-x_{k+1}$$

$$=\frac{x_{k+1}+x_k}{2}-x_{k+1}$$

$$=\frac{-(x_{k+1}-x_k)}{2}$$

$$=(-\frac{1}{2})a_k=(-\frac{1}{2})\cdot(-\frac{1}{2})^{k-1}a$$

$$=(-\frac{1}{2})^{k+1-1}a,$$

所以当 $n=k+1$ 时,猜想也成立。综上,对一切 $n\in\mathbf{N}$,猜想都成立。

注:以上求 $\{a_n\}$ 的通项公式的方法是归纳法,即先由数列 $\{a_n\}$ 的前几项猜想通项公式,再用数学归纳法予以证明。

【例 8】 用数学归纳法证明:

$$\left(1+\frac{1}{1}\right)\left(1+\frac{1}{3}\right)\left(1+\frac{1}{5}\right)\cdots\left(1+\frac{1}{2n-1}\right)>\sqrt{2n-1}\,(n\geqslant2,n\in\mathbf{N})$$

证明 (1) 当 $n=2$ 时,左式 $=(1+\frac{1}{1})(1+\frac{1}{3})=\frac{8}{3}=\sqrt{\frac{64}{9}}$,

右式 $=\sqrt{5}$,$\because \frac{64}{9}>5$, 所以 $\sqrt{\frac{64}{9}}>\sqrt{5}$,

即 $n=2$ 时,原不等式成立。

(2)假设 $n=k(k\geqslant2,\ k\in\mathbf{Z})$ 时,不等式成立,即

$$(1+\frac{1}{1})(1+\frac{1}{3})(1+\frac{1}{5})\cdots(1+\frac{1}{2k-1})>\sqrt{2k+1}\,,$$

则当 $n=k+1$ 时,

左边 $=(1+\frac{1}{1})(1+\frac{1}{3})(1+\frac{1}{5})\cdots(1+\frac{1}{2k-1})(1+\frac{1}{2k+1})$

$$>\sqrt{2k+1}(1+\frac{1}{2k+1})=\frac{2k+2}{\sqrt{2k+1}},$$

右边 $=\sqrt{2k+3}$，要证左边＞右边，只要证 $\dfrac{2k+2}{\sqrt{2k+1}}>\sqrt{2k+3}$，

只要证 $2k+2>\sqrt{(2k+3)(2k+1)}$，只要证 $4k^2+8k+4>4k^2+8k+3$，只要证 $4>3$。

而上式显然成立，所以原不等式成立，即 $n=k+1$ 时，左式＞右式。

由(1)、(2)可知，原不等式对 $n\geqslant2,n\in\mathbf{N}$ 均成立。

小结：用数学归纳法证明不等式时，应分析 $f(k)$ 与 $f(k+1)$ 两个不等式，找出证明的关键点（一般要利用不等式的传递性），然后再综合运用不等式证明的方法。如上题，关键是证明不等式 $\dfrac{2k+2}{\sqrt{2k+1}}>\sqrt{2k+3}$。除了分析法，还可以用比较法和放缩法来解决。

四、数学归纳法在解几何问题中的应用

数学归纳法还可以用在几何证明方面，比如类似于求 n 条直线的在平面内的交点问题等等。下面我们来研究一下如何用归纳法解几何问题。

【例 9】 平面内有 n 条直线，其中任何两条不平行，任何三条不过同一点，证明交点的个数 $f(n)$ 等于 $\dfrac{1}{2}n(n+1)$。

证明 (1)当 $n=2$ 时，两条直线的交点只有一个，即 $f(2)=1$。又当 $n=2$ 时，$f(2)=\dfrac{1}{2}\times2\times2(2-1)=1$，因此命题成立。

(2)假设 $n=k(k\geqslant2)$ 时命题成立，也就是说，平面内满足题设的任何 k 条直线的交点的个数 $f(k)$ 等于 $\dfrac{1}{2}k(k-1)$。现在来考虑平面内有 $k+1$ 条直线的情况，任取其中的一条直线，记为 L（图 8-1）。由上述归纳法的假设，除 L 以外的其他 k 条直线的交点的个数 $f(k)$ 等于 $\dfrac{1}{2}k(k-1)$，另外，因为已知任何两条直线不平行，所以直线 L 必与平面内其他 k 条直线都相交；又因为已知任何三条直线不过同一点，所

以上面的 k 个交点两两不相同,且与平面内其他的 $\frac{1}{2}k(k-1)$ 个交点也两两不相同,从而平面内交点的个数是

$$\frac{1}{2}k(k-1)+k = \frac{1}{2}k\big[(k-1)+2\big]$$
$$= \frac{1}{2}(k+1)\big[(k+1)-1\big]。$$

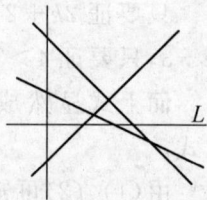

这就是说,当 $n=k+1$ 时,$k+1$ 条直线的交点的个数 $f(k+1)$ 等于 $\frac{1}{2}(k+1)\big[(k+1)-1\big]$。

图 8-1

根据(1)和(2)可知,命题对任何 $n\geqslant 2$ 且 $n\in\mathbf{N}$ 都成立。

【例 10】 平面上有 n 条直线,其中没有两条平行,也没有三条经过同一点。求证:它们

(1) 共有 $V_n=n(n-1)/2$ 个交点;

(2) 互相分割成 $E_n=n^2$ 条线段;

(3) 把平面分割成 $S_n=1+n(n+1)/2$ 块。

证明 假设命题在 $n-1$ 条直线时是正确的。现在来看添上一条直线后的情况。

新添上去的 1 条直线与原来的 $n-1$ 条直线各有 1 个交点,因此 $V_n=V_{n-1}+n-1$。

这新添上去的 1 条直线被原来的 $n-1$ 条直线分割成 n 段,而它又把原来的 $n-1$ 条直线每条多分割出一段,因此 $E_n=E_{n-1}+n+n-1=E_{n-1}+2n-1$。

这新添上去的 1 条直线被分割为 n 段,每段把一块平面分成两块,总共添出 n 块,因此 $S_n=S_{n-1}+n$。

当 $n=1$ 时,$V_1=0,E_1=1,S_1=2$。

因此 $V_n=(n-1)+V_{n-1}=(n-1)+(n-2)+V_{n-2}=\cdots=(n-1)+(n-2)+\cdots+1=n(n-1)/2$;

$E_n=(2n-1)+E_{n-1}=(2n-1)+(2n-3)+E_{n-2}=\cdots=(2n-1)+(2n-3)+\cdots+1=n^2$;

$S_n=n+S_{n-1}=n+(n-1)+S_{n-2}=\cdots=n+(n-1)+\cdots+2+2=$

$1+n(n+1)/2$。

小结：用数学归纳法证明几何命题时，应分析添加一条直线后，所增加的交点、线段、平面数，再进行从 n 到 1 的递推，从而得到最后结论。

【例 11】 平面上若干条线段连在一起组成一个几何图形，其中有顶点，有边（两端都是顶点的线段，并且线段中间再没有别的顶点），有面（四周被线段所围绕的部分，并且不是由两个或者两个以上的面合起来的）。如果用 V、E 和 S 分别表示顶点数、边数和面数，求证：$V-E+S=1$。

证明　应用数学归纳法。

当 $n=1$，即有 1 条线段的时候，有 2 个点，1 条线，无面。也就是 $V_1=2$，$E_1=1$，$S=0$。所以结论正确。

假设对由不多于 k 条线段组成的图形，这个定理成立，现在证明对由 $(k+1)$ 条线段组成的图形，这个定理也成立。

添上一条线可以有好几种添法，但是这条线是与原来的图形连在一起的，所以至少要有一端在原图形上。根据这一点，我们来考虑以下各种可能情况：

（1）一端在图形外，另一端就是原来的顶点。这样，点数加上 1，线数加上 1，面数不变。这就是要在原来的公式左边加上 $1-1+0=0$，所以结论成立。

（2）一端在图形外，另一端在某一条线段上。这样，点数加上 2，线数也加上 2（除添上的一条线之外，原来的某一条线被分为两段），面数不变。因为 $2-2+0=0$，所以结论仍成立。

（3）两端恰好是原来的两顶点。这时，这条线段把一个面一分为二，即线、面数各加上 1，而点数不变。因为 $0-1+1=0$，所以结论仍成立。

（4）一端是顶点，另一端在一条边上。这时，点数加上 1，边数加上 2（一条是添的线，另一条来自把一边一分为二），面数加上 1。因为 $1-2+1=0$，所以结论仍成立。

（5）两端都在边上。这时，点数加上 2，边数加上 3，面数加上 1。

因为 $2-3+1=0$,所以结论仍成立。

综上所述,可知公式 $V-E+F=1$ 对于所有的 n 都成立。

评析　用数学归纳法证明几何命题时,应分析添加一条直线后所增加的交点、线段、平面数,再进行从 n 到 1 的递推,从而得到最后结论。

五、数学归纳法在解整除性问题中的应用

利用数学归纳法证明整除问题,由归纳假设 $p(k)$ 能被 p 整除,证 $p(k+1)$ 能被 p 整除,也可运用结论:"$p(k+1)-p(k)$ 能被 p 整除 $\Leftrightarrow$ $p(k+1)$ 能被 p 整除"。

【例 12】　(1)证明三个连续自然数的立方和能被 9 整除;

(2) 证明:$\dfrac{1}{n+1}+\dfrac{1}{n+2}+\cdots+\dfrac{1}{2n-1}+\dfrac{1}{2n}>\dfrac{1}{2}$　（$n\in\mathbf{N}$ 且 $n\geqslant2$）。

证明　(1) 记 $p(n)=(n-1)^3+n^3+(n+1)^3$　（$n\in\mathbf{N}$ 且 $n\geqslant2$）

i) 易证 $9|p(2)$;

ii) 设 $9|p(2)$,欲证 $9|p(k+1)$,只需证 $9|[p(k+1)-p(k)]$。

而 $p(k+1)\quad p(k)-(k+2)^3+(k-1)^3$

$$=9(k^2+k+1)。$$

所以 $9|p(k+1)$,即命题当 $n=k+1$ 时成立。

由 i)、ii)知,三个连续自然数的立方和能被 9 整除。

(2) 记 $S(n)=\dfrac{1}{n+1}+\dfrac{1}{n+2}+\cdots+\dfrac{1}{2n-1}+\dfrac{1}{2n}$。

i) 当 $n=2$ 时,$S(2)=\dfrac{1}{3}+\dfrac{1}{4}=\dfrac{7}{12}>\dfrac{1}{2}$,即 $S(2)>\dfrac{1}{2}$;

ii) 设 $n=k$ 时,$S(k)>\dfrac{1}{2}$,

则 $S(k+1)-S(k)=\dfrac{1}{2k+2}+\dfrac{1}{2k+1}-\dfrac{1}{k+1}$

$$=\dfrac{1}{2k+1}-\dfrac{1}{2k+2}$$

$$=\dfrac{1}{2(k+1)(2k+1)}>0,$$

所以 $S(k+1) > S(K) > \dfrac{1}{2}$。

由 i)、ii)知,对任意自然数 $n(n \geqslant 2)$,所证不等式成立。

评析　(1)由本例(1)可知,数学归纳法的归纳步骤"$k \to k+1$"不一定采用添项或裂项的办法来创造应用归纳假设条件,也可采用"相减法"。

(2)弄清命题 $p(k) \to p(k+1)$ 的项数变化,是证明首先需要解决的问题,如本例(2)中 $S(k+1)$ 与 $S(k)$ 相比,增加了两项:$\dfrac{1}{2k+2}$,$\dfrac{1}{2k+1}$,减少了一项:$\dfrac{1}{k+1}$。

【例 13】　用数学归纳法证明:对于任意的自然数 n,数 $11^{n+2} + 12^{2n+1}$ 是 133 的倍数。

证明　(1)当 $n=0$ 时,$11^2 + 12 = 133$,是 133 的倍数,即 $n=0$ 时命题成立。

(2)假设 $n=k(k \in \mathbf{Z}$ 且 $k \geqslant 0)$ 时,$11^{k+2} + 12^{2k+1}$ 是 133 的倍数,则 $n=k+1$ 时,$11^{n+1+2} + 12^{2(n+1)-1} = 11 + 11^{k+2} = 144 + 12^{k+1} = 11(11^{k+2} + 12^{2k+1}) + 133 \cdot 12^{2k+1}$,

由归纳假设知,$11^{n+2} + 12^{2n+1}$ 是 133 的倍数,而 $133 + 12^{2n+1}$ 显然是 133 的倍数,所以当 $n=k+1$ 时命题成立。

根据(1)、(2)可知,对任意非负整数 n,$11^{n+2} + 12^{2n+1}$ 是 133 的倍数。

评析　本题若第一步证 $n=1$ 时命题成立,则计算量较大,这里改证 $n=0$,显然方便得多。有时为了简化计算,常将证 $n=1$ 改证 $n=0$ 或 $n=-1$,这种技巧称之"提前起点","提前起点"的要求是 n 为整数,否则递推无法进行。

第三节　反证法与同一法

一、反证法

反证法也是一种数学思想方法。有些不容易或者根本不可能用顺证法证明的命题,往往可以用反证法。反证法从否定结论出发,进行正确的推理,得出明显的矛盾,于是间接地证明了原来的命题,解决了顺证法不能解决或者不易解决的问题。数学上不少著名的定理就是用反证法证明出来的。

反证法是一种间接证法,它是先提出一个与命题的结论相反的假设,然后从这个假设出发,经过正确的推理,导致矛盾,从而否定相反的假设,达到肯定原命题正确的一种方法。反证法可以分为归谬反证法(结论的反面只有一种)与穷举反证法(结论的反面不止一种)。用反正法证明一个命题,分三步:

(1)反设——假设待证的结论不成立,也就是肯定原结论的反面;

(2)归缪——把假设作为题设去证明,通过一系列正确的逻辑推理,最终得出与某些原条件矛盾;

(3)结论——由所得矛盾说明原命题成立。

反设是反证法的基础,为了正确地作出反设,掌握一些常用的互为否定的表述形式是必要的,例如:是/不是;存在/不存在;平行于/不平行于;垂直于/不垂直于;等于/不等于;大(小)于/不大(小)于;都是/不都是;至少有一个/一个也没有;至少有 n 个/至多有($n-1$)个;至多有一个/至少有两个;唯一/至少有两个。

归谬是反证法的关键,导出矛盾的过程没有固定的模式,但必须从反设出发,否则推导将成为无源之水,无本之木。推理必须严谨。

学习运用反证法对于发展逻辑思维能力和培养灵活的解题能力是很有益处的。因为用反证法证明命题往往不像普通的顺证法那样顺理成章,它需要更严密的逻辑推理和对已知条件、已知公理、定理更灵活的运用,也需要有创造能力,所以熟练地运用反证法无疑会提高学生的数学解题能力和数学水平。

常用反证法证明的命题如下:

(1)结论为否定的命题。这里所谓否定,就是含有"不"的叙述,如"不存在……""不是……""不等于……""不能……"。

(2)可转化为结论是否定的命题。如"无理数"即"无限不循环小数","既约分数"(即"不能分解"),"互质"(即"没有大于 1 的公约数"),"超越数"(即"非(不是)代数数")等等。

（3）有关个数的命题,如"至多"、"至少"、"有限或无穷"、"唯一"等等。

反证法按照证明过程的不同,大致可分为两个类型:

（一）归谬法

假设"结论不成立",则结论不成立就会出现问题,而这个问题是通过与已知条件矛盾,或者与公理、定理矛盾,或者与临时假设矛盾,或者自相矛盾的方式暴露出来的,这就是反证法中的归谬法。

【例 14】 求证:若 p,q 是奇数,则方程 $x^2+px+q=0$

（1）不可能有等根;

（2）不可能有整根。

思考和分析 （1）假设方程有等根,则判别式

$$\Delta=p^2-4q=0, \tag{①}$$

然而由 p 是奇数得, p^2 也是奇数,而 $4q$ 是偶数,于是

$$p^2-4q=奇数-偶数=奇数。$$

又由于 0 是偶数,于是由①知,

偶数＝奇数

这是不可能的,因此原假设不成立,方程没有等根。

（2）假设方程有整根 x_1,x_2,则由韦达定理得

$$x_1+x_2=-p, \tag{②}$$

$$x_1 \cdot x_2=q。 \tag{③}$$

由③式及 q 是奇数可知, x_1,x_2 都是奇数,于是

$$x_1+x_2=奇数+奇数=偶数$$

然而 p 是奇数,即 $-p$ 也是奇数,这就得出了偶数＝奇数的矛盾,因此方程无整根。

（二）穷举法

有一些命题在否定它的结论时,否定的事项不止一个,有时有好几个,在这种情况下应用反证法时,就应该把几种否定的情况一一加以推翻,这就是反证法中的穷举法。

【例 15】 △ABC 和 △A'BC 有公共边 BC，且

A'C＋A'B＞AB＋AC

求证：A'一定在 △ABC 的外部。

分析和思考 假设 A'不在 △ABC 的外部，这时就有两种可能：A'在 △ABC 的边上或者在 △ABC 的内部。

(1) 若 A'在 △ABC 的边上，如图 8-2 所示。

如果 A'在 AC 边上，则 AB＋AA'＞A'B，

AB＋AA'＋A'C＞A'B＋A'C，

即 AB＋AC＞A'C＋A'B，

这与已知条件矛盾，所以 A'不可能在 AC 上。

同理，A'也不可能在 AB、BC 边上。

(2) 若 A'在 △ABC 的内部。

如图 8-3 所示，延长 BA'交 AC 于 D，则

$$AB＋AD＞BD＝A'B＋A'D。$$

又有 A'D＋DC＞A'C，

则 AB＋AD＋DC＞A'B＋A'D＋DC＞A'B＋A'C，

即 AB＋AC＞A'C＋A'B，

与已知矛盾，所以 A'不可能在 △ABC 的内部。

综合以上假设，A'一定在 △ABC 的外部。

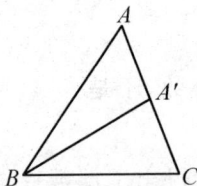

图 8-2

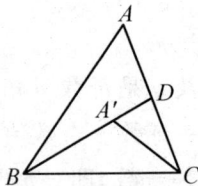

图 8-3

需要指出的是，我们只有用反证法证明一个正确的命题才能导致矛盾，而如果用反证法证明一个不正确的命题，在证明过程中就不会导致矛盾。所以我们应用反证法证题时，只要待证的命题正确，推理正确，就一定能导致矛盾，否则，不是待证的命题有错误，就是推理过

程有问题。因此,反证法的学习和应用,能不断提高学生的分析和辩驳能力,能培养学生的逆向思维,开拓解题思路,化繁为简。

有些问题,从正面证相当困难,若采用反证法可以使证明迎刃而解,原因是反设以后,增添了一个条件。

【例 16】 求证:对任意的自然数 n,分数 $\dfrac{21n+4}{14n+3}$ 不可约。

证明　若结论不成立,记 $21n+4$ 与 $14n+3$ 的最大约数为 d,则 $d>1$,这时存在 $p,q\in \mathbf{N}_+$,且 p、q 互质,使

$$\begin{cases} 21n+4=pd, & (1) \\ 14n+3=qd, & (2) \end{cases}$$

由 $3\times(2)-2\times(1)$,得

$$1=(3p-2q)d, \tag{3}$$

从而 $d=1$, $\tag{4}$

这与假设 $d>1$ 矛盾,故 $d=1$,即 $\dfrac{21n+4}{14n+3}$ 不可约。

点评　以上证明过程,形式上是反证法,其实本题也可以从正面入手,由(1)、(2)、(3)直接求解。

【例 17】　在一个有限的实数列中,任意 7 个连续项之和都是负数,任意 11 项之和都是正数,试问:这样的数列最多有多少项?

思考与分析　假设这样的数列最少有 17 项,由题设,试构造如下数列:

$a_1,a_2,\cdots,a_7$

$a_2,a_3,\cdots,a_8$

……

$a_{11},a_{12},\cdots,a_{18}$

用两种方法求上述数阵所有的数的和 S:

按行求和:$S=\sum\limits_{i=1}^{7}a_i+\sum\limits_{i=2}^{8}a_i+\cdots+\sum\limits_{i=11}^{17}a_i<0$

按列求和:$S=\sum\limits_{i=1}^{11}a_i+\sum\limits_{i=2}^{12}a_i+\cdots+\sum\limits_{i=7}^{17}a_i>0$ 产生矛盾。

所以 $n<17$。

另一方面,可以构造一个 16 项的数列:$6,6,-15,6,6,6,-16,6$,$6,6,-16,6,6,6,-15,6,6$ 适合题意。

所以 $n=16$。

(三) 同一法

同一法是几何中间接证明方法之一。当一个命题的条件和结论所指的概念唯一存在,而通过直接证明某种图形具有某种特性不容易时,就不妨改为去证它的逆命题,然后根据唯一性原理断言命题的真假,我们把这种解题方法叫做同一法。换句话说,同一法就是在一定条件下证明原命题的逆命题成立。这里所说的一定条件,其依据就是同一法则。

我们知道,一个命题正确,它的逆命题不一定正确。但在特殊情况下,可以同真同假。也就是说,在特殊情况下,一个命题和它的某一个逆命题可以是等价命题。如:"中国是世界上人口最多的国家①",这句话公认是对的,而把它倒过来说成:"世界上人口最多的国家是中国②"也完全正确。为什么呢?说起来道理也很简单,因为世界上只有一个国家叫做中国,同时世界上也只有一个国家人口最多,可见"中国"和"世界上人口最多的国家"实际上是合二而一的,所以把①说成②是完成可以的,类似这种命题在几何上也有不少。

例如:"等腰三角形到底边上的中垂线也是顶角的平分线"③

其逆命题:"等腰三角形顶角的平分线也是底边上中垂线"④,也是正确的,这是因为等腰三角形顶角的平分线与底边的中垂线都是唯一的,它们虽是两不同的概念,但它们所指的是同一对象。

如果一个命题的条件和结论唯一存在且所指概念的外延是同一对象,那么这个命题一定和它的某一逆命题等价。这个性质叫做同一原理。同一原理是同一法的逻辑依据。由此可知,同一法的实质是:根据同一原理,通过证明一个命题的某一个逆命题的正确性来达到证明原命题的目的。

同一法常用于证明某图形具有某种性质的命题,而且这个命题又符合同一原理。

用同一法证题的基本步骤是:

（1）先作出一个符合结论的图形，然后推证出所作的图形符合已知条件；

（2）根据唯一性，证明所作出的图形与已知的图形是全等的或重合的；

（3）说明已知图形符合结论。

在平面几何图形问题中，最常见的具有"唯一确定"的命题有以下几个，这些命题都是在运用同一法证明几何问题时常用的，是证明唯一性的理论依据。

（1）过两个已知点有且只有一条直线；

（2）一个角有且只有一条角平分线；

（3）一条线段有且只有一个中点；

（4）两条相交直线有且只有一个交点；

（5）过直线外一点有且只有一直线与该直线平行；

（6）过一点有且只有一直线垂直于已知直线；

（7）按比内（外）分已知线段的分点唯一确定；

（8）过圆周角上任一点的切线唯一确定；

（9）在已知线段上，自端点起截取已知长的线段，另一端点是唯一确定的；

（10）以已知射线为一边，在指定的一侧作已知大小的角，另一边是唯一确定的；

【例 18】　以正方形的一边为底向图形内作一等腰三角形，若它的底角等于 $15°$，则将它的顶点与正方形另两个顶点连结时，必构成一个正三角形。

已知：E 是正方形 $ABCD$ 内部一点，$\angle ECD$ $=\angle EDC=15°$，求证：$\triangle EAB$ 是正三角形。

思考与分析　向正方形 $ABCD$ 内部作正三角形 $E'AB$，并连结 $E'C$ 及 $E'D$（图 8 - 4）。

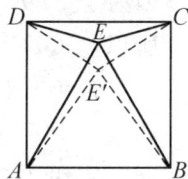

图 8 - 4

因为 $BC=AB=BE'$，所以 $\triangle BCE'$ 是一个等腰三角形，它的顶角 $\angle CBE'=90°-60°=30°$，底角 $\angle BCE'=75°$，于是 $\angle E'CD=90°-75°=15°$；同理可得 $\angle EDC=15°$，

由此可见，E 与 E' 两点重合，则 $\triangle EAB$ 无疑是正三角形。

【例 19】 自三角形的一个顶点向其他两角的平分线作垂线，则两垂足的连线平行于该顶点的对边。

已知：在 $\triangle ABC$ 中 BQ 和 CP 分别是 $\angle B$ 和 $\angle C$ 的平分线，$AE \perp CP$，$AF \perp BQ$。求证：$EF /\!/ BC$。

思考与分析 （同一法）设 M 和 N 分别是 AB 和 AC 的中点，连结 MN，则 $MN /\!/ BC$，令 MN 分别交 CP，BQ 于两点 E'、F'，那么 $EF /\!/ BC$。

又因为 $\angle 3 = \angle 2$（两直线平行内错角相等），

$\angle 2 = \angle 1$（已知），

所以 $\angle 1 = \angle 3$，

所以 $EN = CN = AN$，

所以 $\angle AE'C$ 是直角，

所以 $AE' \perp CP$。

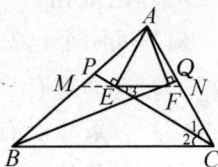

图 8 - 5

同理 $AF' \perp BQ$，所以点 F' 与 F，点 E' 与 E 重合（由直线外一点向这直线引垂线，其垂足有且只有一个），所以 $EF /\!/ BC$

【例 20】 已知 AB 是半圆的直径，过 A，B 两点分别引弦 AC 与 BD 交于 E 点，又过 C，D 分别作圆的两条切线交于 P，连结 PE，求证：$PE \perp AB$。

思考与分析 如图 8 - 6 所示，因为 AB 是半圆的直径，所以 $\angle ACB = \angle ADB = 90°$。

延长 AD，BC 交于 Q，那么 E 为 $\triangle ABQ$ 的垂心。

连结 QE，设 QE 交 DP 于 P'，显然 $QE \perp AB$。

因为 $\angle PDE = \angle DAB = 90° - \angle DQE = \angle DEQ$，

所以 $\angle QDP = \angle DQE$，

即 $DP' = P'E = QP'$，即 DP' 平分 DE。

同理，CP' 平分 QE。

因为直线 DP，CP 都经过 QR 的中点 P'，

而 DP，CP 只相交一个点 P，

所以 P 必与 QR 的中点 P' 重合。

因为 $QR \perp AB$，所以 $PE \perp AB$。

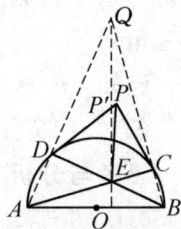

图 8 - 6

第四节 综合法与分析法

一、综合法

在证题时,从已知条件出发,经过一系列已确定的命题逐步推理,结果或是导出前所未知的命题,或是解决了当前的问题,像这样的思维方法就叫做综合法。综合法的要点就是由已知条件(包括各方面已确立的命题)推导出所要证明的结论。综合法与分析法的关系极为密切,可以说分析法是综合法的前提。综合法的模式是"已知⇒…⇒未知。"

例如,证明命题"若 A 则 D",则思路大致如图 8-7 所示。

由 A 往下看,观察可到达 D 的途径是 $A⇒B⇒C⇒D$,但由 A 推出的性质未必唯一(如 B,B_1,B_2),而由 B,B_1,B_2 推出的性质更多(如 C,C_1,C_2,C_3,C_4),这样由其中哪一个能推出 D 就还需要进一步分析,因而整体思考过程未必简捷,但它也有层次清楚的优点,因此证题时常常首先考虑综合法。综合法的推理形式是分离原则或蕴涵的传递性,上述命题的推理途径包含三个推理,可表示为:

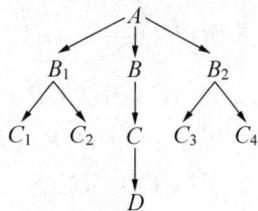

图 8-7

$$[(A→B)\cdots(B→C)\cdots(C→D)]→D$$

一般我们在分析题目时用的是分析法,分析法在书写格式方面不够清晰,那么在书写过程中就采用综合法的模式(由已知条件推理证明)更符合我们的思维习惯。

【例 21】 已知四边形 $ABCD$ 内接于⊙O,$AC⊥BD$,$OE⊥AB$ 于点 E(图 8-8)。求证:$OE=\dfrac{1}{2}CD$。

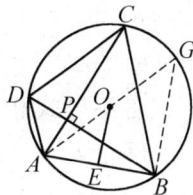

思考与分析 我们可以采用分析法进行分

图 8-8

析,其思维过程如下:

由 $OE \perp AB$ 可知 E 是 AB 的中点,作直径 AG,连结 GB,于是 $OE = \frac{1}{2}GB$。

欲证 $OE = \frac{1}{2}CD$,只须证 $GB = CD$ 即可,因此可改证 $\angle BAG = \angle CAD$,而 $AC \perp BD$ 于 P,$GB \perp AB$,所以只须证明 $\angle AGB = ADP$ 即可,然而 $\angle AGB$ 和 $\angle ADP$ 是同弧上的圆周角,当然相等。

证明的书写过程我们可以采用综合法进行。

证明 作直径 AG,连结 BG,则 $GB \perp AB$。

因为 $OE \perp AB$ 于 E,所以 E 是 AB 的中点,

所以 $OE = \frac{1}{2}GB$。

又 $AC \perp BD$,$GB \perp AB$ 且 $\angle ADP = \angle BGA$,

所以 $\angle DAP = \angle BAG$,

所以 $CD = GB$,

所以 $OE = \frac{1}{2}GB = \frac{1}{2}CD$。

【例 22】 已知 $\frac{a_1}{b_1} < \frac{a_2}{b_2} < \frac{a_3}{b_3} < \cdots < \frac{a_n}{b_n}$,并且所有的字母都表示正数,求证: $\frac{a_1}{b_1} < \frac{a_1 + a_2 + \cdots + a_n}{b_1 + b_2 + \cdots + b_n} < \frac{a_n}{b_n}$。

思考与分析 由已知得,

$a_1 b_1 = a_1 b_1$

$a_1 b_2 < a_2 b_1$

$a_1 b_3 < a_3 b_1$

……

$a_1 b_n < a_n b_1$

把各不等式相加,得

$a_1(b_1 + b_2 + b_3 + \cdots + b_n) < b_1(a_1 + a_2 + a_3 + \cdots + a_n)$,

即 $\frac{a_1}{b_1} < \frac{a_1 + a_2 + a_3 + \cdots + a_n}{b_1 + b_2 + b_3 + \cdots + b_n}$;

又 $a_nb_n=a_nb_n$

$a_nb_{n-1}>a_{n-1}b_n$

$a_nb_{n-2}>a_{n-2}b_n$

……

$a_nb_1>a_1b_n$，

把各不等式相加,得

$a_n(b_1+b_2+b_3+\cdots+b_n)>b_n(a_1+a_2+a_3+\cdots+a_n)$

即 $\dfrac{a_1+a_2+a_3+\cdots+a_n}{b_1+b_2+b_3+\cdots+b_n}<\dfrac{a_n}{b_n}$

综合上面两种情况有：

$\dfrac{a_1}{b_1}<\dfrac{a_1+a_2+a_3+\cdots+a_n}{b_1+b_2+b_3+\cdots+b_n}<\dfrac{a_n}{b_n}$

【例 23】 已知 a,b 都是正数,且 $a^2+4b^2=23ab$，

求证：$2\lg\dfrac{a+2b}{3}=(\lg a+\lg 3b)$。

思考与分析　根据条件 A：$a^2+4b^2=23ab,a,b>0$，

可以推出：

B：$a^2+4ab+4b^2=27ab$，

B_1：$a^2=b(23a-4b)$，

B_2：$a=\dfrac{23\pm3\sqrt{57}}{2}b$。

又由 B 可以推出：

C：$(\dfrac{a+2b}{3})^2=3ab$，

C_1：$a+2b=\pm3\sqrt{3ab}$。

再由 C 可以推出：

D：$2\lg\dfrac{a+2b}{3}=\lg 3ab=\lg a+\lg 3b$。

二、分析法

要证明一个命题是正确的,思考问题时可以由结论向已知条件逐步

追溯。也就是说,先假设命题的结论成立,推出它成立的原因,再把这些原因看成新的结论,再推求使它们成立的原因,如此逐步往上追溯,直到推出已知条件或已知的事实为止。简述之,就是执果索因。像这样的思维方法叫做分析法。分析法的基本模式是"结论$\Leftarrow \cdots \Leftarrow$已知"。

如果在追溯过程中,每一步都是可逆的(就是任何相邻的两个论断都是互为充要条件的,或者说是等价的),那么这样的分析法称为逆证法。

分析法的思考顺序与综合法相反,例如欲证"若A则D",是从D出发,逐步上溯,寻求D成立的原因(如C,C_1,C_2),而后再寻求C,C_1,C_2成立的原因(如B,B_1,B_2,B_3,B_4)(图8-9),如果其中之一如B成立的原因恰好为已知条件A,于是便得到命题的推论途径"$D\Leftarrow C\Leftarrow B\Leftarrow A$"。分析法思考的方向是比较明确的,是中学阶段分析证题常用的方法。

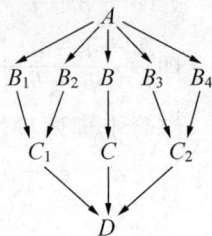

图 8 - 9

分析法与综合法比较,其优点是执果索因,思维目标较为清晰,思路也较为集中,易有成效,比较容易找到问题解决的途径。缺点是叙述不易得当,分析者知道怎么回事情,但很难完整表述出来。

【**例 24**】 在$\triangle ABC$中,已知$\angle B=2\angle C$,求证:$AC^2=AB^2+AB \cdot BC$。

思考与分析 此题用分析法探索时,其思路如下:

要证 D:$AC^2=AB^2+AB \cdot BC$,

只要证 C:$AC^2=AB(AB+BC)$,

C_1:$AC^2-AB^2=AB \cdot AC$,

C_2:$AC^2-AB \cdot BC=AB^2$。

凭直觉猜测,C可能是通向已知条件的途径,下面对C继续追索。要证C:$AC^2=AB$

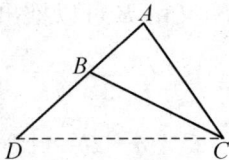

图 8 - 10

$(AB+BC)$,只要证$\dfrac{AC}{AB+BC}=\dfrac{AB}{AC}$。从这里我们设想构造一个以$AC$为一边,另一边等于$AB+BC$且与$\triangle ABC$相似的三角形,为此,延长$AB$到$D$,使$BD=BC$,连结$CD$(图8-10),则$AD=AB+BC$,于是要

证 $\dfrac{AC}{AB+BC}=\dfrac{AB}{AC}\Leftarrow\dfrac{AC}{AD}=\dfrac{AB}{AC}\Leftarrow\triangle ACB\cong\triangle ADC\Leftarrow$ 证 $\angle D=\angle ACB$

（因为 $\angle A$ 为公共角）$\Leftarrow$ 证 $\angle ABC=2\angle D$。

根据辅助线的作法，这很容易得证，因此命题得证。

注意：本题也可在 AC 上取一点 E，将 AC^2 转化为 $AC\cdot AE+AC$

$\cdot EC$ 来进行探索。

【例 25】　（1）证明：当 $m>0$ 时，$m+\dfrac{4}{m^2}\geqslant 3$。

（2）证明：如果 a,b,c,d 是正数，那么 $\sqrt{(a+c)(b+d)}\geqslant\sqrt{ab}+\sqrt{cd}$。

思考与分析　（分析法）（1）假设原不等式成立。

由 $m+\dfrac{4}{m^2}\geqslant 3(m>0)$

$\Rightarrow m^3-3m^2+4\geqslant 0$

$\Rightarrow (m+1)(m-2)^2\geqslant 0$

显然，这个不等式成立。从变换中所得的每一个不等式都可以得到它前面的一个不等式，所以原不等式成立。

（2）假设原不等式成立。

由 $\sqrt{(a+c)(b+d)}\geqslant\sqrt{ab}+\sqrt{cd}$

$\Rightarrow (a+c)(b+d)\geqslant ab+cd+2\sqrt{abcd}$

$\Rightarrow ab+cd+bc+ad\geqslant ab+cd+2\sqrt{abcd}$

$\Rightarrow (a+c)(b+d)\geqslant ab+cd+2\sqrt{abcd}$

$\Rightarrow bc+ad\geqslant 2\sqrt{abcd}$

$\Rightarrow (\sqrt{bc}-\sqrt{ad})^2\geqslant 0$

显然，这个不等式成立，从变换中所得的每一个不等式都可以得到它前面的一个不等式，所以原不等式成立。

【例 26】　设 $CEDF$ 是一个已知圆的内接矩形，过 D 作该圆的切线与 CE 的延长线相交于点 A，与 CF 的延长线相交于点 B，求证：$\dfrac{BF}{AE}=\dfrac{BC^3}{AC^3}$。

思考与分析　假设所求证的等式成立。

由 $\dfrac{BF}{AE}=\dfrac{BC^3}{AC^3}$,

$\dfrac{BF \cdot AC}{AE \cdot BC}=\dfrac{BC^2}{AC^2}$,

$\dfrac{BF \cdot AC}{AE \cdot BC}=\dfrac{BD \cdot AB}{AD \cdot AB}=\dfrac{BD}{AD}$（射影定理），

$\dfrac{BF \cdot AC}{AE \cdot BC}=\dfrac{BF}{DE}$（因为 $\triangle BDF \backsim \triangle ADE$，所以 $\dfrac{BD}{AD}=\dfrac{BF}{DE}$），

$\dfrac{AC}{BC}=\dfrac{AE}{DE}$,

显然这个等式成立（因为 $\triangle ABC \backsim \triangle ADE$），并且每一步都是可逆的，所以原等式成立。

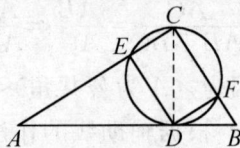

第九章

数学美学法

第一节　数学美概述

一、关于数学美

所谓的数学美学,是指利用审美的观念对数学的一种哲学研究。

在数学史上,许多著名的数学家都对数学发表过有关美学方面的论述,但是把美学看做一种方法,并研究它与数学思维、数学方法之间的关系却是近代才发展起来的。

从一般意义上讲,美有客观性,也有主观性。所谓美的客观性,是指美具有一种客观的属性。美也有主观性,所谓美的主观性就是审美的主体,即审美者自身,这包括审美者对美的感受水平,审美者对美的鉴赏以及对美的创造。

一般认为,在数学领域中人们对美学的研究大体上可分为三方面:

(1) 数学美的存在。它包括美的本质、美在数学中存在的类型和表现形态、不同数学分支之间美的关系(如几何美、代数美等)。

(2) 数学美的感受与反映。它包括不同人对数学美感的产生及发展,同时它还包括不同人(如数学家、哲学家及普通人等)所具有的不同美感的性质差异。

（3）数学美的创造与追求。数学作为一门科学，它有自己独特的性质、对象和方法。如何从美学的意义创造数学，如何在已有的数学知识中追求一种美感进而改变已有的数学研究和数学教学状态，是现代数学美学方法最为关心的问题，甚至可以说是数学美的关键内容。

从数学美的理论和使用方法来看，数学美主要分为结构美、语言美（属理论建构方面）、方法美（属方法内容，也称为形式美）。

所谓结构美，是指数学或数学的某一分支理论建构方面的美。法国著名数学家庞加莱曾说："数学的结构美是指一种内在的美，它来自各部分的和谐秩序，并能为纯粹的理智所领会。可以说，正是这种内在的美给了满足我们感官的五彩缤纷的美感的骨架，使我们面对一个秩序井然的整体，能够预见数学定理。"

所谓语言美，是指数学符号独特的语言形式。数学语言是一整套人为规定的、形式化的、以符号表现的语言形式。这种语言具有确定性、通用性与简洁性等独特的特点。

所谓方法美，是指在数学的运用、表述或建构中应用各种各样的奇妙数学方法所产生的一种美。

我国数学教育家徐利治曾说："数学教育与教学的目的之一，应当是让学生获得对数学美的审美能力，从而有利于激发他们对数学科学的爱好，也有助于增长他们的创造发明能力。"

全日制普通高级中学数学教学大纲（试验修订版）在教学目的中指出："良好的个性品质主要是指：正确的学习目的，学习数学的积极性、信心和毅力，实事求是的科学态度，勇于探索创新的精神，欣赏数学的美学价值。"

数学课程改革特别强调要改变传统的数学观和数学教育观，要用新的数学观来认识数学和用新的数学教育观来指导数学教学，从而提高学生的数学素养和促进数学素质教育的开展。新的数学观的一个重要方面就是数学是一种文化，它有丰富的人文价值和美学价值；新的数学教育观的要求之一是数学教学要和数学的审美结合起来，使数学教学过程既是学生数学知识的学习过程，又是对数学美的鉴赏过程。

　　数学学习动机是学习积极性的始动因素,是学习者为了满足某种需要而主动参与数学活动的心理状态。而学习兴趣是积极中最活跃的成分,它是渴望获得数学知识而积极参与的意向活动。美国著名教育心理学家布鲁纳曾说:"学习的最好刺激就是对所学知识的兴趣。"兴趣是最好的老师,是学习的最佳动力。然而,数学由于其自身的抽象和枯燥使很多学生望而生畏,更无兴趣可言。在他们看来,美和数学是毫不沾边的,或是根本无法领略的。在数学教学中,应该寻找让学生知觉到数学自身展现的美的途径,从而挖掘美并能够创造美,让数学美走入中学教学课堂,以美引趣、以美启智、以美育人,符合时代的要求,达到"以德治教"的良好的素质教育效果。

　　我国教育的目的是使学生德、智、体、美、劳等方面全面发展,因此在数学教学中加强审美教育是非常必要的。分析我国关于数学美研究的论著和论文,就会发现国内数学美研究的一个突出特点是强调数学美与数学教学的结合:或从宏观上论述数学审美教育的意义、方法、作用等问题;或从理论上建构数学审美教学的模式等;还有从微观的角度结合自己的数学教学实践研究数学美在数学教学中的具体运用。可以说,从理论和实践两个方面研究数学美与数学教学的结合,是对促进数学教学改革的有益尝试。

　　数学美是"在人类社会实践中形成的人与客观世界之间,以数量关系和空间形式反映出来的一种特殊的美的表现形式,这种形式以客观世界中的数、形与意向的融合为本质。如平面图形中最美的是圆,三维空间中最美的是球,这种全方位对称的客观事实,与人的追求对称的意向一致了、融合了,所以才感到美。"

　　数学美的研究是一个时时探索又时有新意的课题,对数学美的深入和全面的认识,无论是改善数学教学,还是促进数学的创造、发明都有重要意义。研究数学美,旨在比较、借鉴前人的研究成果的基础上,提出数学审美教学的策略并结合教学实际进行实践探索,从而激发学生学习数学的兴趣,启迪学生的思维活动,并帮助学生深化理解数学知识,陶冶思想情操。

二、中西方美学和美育发展状况

在西方,人们研究美学已有 2000 多年的历史了,而最早研究美学也正是从研究数学美开始的。毕达哥拉斯(Pythagoras,公元前 572—前 500)学派认为,世界的基源是数,所以美是一定数量关系的体现,如果体现和谐,那就是美。而后又有很多数学家或哲学家提出了数学美,如 5 世纪的希腊数学家普罗克拉斯(Proclus,约 410—483):"哪里有数,哪里就有美。"文艺复兴时期的意大利文化巨匠达·芬奇(Da Vinci,1452—1519)认为,美不是神意的体现,美是通过感官所能够把握的东西,美是比例。

"美育"一词,是从德文"Asthetische Erziehung"翻译过来的,是审美与教育的合称。自觉地提出审美教育始于柏拉图(Plato,公元前 427—前 347)。柏拉图说:"应该寻找一些有本事的艺术家,把自然的优美方面描绘出来,使我们的青年们向往风和日丽的地带一样,四周一切都对健康有利,天天耳濡目染于优美的作品,像从一种清幽境界呼吸一阵清风,来呼吸他们的好影响,使他们不知不觉地从小就培养起对于美的爱好,并且培养起融美于心灵的习惯。"马克思认为,审美教育是人类认识世界,按照美的规律改造世界、改造自身的一种重要手段,它对于人类实践活动具有重大的作用。

三、数学教学中美学和美育研究发展状况

1988 年在匈牙利首都召开了第六届国际数学教育会议,此次会议以《数学教育与文化美》为主题。与会者一致认为,"数学教育还必须将数学中所固有的美展示给学生,使学生不仅获得知识,而且还应受到美的熏陶。"

1991 年 6 月 21—24 日,由中国自然辩证法研究会数学哲学委员会主持在西安召开了全国首届数学美学会议,出席会议的有来自全国十多个省市的数学研究者、数学教育工作者和自然辩证法者共 28 人,提交学术论文 20 余篇。由此可见,对数学美学的研究方兴未艾。

2001 年在清华大学 90 周年校庆时,著名理论物理学家、诺贝尔奖

获得者、清华校友杨振宁教授报告的题目就是《美与物理学》。众所周知，数学是科学的皇后，人们在对科学美的探究之中，数学美必然要成为审美追求的目标。

2002年世界数学家大会期间，大会的组织者原中国数学会理事长张恭庆认为，无论是书本上的，还是文献中的，只要是好的数学成果一定是美的。

对于数学美的研究而言，"在世界的范围内，至今还没有一部可以被称为关于数学美的系统性理论研究的专著"，主要是在充分肯定数学美客观存在的基础上，从不同的侧面或角度阐述对于数学美的感悟和理解。我国数学美的研究是在徐利治教授的倡导下开始的，徐利治先生认为：创造力＝有效知识量×发散思维能力×抽象分析能力×审美能力。张奠宙在2001年指出，自徐利治先生提出数学美的概念以来，国内论述数学美的论文层出不穷。许多数学工作者已经开展了数学美的多方面研究，取得了丰硕的成果，如概括了数学美的三大要素：和谐性、简洁性、奇异性，从哲学角度对数学美进行了研究，初步建立了数学美学学科，特别是把数学美和数学课堂教学结合起来的研究是数学美研究的新亮点。这方面的研究包括著名的数学家从理论上的论述和广大数学教师在数学教学实践中的探索。可以说，将数学美引入数学课堂教学，一定程度上能够通过对数学美的鉴赏来更好地调动学生学习数学的积极性，培养他们的数学审美能力和形成全面的数学观，这对推进数学素质教育具有积极的现实意义。

第二节　数学美的特征

数学美有四个方面的基本特征：对称、和谐，简单、明快，严谨、统一，奇异、突变。

一、对称、和谐

对称、和谐是数学美的基本内容，它给人们一种圆满的匀称的美感与享受,其实质是数学中对立统一的概念、运算、命题、图形等在结构与形式方面的体现。几何中的对称图形与变换是明显对称的,从简单的圆、椭圆、心脏线到各类几何变换群都具有鲜明的对称性。这些对称性是数学形式美的表现,它直观地给人以美的享受。然而数学中还有更多的是基本概念、定理、法则的对称性,是与非对称性相联系的对称矩阵、线性空间等,都是一种均衡的对称美。和谐是指事物之间按一定规律联系、匀称、有一定秩序以及明确的变化规律。天文学家开普勒在他的名著《世界的和谐》中就指出:"现代宇宙学的发展证明,从某些角度看,我们的宇宙也是个'简单、和谐'的体系。"和谐包含着对称,它是一种内在美。波浪滚滚的正弦曲线,欲达不能的渐进线,翩翩起舞的蝴蝶定理,它们在和谐中动静结合,富有诗情。数系的扩充,一次又一次矛盾的冲突和解决,都在新的基础上形成新的和谐。初等数学中对称、和谐美的典型例子要算黄金数及其应用了。

【例 1】 黄金数 $\omega = \dfrac{\sqrt{5}-1}{2} = 0.618\cdots$,它是黄金分割比,也是黄金矩形的宽长之比,还是黄金三角形的底腰之比,此外还有,

$$\omega = 2\sin18°,$$

$$\omega = \sqrt{1 - \sqrt{1 - \sqrt{1 - \cdots \sqrt{1-a}}}}\,(0 < a < 1),$$

$$\omega = \sqrt{2 - \sqrt{2 + \sqrt{2 - \sqrt{2 + \cdots \sqrt{\cdots}}}}},$$

$$\omega = \cfrac{1}{1 + \cfrac{1}{1 + \cfrac{1}{1 + \cdots}}},$$

$$\omega = \lim_{n \to \infty} \frac{F_n}{F_{n+1}} \quad (F_n \text{ 为斐波那契数列通项})。$$

黄金数也是现实世界中美的反映。世界上许多著名建筑广泛采用 ω 的比例,给人以舒适的美感。人体自身的躯干宽高比约为 $1:1.618$。一些名画的主题,大多画在画面的 0.618 处,摄影中也要注意这一点。乐曲中较长的一段一般是总长度的 0.618,弦乐器的声码

放在琴弦的 0.618 处会使声音更甜美。美术作品的高雅风格、音乐作品的优美节奏，交融于数学的对称美、和谐美之中。

　　在数学解题中，经常会运用对称原理解题，正如波里亚所说："在数学题设条件里地位相同的未知量，可以想像它们在解答中的地位也相同。"数据和条件里的对称性不仅仅被求解对象所反映，而且为求解过程所反映。

　　【例 2】　假设 $x, y, z \in \mathbf{R}$，又知道它们满足 $x+y+z=a, x^2+y^2+z^2=\dfrac{a^2}{2}(a>0)$，试证：$x, y, z$ 都不是负数，也不能大于 $\dfrac{2}{3}a$。

　　思考与分析　x, y, z 在假设的条件里具有相同的地位，根据对称原理，我们只要对于 x, y, z 中某个先证得结论，问题就解决了。不妨先讨论 z。由已知条件，可将点 (x, y) 看作直线 $x+y+(z-a)=0$ 和圆 $x^2+y^2=\dfrac{a^2}{2}-z^2$ 的公共点，而直线与圆有公共点，必须

$$d=\frac{|z-a|}{\sqrt{2}} \leqslant \sqrt{\frac{a^2}{2}-z^2},$$

解此不等式，得 $0 \leqslant z \leqslant \dfrac{2}{3}a$；

同理可得 $0 \leqslant x \leqslant \dfrac{2}{3}a, 0 \leqslant y \leqslant \dfrac{2}{3}a$。

二、简单、明快

　　简单、明快既是数学美的直观显现，又反映数学的内在美。数学语言本身就是最简洁的文字，同时又极其深刻地反映客观规律。许多复杂的客观现象，总结为一定的规律，往往呈现为十分简单的公式。如开普勒行星运动第三定律 $T^2=D^3$（T 为行星公转周期，D 为行星与太阳的距离），爱因斯坦的质能公式 $E=mc^2$（m 为物体质量，c 为光速），牛顿第二定律 $F(t)=m\dfrac{\mathrm{d}v}{\mathrm{d}t}$，这些公式简洁、明快，有科学价值。

另外，许多不同的自然现象又常用一个数学公式加以描述，如弦振动、电磁波的传播、气体的不定常流动和超音速定常流动等都可以用双曲

型方程 $\dfrac{\partial^2 u}{\partial t^2} = a^2 \dfrac{\partial^2 u}{\partial x^2}$ 描述,可谓精美。数学家总是以极其描象的手法来揭示自然界的规律,如数学中有各种算子,引入之后使得公式变得如音符排列的歌曲一样,简洁又优美动人。引入哈密顿算子

$$\Delta = \left\{ \frac{\partial}{\partial x}, \frac{\partial}{\partial y}, \frac{\partial}{\partial z} \right\}$$

之后,梯度、散度、旋度化简为

$$\mathrm{grad}\psi = \Delta\psi,$$
$$\mathrm{div}\,\vec{a} = \Delta \cdot \vec{a},$$
$$\mathrm{rot}\,\vec{a} = \Delta \times \vec{a}。$$

这样,矢量分析这门研究流体力学、电动力学的重要基础学科,变得可用十几个公式加以概括。

追求简单、明快也是数学发现的重要因素之一。众所周知,追求第五公设的证明与问题求解,导致了罗巴切夫斯基几何的诞生。代数运算中乘法与幂的运算,乃是加法(相同加数)与乘法(相同因数)的简化。二进制可以说是从逻辑关系的简单型考虑中所引出的结果。

三、严谨、统一

严谨、统一是数学美的重要特征。欧几里得的几何体系被称为"壮丽的结构",曾鼓舞了百万青年人向科学堡垒进军。数学结构多样,但又常统一于某公理、公式之中,平面几何中的相交弦定理、割线定理、切线长定理都统一于圆幂定理之中。引入极坐标后,椭圆、双曲线、抛物线统一于公式 $P = \dfrac{ep}{1 - e\cos\theta}$ 之中。方程论是一个古老而又重要的数学体系,16 世纪意大利数学家曾成功地找到了根式解三次方程和四次方程的公式,于是数学家们又致力于研究五次方程的根式解法,但却均未考虑"根是否存在"的问题。1799 年高斯在博士论文中,第一次严格地证明了"每个 n 次方程至少有一个根",这是数学史上第一个一般性的存在性定理,并在方程论的基本问题上揭示了代数方程的统一性。

数学方法论

数学研究中的"不变性"原则,也是统一性思想方法在数学研究中的一种深刻体现,如克莱因对各种新几何学的发展进行总结,提出了各种几何系统在结构上的一般原则。1872 年,他在爱尔兰根大学做了一个闻名于世的报告,就是著名的"爱尔兰根纲要"。克莱茵在这里用变换群的观点作为几何学分类的基础,由此而用群论观点统一了几何学,指出几何学是一个有机的整体,无论是欧氏几何、仿射几何与射影几何等,都是由某种变换群所决定的,并且各种几何所研究的几何都各自独立地发展着,但又都在变换群之不变量的意义下,达到了完美的统一。

数学严谨、统一的美还在于它源于自然又高于自然,成为数学发展的方向之一。比如几何空间,通常说的现实空间是三维空间,但是引进时间 t 之后出现四维空间,研究刚体运动出现六维空间,引进无穷远元素和射影变换,导出射影空间。欧氏三维空间可以推广到 n 维空间乃至无穷维空间。近代数学还出现各种函数空间、向量空间、罗氏空间、犁氏空间、代数空间、拓扑空间等,真是琳琅满目,它们仿佛是一个个经过精致加工的象牙艺术品,比原始材料不知优美多少。从结构的统一性来认识,在空间中赋予各种量的结构,便形成不同的空间,如赋予向量与内积结构就形成欧氏空间;赋予向量结构就形成向量空间;赋予代数结构时,就形成代数空间等。这样各空间又在赋予某种结构的意义下统一起来。

四、奇异、突变

奇异、突变是数学美的重要表现,它反映了现实世界中非常规现象的一个侧面,给数学的发展带来了新的活力。数学中的奇异美,颇有一点"出乎意料"和"令人震惊"的意味。这种奇异美与前述的统一美之间,是一种对立统一的关系,必须把这两个相互对立的方面结合起来,以便能在新的层次上达到更高的统一。

高斯曾对素数的分布作过猜想:素数个数的平均分布 $\dfrac{A_n}{n}$(A_n 表示 $1,2,\cdots,n$ 间素数的个数)可用对数函数 $\dfrac{1}{\ln n}$ 来描述:

$$\frac{A_n}{n} \sim \frac{1}{\ln n} \left(\text{即} \lim_{n \to \infty} \frac{A_n/n}{1/\ln n} = 1 \right).$$

这是一个十分卓越的发现,人们惊讶的是表面上看来毫无联系的两个数学概念,竟然如此密切地沟通起来了。为了证实这一优美神奇的猜想,从高斯提出猜想到完全证明,数学家们花了近百年的时间。

数学分析主要研究连续函数。起初,数学家以为"连续函数至少在某点处可微",然而魏尔斯特拉斯 1860 年却找到一个奇特的函数,它处处连续但处处不可微。这个例子不仅澄清了对函数概念的模糊认识,而且使分析基础更严密化。后来又有人发现,存在着黎曼可积而又具有无穷多个间断点的函数,这无疑是一种奇特美。相对于连续的数量形式而言,离散的数量形式显得新颖而奇特,并由此而促进了对于离散数学的发展和研究。现在,离散数学成为计算机科学不可缺少的工具。突变相对于连续性而言,也体现出一种奇异美。法国数学家托姆运用微分映射的奇点理论去研究自然界中的非连续的突变现象,终于导致了突变理论的诞生和发展。

还有一个十分有趣的例子是蒲丰用投针求 π 的近似值。1777 年某日,蒲丰突发奇想,请许多宾朋来到家里,做了一个奇特的试验。他拿出一张事先画有一条条等距离平行线的白纸,铺在桌上,又拿出一些质量均匀、长度为平行线间距离一半的小针,请客人把针一根根随便扔到纸上。蒲丰则在一旁计数,结果共投 2212 次,其中与任一平行线相交的有 704 次,蒲丰又做了个简单除法 $\frac{2212}{704} = 3.142$,然后他宣布这就是圆周率 π 的近似值。还说,投的次数越多,越精确。这个试验的确使人震惊,π 竟然和一个表面看来风马牛不相及的随便投针试验有关,从几何概率的知识很容易求出 $\frac{n}{v} \approx \pi$(其中 n 为投掷数,v 为相交数)。计算 π 的这一方法,不但因其新颖、奇妙而让人叫绝,而且开创了用偶数性方法去作确定性计算的前导,充分显示了数学方法的奇异美。培根说得好:"美在于独特而令人惊异。奇异与和谐是对立的统一。数学中出人意料的反例和巧妙的解题方法都令人叫绝,表现出奇异的美,闪耀着智慧的光芒。"

第三节　数学美的教学功能

在数学教学中进行数学美学教学具有审美、育德、提高学习兴趣、启迪思维、培养元认知能力、促进学生全面发展的作用。

一、有利于激发学生的学习兴趣

爱美是人的天性,美的事物能唤起人的精神愉悦。在数学审美教学中,教师利用生动的材料,以数学美的魅力拨动学生爱美的心弦,使他们在享受数学美的同时,坚定他们学好数学的信心和决心,并产生发现和识别数学真理的灵感,从而进一步激发他们学习数学的兴趣。

二、有助于提高学生的思维水平

数学美与数学思维有着密切的联系。正如著名科学家钱学森教授所说:"美是主观实践与客观实际交互作用以后的主观、客观的统一。假如做到了这一点,那么人就感到是美的。而这种相互作用是通过思维来实施的,所以,研究美学当然对思维科学是有启发的,而思维科学的成就也会有助于美学的研究。"数学美对数学家的数学发现在动力、方法、思维诸方面都有巨大的作用,所以研究数学美是十分必要的。正如彭加勒所说:"没有一个高度发展的美的直觉,就不可能成为伟大的数学发明家"。

数学审美教学有助于发展学生的数学直觉思维。法国数学家阿达玛和彭加勒共同认为,数学发明创造关键在于选择数学观念间的"最佳组合",这种"最佳组合"往往是依靠"美的直觉"作出的。另一方面,数学美所具有的特征(简洁性、教授对称性、统一性等)正是数学观念间的"最佳组合"。因而,正如钱学森教授在《关于思维科学》中所说:人们的审美与数学的直觉思维在数学美的基础上是统一的;审美和数学的直觉思维在追求数学真理的功能上是统一的;并且由现代脑科学的研究成果可知,人的右半脑管审美和直觉思维,因此,审美与数学直觉思维在生理机制上也是一致的。人对美的事物有一种"似本能"的向往,这是美在各种发明过程中的作用。数学美能吸引人们在各种组合中选择"最佳组合",这是数学美在数学发现中起作用最关键之所在。而这种作用往往以直觉思维、尤其以顿悟的形式出现在人们的思维过程之中。

数学审美教学有助于发展学生的形象思维。形象思维是借助于"图形"或表象为支柱的思维。数学美具有形象性的特征。如一个处处对称的圆、等边三角形、平行线、符合黄金分割的矩形,都是优美的图形,有着明显的形象性;数形结合的解析几何,给人们以动态的优美的形象等。

另外,数学审美教学还可以培养学生的联想思维能力、发散思维能力,从而培养学生的数学创造力。

三、有助于培养元认知能力

元认知是人对自己的认知加工过程的自我觉察、自我评价、自我监控。简单地说,元认知就是关于认知的认知。数学家庞加莱认为:"数学的美感、数和形的和谐感、几何学的雅致感,这是一切真正的数学家都知道的审美感……正是这样特殊的审美感,起着……微妙的筛选作用。"这里所说的"筛选"是指数学创造过程中的选择。数学家阿达玛(Hadamard,1989)指出,数学家往往是根据审美感来选择自己的研究方向,他们常常依据美感对理论的意义作出判断。因此,从元认知的角度来说,数学美作为一种"体验",它可以增强个体的创造力,增加数学创造过程中选择的速度和准确性;作为一种"监控",数学美为创造活动指明了方向。因此,数学审美教学能引导学生进行自我监控,培养元认知能力。

四、促进学生的全面发展

数学审美教学可以促进学生的全面发展。正如马克思所说"未来的社会是人的全面发展的社会"。克莱茵在《数学——必然的丧失》中写道:"音乐能激发或抚慰情怀,绘画使人赏心悦目,诗歌能动人心弦,哲学使人获得智慧,科学(狭义)可以改善物质生活,而数学却能提供以上的一切"。人类文明的创造离不开数学,有数学教育就有数学美育。因此,数学美育是整个人类教育的重要组成部分,它可以丰富、美化人们的智力生活,追求科学美学理想,发展人们对数学的兴趣与爱好,培养人们的审美情趣、审美意识,提高人们对数学美的鉴赏力、创造力,激发对事业的忠诚与向往,对真善美执着的追求。马克思说"人是按照美的规律来建造的"。用在数学教育上可以理解为,只有用数学美的规律来培养学生,才能培养出完美的、全面发展的学生。

第四节 培养数学美的途径

一、挖掘"数学美因",向学生渗透数学美

徐利治教授曾研究过数学美的具体含义,他提出:"作为科学语言的数学具有一般语言文学与艺术所共有的美的特点,即数学在内容结构和方法上也都具有其自身的某种美,即所谓数学美。数学美的含义是丰富的,如数学概念的简单性、统一性,结构系统的协调性、对称性,数学命题与数学模型的概括性、典型性和普遍性,还有数学中的奇异性等等都是数学美的具体内容。"概括地说,数学美的主要标志与形式有简洁性、和谐性与奇异性。

数学蕴涵着丰富的美:有符号、公式和理论概括的简洁美与统一美,图形的对称美,解决问题的奇异美,以及整个数学体系的严谨和谐美与统一美等等,但是学生未必能感受到这些美,这就要求教师在教学中把这些美育因素充分挖掘出来,展示在学生面前,让学生真正体验到数学之美。

(一) 展示数学内容结构的美

在教学中向学生展示数学在其内容结构上的美,通过数学中精美的图形,奇妙或统一的式子,有趣的数学关系比例,结构的匀称和协调,命题或定理的关联、统一与对偶、奇异等形成美学思想,引起学生的最佳学习动机,激发他们的学习兴趣。

在教材中随处可见的一对对的对立统一体,如正数与负数、常量与变量、实数与虚数、有限与无限、近似与精确、偶然与必然,这正是自然界事物变化发展规律的反映。这些对立统一的矛盾,在数学上构成

不同层次、不同旋律的乐章。例如,在解析几何中椭圆柔润自然,是天体运行的轨迹,是生命的摇篮形式,也是动静结合的最美的图形;抛物线流畅光洁,毫无矜持失态;双曲线规整对称,像一对比翼齐飞的天使的翅膀;奇妙的是,三种圆锥曲线从某些侧面揭示了客观世界的和谐统一,它们都是平面与圆锥曲线的截线,都具有 $\dfrac{|MF|}{d} = e$ 的几何共性,都具有相似的光学性质,它们都具有统一的方程:$\rho = \dfrac{ep}{1-\cos\theta}$,其内部结构整齐,秩序匀称,内容相似,显示统一美和相似美。又如著名的欧拉公式 $e^{i\pi} + 1 = 0$,把 $e,i,\pi,1,0$ 这些最简单而又最主要的数联结在一个清晰统一的式子之中,体现了数学的简约美。

学生对代数中的二次函数公式 $y = ax^2 + bx + c(a \neq 0)$ 刚开始并不觉得有什么美,可是稍加提炼就会发现奇妙无比。单就公式而言,它可以用来描述自由落体运动的规律 $S = \dfrac{1}{2}gt^2$,又可以计算圆的面积 $S = \pi r^2$,还可以表达爱因斯坦的质能公式 $E = mc^2$;它的图像抛物线可以描述喷水池的水珠外溅的路线,描绘小小的乒乓球的运动途径,又可以刻画宇宙中天体的运动轨迹。这万千事物中的数形变化竟统一于如此简单的一个数学公式,真是奇妙无比,美不胜收。

再如球形、正多边形、正多面体、旋转体、圆锥曲线体现了完善、对称的美感。数学命题关系中的对偶性又是对称美的自然表现。如在平面几何中,点和直线具有对偶性,在立体几何中,点和平面也具有对偶性。

例如:两点定一直线 $\xleftarrow{\text{点与直线对换}}$ 两直线定一点(即两直线相交有一个交点)。不在一直线上的三个点确定一个平面 $\xrightarrow{\text{点和平面对换}}$ 三个平面不同过一条直线,也可以确定一个点。而且在对偶的两个命题中,有一个结论成立,另一个对偶命题的结论也成立。

(二)领悟数学解题方法的美

数学问题,浩如烟海,求解时很难找到一定的程式。有时,在"美的号召"下,凭借美的感受,领悟问题显露的美,并以此为思维向导,另辟蹊径,常可获得别开生面的妙解。

1. 运用简单性思想寻求问题的最佳解答

科学家们对于数学美的追求往往反映了其对于简单性和统一性的追求。爱因斯坦称自己是一个"到数学的简单性中去寻找真理的唯一可靠源泉"的人。同样地,数学的简单性引领我们寻求问题的最佳解答。如数学方法中的整体代换、特殊化、化归等。

【例3】 设向量 $\vec{a} = (\cos 23°, \cos 67°)$,$\vec{b} = (\cos 68°, \cos 22°)$,$\vec{u} = \vec{a} + t \cdot \vec{b}$($t \in \mathbf{R}$),求 $\vec{u}$ 的模的最小值。

思考与分析 按常规思路用代数方法进行向量的坐标运算。$\vec{u}$ 的几何意义是一条直线。记点 $(\cos 23°, \cos 67°)$ 为 A,点 $(\cos 68°, \cos 22°)$ 为 B,则 $\vec{u}$ 的几何意义是一条过点 A 平行于直线 OB 的直线,$\vec{u}$ 的模的最小值为点到直线的距离。

注意 题目不在深浅,解法简单就行,思考越深刻,方法越简单。简单美是数学美的最基本特征,数学的魅力在于追求简单,那种"水中月,镜中花"的高难技巧,是可遇而不可求的。

2. 运用和谐性考虑,对命题作类比推广与引申,从而发现新问题

【例4】 (2001年上海高考题第11题)已知两圆:

$$x^2 + y^2 = 1 \qquad\qquad ①$$
$$x^2 + (y-3)^2 = 1 \qquad\qquad ②$$

则由①式减去②式可得上述两圆的对称轴方程。将上述命题在曲线仍为圆的情况下加以推广,即要求得到一个更一般的命题,而已知命题应成为所推广命题的特例。推广的命题为_____。

思考与分析 命题可以在不改变半径相等的两个圆的基础上推广,可得到:

已知不同心的两圆方程:$(x-a)^2 + (y-b)^2 = r^2$ ③
与 $(x-c)^2 + (y-d)^2 = r^2$ ④
由③-④得到两圆的对称轴方程。

还可以改变两圆半径,或两圆相交,推广为更一般的结论:
已知不同心两圆方程:$x^2 + y^2 + D_1 x + E_1 y + F_1 = 0$ ③
与 $x^2 + y^2 + D_2 x + E_2 y + F_2 = 0$ ④
由③-④得到 $(D_1 - D_2)x + (E_1 - E_2)y + F_1 - F_2 = 0$ 表示一条

311

垂直于两圆连心线的直线。

注意 此题在已有的较简单的知识基础上和谐地提出问题,把它扩展到更广泛的同一类的新领域中,把新内容和谐地联系纳入到学习者已有的相似的认知框架中,这正是数学美的和谐性的具体体现。

3. 利用对称性考虑,辩证地使用集中思维与发散思维、定向思维与逆向思维对立统一的思维方式

【例5】 (2003年北京市高考数学(理)第18题)如图 9-1 所示,椭圆的长轴 A_1A_2 与 x 轴平行,短轴 B_1B_2 在 y 轴上,中心为 $M(0,r)(b > r > 0)$。

(1) 写出椭圆的方程,求椭圆的焦点坐标及离心率;

(2) 直线 $y = k_1x$ 交椭圆于两点 $C(x_1, y_1)$,$D(x_2, y_2)$ $(y_2 > 0)$;直线 $y = k_2x$ 交椭圆于两点 $G(x_3, y_3)$,$H(x_4, y_4)$ $(y_4 > 0)$,求证:$\dfrac{k_1x_1x_2}{x_1 + x_2} = \dfrac{k_2x_3x_4}{x_3 + x_4}$;

(3) 对于(2)中的 C, D, G, H,设 CH 交 x 轴于点 P,GD 交 x 轴于点 Q,求证:$|OP| = |OQ|$(证明过程不考虑 CH 或 GD 垂直于 x 轴的情形)。

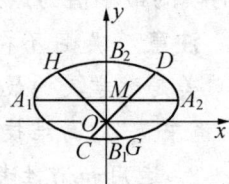

图 9-1

思考与分析 本题主要考查直线与椭圆等基本知识,考查分析问题和解决问题的能力,第(1)小题考查椭圆方程、待定系数法、坐标平移及椭圆性质、焦点坐标、离心率,看图即可解决问题;第(2)小题是典型的直线与椭圆的位置关系题。待定式子中含有 $x_1x_2, x_1 + x_2, x_3x_4, x_3 + x_4$ 这样的对称式,式子结构对称优美,和谐平衡,使人很容易联想起一元二次方程根与系数关系的韦达定理,启示了证明问题的思路,用到了解析几何最根本的思想和最根本的方法;解两个联立的二元二次方程组,用代入消元得到一元二次方程,分离系数利用韦达定理给出关于 $x_1x_2, x_1 + x_2, x_3x_4, x_3 + x_4$ 的表达式,再分别代入待证式两边运算即达到证明目的。在证明过程中,由两个联立方程组结构的相似性运用"同理可得",整个证明过程也令人赏心悦目,感受到了逻辑证明与表达的顺畅和简约美的魅力。第(3)小题的证明中用到了三点共

线的充要条件,用到了过两点的直线的斜率公式,而直线的斜率公式本身也体现了对称、和谐美。这是从平面几何中的有趣的蝴蝶定理引申得来的。

蝴蝶定理:设 AB 是圆 O 的弦,M 是 AB 的中点,过 M 作圆 O 的两弦 CD、EF,连接 CF、DE,分别交 AB 于 H、G,则 $MH = MG$。这个定理画出来的几何图形(图 9 - 2),很像一只翩翩飞舞的蝴蝶,所以叫做蝴蝶定理。联系上面的问题,我们可以把椭圆看作是将一个圆经"压缩变换"而得,故圆上的蝴蝶定理经"压缩变换"也就变成椭圆上的蝴蝶定理。

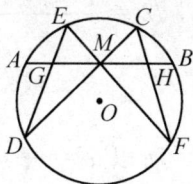

图 9 - 2

4. 利用奇异性,进行突破常规的创新、探索、猜测、发现

【例 6】 已知 $-1 < a < 1$,$-1 < b < 1$,求证:$\dfrac{1}{1-a^2} + \dfrac{1}{1-b^2} \geqslant \dfrac{2}{1-ab}$。

思考与分析　这是一道不等式证明题,方法很多,如果我们观察到 $-1 < a < 1$,$-1 < b < 1$ 的特征,联想到无穷等比数列各项和的公式,可得到:

$$\frac{1}{1-a^2} = 1 + a^2 + a^4 + a^6 + \cdots, \quad \frac{1}{1-b^2} = 1 + b^2 + b^4 + b^6 + \cdots,$$

因此 $\dfrac{1}{1-a^2} + \dfrac{1}{1-b^2} = 2 + (a^2 + b^2) + (a^4 + b^4) + (a^6 + b^6) + \cdots,$

$$\geqslant 2 + 2ab + 2a^2 b^2 + 2a^3 b^3 + \cdots$$

$$= 2(1 + ab + a^2 b^2 + a^3 b^3 + \cdots)$$

$$= \frac{2}{1-ab}$$

注意　本题解法妙在构思,奇在变换,越思越有味,越想越奇妙,这种奇思妙想会激励学生思维的发展和创新能力的提高。

【例 7】 解方程 $x^3 + (1 + \sqrt{2})x^2 - 2 = 0$。

思考与分析　这是一个关于 x 的一元三次方程。若用因式分解、配方、求有理根等常规方法,都不易求得方程的解。仔细观察方程得知,系数和常数只与 $\sqrt{2}$ 和 1 有关。利用奇异性考虑,突破常规,将 x 看作常量,$\sqrt{2}$ 看作变量,从而有如下简单解法。

解 原方程化为 $(\sqrt{2})^2 - x^2 \cdot \sqrt{2} + (x^3 + x^2) = 0$,

$$\sqrt{2} = \frac{x^2 \pm \sqrt{x^4 + 4x^3 + 4x^2}}{2} = \frac{x^2 \pm \sqrt{(x^2 + 2x)^2}}{2} = \frac{x^2 \pm (x^2 + 2x)}{2},$$

$$\sqrt{2} = -x \text{ 或 } \sqrt{2} = x^2 + x,$$

所以 $x_1 = -\sqrt{2}$,$x_2 = \dfrac{-1 + \sqrt{1 + 4\sqrt{2}}}{2}$,$x_3 = \dfrac{-1 - \sqrt{1 + 4\sqrt{2}}}{2}$。

注意 这两题反映出看似无关的量,从奇异性角度考虑可以挖掘出解题信息,出奇制胜,揭示了数学世界内在的奇异美,也反映了事物内在的统一性。

(三)鉴赏数学史的美

数学史中蕴涵着丰富的美学内容,在教学中引导学生鉴赏数学美,适时地利用数学家追求数学真善美的故事和数学历史长河中"美丽的数学事件"来感染、激励学生,使学生了解到人们对数学美的追求促进了数学的发现。例如,著名数学家陈景润在上中学时听到他的老师讲到"哥德巴赫猜想"问题之后,就下定决心要摘取这颗数学皇冠上的耀眼明珠,他历尽千辛万苦,于 1966 年 5 月证明了"1+2",居世界领先地位。是什么力量使他战胜困难取得成功呢?首先是他的老师用数学的奇异美刺激了他,使他产生了兴趣。正如陈景润所说:数学是一门"极其生动有趣的科学,……揭开它的严密逻辑性及高度抽象性这层面纱,我们会看到表面上枯燥无味的数学有着一张趣味无穷的面孔。"他的"1+2"论文,当时有 200 多页稿纸,为了追求数学的简洁美,陈景润不满足他的现有成果,又用了 7 年的时间简化他的证明过程,直到 1973 年才全文发表了"1+2"的论文,即《大偶数表为一个素数及一个不超过两个素数的乘积之和》。又如,古希腊著名数学家阿基米德对数学的执着追求,当罗马士兵闯进他的房间,要用剑杀死他时,他若无其事地蹲在地上画几何图形,竭力要从那图形中寻求美好

数
学
方
法
论

和宁静,并坦然地对士兵说:"请等一下杀我的头,让我把这道几何题证完。"

在教学中还可以展示所教内容的历史背景,恰当地穿插一些数学史料,从再现型的数学发现、生成过程来激发学生的学习兴趣,使学生学会用审美的眼光去鉴赏丰富多彩的数学文化。

(四) 利用现代信息技术,优化数学审美过程

在教学上,现代信息技术的应用改变了传统的数学教学方法。而数学审美教学与现代信息技术的结合更是体现了巨大的生命力,优化了数学审美过程。

利用现代教育技术手段使得以前只能展示静态的美(抽象美、简洁美)变换成为动、静结合的美:由简导致奇,由奇产生美(美感),由美通向真,而简、美、真的变化过程,反映了数学动态的美,揭示了美的规律。在中学数学教材中有许多内容反映了数学美的特性,这就需要我们去挖掘,加以适当处理。在举例时也应有意识地选取能反映数学美的实例,图 9-3 中的雪花曲线是最简单的分形图形,它是通过使用几何画板来展现数学美的例子,反映了整体与局部的数学思想,最特别的是分形的对称,它既不是左右对称也不是上下对称,而是画面的局部与更大范围的局部的对称,显示了数学的对称美。

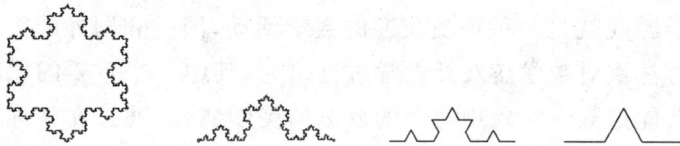

图 9-3

利用现代信息技术使教学过程更加直观形象,可以实现动与静的相互转化;可以运用网络和学生一起寻找数学美的例子;可以利用计算机平台进行师生间双向交流,使学生的思维更加活跃,有利于培养学生的创新意识,有利于学生创造数学美。

如利用课件(图 9-4)不仅能展示正弦型函数 $y = A\sin(wx + \varphi)(A>0, w>0)$ 的图像,还能动态地演示综合变换的过程,使学生领略到数学的变化美、和谐统一美,从而使学生感受转化、分类、数形结合、运动变化等思想方法,掌握从特殊到一般,从具体到抽象的思维方法,从而达到从感性认识到理性认识的飞跃。

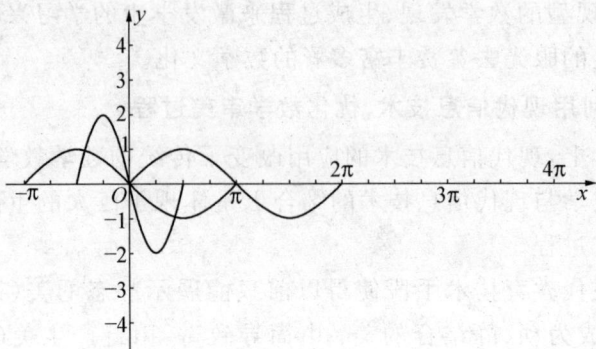

图 9 - 4

(五)开展丰富的数学活动,让学生在"做数学"的过程中体验数学美

数学课程标准中特别重视在数学教学中开展数学活动、数学探究、数学实验、数学建模等开放性和实践性的学习方式。从数学审美的角度来看,这些方式有利于学生在"做数学"的过程中获得数学美感。

数学游戏就是一种广受欢迎的数学活动,国内和国外的数学教育界都一直注重对数学游戏及教学进行研究,其中一个重要的原因就是数学游戏能把数学对象中隐含的静态的美学属性,通过在某种特定的数学活动过程中表现成直观的、具体的、形象化的、活生生的动态的美学形象,使学生在感知数学美的同时,还能体验数学美,产生数学美感。从美国的"*Mathematics Teacher*"和伦敦的"*Mathematics in School*"两本数学教育类杂志上最近几年的文章来看,有很多是介绍把数学教学内容设计为数学游戏教学的,其中有关于数论的游戏、几何图形组合的游戏、用数学方法解实际问题的游戏等等,丰富多彩,充满了趣味和美的享受。比如有一个这样的填数字游戏"Fun with Numbers":$N \times 7 \times 16 - N = NNN$,它把数论的美渗透到具体的数学游戏里面，使学生在趣味和美中学习数和运算的知识。因此，Oldfield认为，在数学教学中利用数学游戏来帮助学习还是不够的，应该把数学游戏纳入到中小学的数学课程之中，这样可以激发学生的数学学习动机、发展学生的数学美感和提高学生的数学技能等。"七巧板"是我国一种传统的智力拼图游戏，现在在西方也引起了广泛的关注，被称为"东方魔板"。它是用七块可以拼成一个正方形的几何图形板以各种不同的巧妙方法拼成千变万化的形象图案，如较复杂的几何图形、建筑物、风景、人物、汉字等。儿童玩七巧板的过程，既是益智活动过程，又是数学对象的审美活动过程，很容易在此游戏过程中获得数学美感。

第十章

数学方法论与数学教育

随着现代数学的发展以及数学教育改革的深入,尤其是在数学课程标准中十分注重培养学生的数学思想方法。为此,在数学教育中加强数学思想方法的教育已成为十分重要的工作。

第一节 数学思想方法在数学教学中的意义和作用

数学思想是分析、处理和解决数学问题的根本想法,是对数学规律的理性认识。由于学生认知能力和数学教学内容的限制,只能将部分重要的数学思想落实到数学教学过程中,而对有些数学思想不宜要求过高。我们认为,在中学数学中应予以重视的数学思想主要有三个:集合思想、化归思想和对应思想。其理由是:① 这三个思想几乎包摄了全部中学数学内容;② 符合学生的思维能力及他们的实际生活经验,易于被他们理解和掌握;③ 在数学教学中,运用这些思想分析、处理和解决数学问题的机会比较多;④ 掌握这些思想可以为进一步学习高等数学打下较好的基础。此外,符号化思想、公理化思想以及极限思想等在数学中也不同程度地有所体现,应依据具体情况在教学中予以渗透。数学方法是分析、处理和解决数学问题的策略,这些策略与人们的数学知识、经验以及数学思想掌握情况密切相关。从有利于数学教学出发,本着数量不宜过多的原则,我们认为目前应予以重视的数学方法有:数学模型法、数形结合法、变换法、函数法和类分法等。一般讲,数学中分析、处理和解决数学问题的活动是在数学思想指导下,运用数学方法,通过一系列数学技能操作来完成的。

数学教学内容从总体上可以分为两个层次:一个称为表层知识,另一个称为深层知识。表层知识包括概念、性质、法则、公式、公理、定理等数学的基本知识和基本技能,深层知识主要指数学思想和数学方法。表层知识是深层知识的基础,是教学大纲中明确规定的,教材中明确给出的,以及具有较强操作性的知识。学生只有通过对教材的学习,在掌握和理解了一定的表层知识后,才能进一步学习和领悟相关的深层知识。深层知识蕴涵于表层知识之中,是数学的精髓,它支撑和统帅着表层知识。教师必须在讲授表层知识的过程中不断地渗透相关的深层知识,让学生在掌握表层知识的同时,领悟到深层知识,才能使学生的表层知识达到一个质的"飞跃",从而使数学教学超脱"题海"之苦,使其更富有朝气和创造性。那种只重视讲授表层知识,而不注重渗透数学思想、方法的教学,是不完备的教学,它不利于学生对所学知识的真正理解和掌握,使学生的知识水平永远停留在一个初级阶段,难以提高;反之,如果单纯强调数学思想和方法,而忽略表层知识的教学,就会使教学流于形式,成为无源之水,无本之木,学生也难以领略到深层知识的真谛。因此,数学思想、方法的教学应与整个表层知识的讲授融为一体,使学生逐步掌握有关的深层知识,提高数学能力,形成良好的数学素质。

数学表层知识与深层知识具有相辅相成的关系,这就决定了它们在教学中的辩证统一性。基于上述认识,我们给出数学思想方法教学的一个教学模式:操作——掌握——领悟。对此模式作如下说明:① 数学思想、方法教学要求教师较好地掌握有关的深层知识,以保证在教学过程中有明确的教学目的。②"操作"是指表层知识教学,即基本知识与技能的教学。"操作"是数学思想、方法教学的基础。③"掌握"是指在表层知识教学过程中,学生对表层知识的掌握。掌握了一定量的数学表层知识,是学生能够接受相关深层知识的前提。④"领悟"是指在教师引导下,学生对掌握的有关表层知识的认识深化,即对蕴于其中的数学思想、方法有所悟,有所体会。⑤ 数学思想、方法教学是循环往复、螺旋上升的过程,往往是几种数学思想、方法交织在一起,在教学过程中根据具体情况在一段时间内突出渗透与明确一种数学思想或方法,效果可能更好。

1. 数学思想方法有利于实现学习迁移,特别是原理和态度的迁移,从而可以较快地提高学习质量和数学能力

学习基本原理有利于"原理和态度的迁移"。布鲁纳认为,"这种类型的迁移应该是教育过程的核心——用基本的和一般的观念来不断扩大和加深知识"。曹才翰教授也认为,"如果学生认知结构中具有较高抽象、概括水平的观念,对于新学习是有利的","只有概括的、巩固的和清晰的知识才能实现迁移"。美国心理学家贾德通过实验证明,"学习迁移的发生应有一个先决条件,就是学生需先掌握原理,形成类比,才能迁移到具体的类似学习中"。

2. 数学思想、方法是联结中学数学与高等数学的一条红线

数学学习强调结构和原理的学习,"能够缩挟'高级'知识和'初级'知识之间的间隙"。一般地讲,初等数学与高等数学的界限还是比较清楚的,特别是中学数学的许多具体内容在高等数学中不再出现了,有些术语如方程、函数等在高等数学中要赋予新的含义。而在高等数学中几乎全部保留下来的只有中学数学思想和方法以及与其关系密切的内容,如集合、对应等。

总之,数学思想方法不仅是现在用以理解现象的工具,同时也是明天用以回忆那个现象的工具。由此可见,数学思想、方法作为数学学科的"一般原理",在数学学习中是至关重要的,无怪乎有人认为,对于中学生"不管他们将来从事什么工作,唯有深深地铭刻于头脑中的数学的精神、数学的思维方法、研究方法,却随时随地发生作用,使他们受益终生"。

怎样提高解题能力?笛卡儿说:我解过每一道难题,都使它变成

一个规范。G·波利亚主张"铸题成模,以模解题",认为解题是"模仿加实践"。

【例1】 a、b 为正数,且满足 $\lg(ax) \cdot \lg(bx) + 1 = 0$,求 $\dfrac{a}{b}$ 的取值范围。

思考与分析 观察条件与结论可见,为求 $\dfrac{a}{b}$ 的取值范围,需在条件中构造出"$\dfrac{a}{b}$",为此,将原式化为

$$\lg(\frac{a}{b} \cdot bx) \cdot \lg(bx) + 1 = 0,$$

即 $\lg^2(bx) + \lg\dfrac{a}{b} \cdot \lg(bx) + 1 = 0$。

因为 $\lg(bx) \in \mathbf{R}$,

所以 $\Delta = (\lg\dfrac{a}{b})^2 - 4 \geqslant 0$,

解之得 $\lg\dfrac{a}{b} \leqslant -2$,或 $\lg\dfrac{a}{b} \geqslant 2$,

从而 $0 < \dfrac{a}{b} \leqslant 10^{-2}$,或 $\dfrac{a}{b} \geqslant 10^2$。

有些数学题,使人感到无法下手。通过仔细观察,抓住题中某些特征之后,解题途径也就清楚了。

【例2】 设 $x \in \mathbf{R}$,且
$$f(x) = |x+1| + |x+2| + |x+3| + |x+4| + |x+5|,$$
求 $f(x)$ 的最小值。

解 设 x 对应点 P,
$$\begin{aligned}
f(x) &= |PA| + |PB| + |PC| + |PD| + |PE| \\
&\geqslant |CB| + |CD| + |CA| + |CE| \\
&= 1 + 1 + 2 + 2 = 6,
\end{aligned}$$
即点 P 与 C 重合时,其和最小值为 6,

所以 当 $x = -3$ 时,$f_{\min}(x) = 6$。

一般地,设 $f_n(x) = |x-1| + |x-2| + \cdots + |x-n|$ ($n \in \mathbf{N}$),则

当 n 为偶数且 $\dfrac{n}{2} \leqslant x \leqslant \dfrac{n}{2} + 1$ 时，$f_n(x)_{\min} = \dfrac{n^2}{4}$ ；

当 n 为奇数且 $x = \dfrac{n+1}{2}$ 时，$f_n(x)_{\min} = \dfrac{n^2-1}{4}$。

【例3】 若 $f(x) = -\dfrac{1}{2}x^2 + \dfrac{13}{2}$ 在区间 $[a,b]$ 上的最小值为 $2a$，最大值为 $2b$，求 $[a,b]$。

解 分以下三种情况讨论区间 $[a,b]$：

(1) $0 \leqslant a < b$，(2) $a < 0 < b$，(3) $a < b \leqslant 0$。

第一种情况：若 $0 \leqslant a < b$，则 $f(x)$ 在 $[a,b]$ 上单调递减，故 $f(a) = 2a$，$f(b) = 2b$，

$$\begin{cases} 2a = -\dfrac{1}{2}a^2 + \dfrac{13}{2}, \\ 2b = -\dfrac{1}{2}b^2 + \dfrac{13}{2}, \end{cases}$$

所以 $[a,b] = [1,3]$。

第二种情况：若 $a < 0 < b$，则 $f(x)$ 在 $[a,0]$ 上单调递增，在 $[0,b]$ 上单调递减，故

$f(x)$ 在 $x = 0$ 处取得最大值 $2b$，$2b = \dfrac{13}{2}$，所以 $b = \dfrac{13}{4}$。

在 $x = a$ 或 $x = b$ 处取得最小值，

由于 $a < 0$，又 $f(b) = -\dfrac{1}{2} \cdot \left(\dfrac{13}{4}\right)^2 + \dfrac{13}{2} = \dfrac{39}{32} > 0$，

所以 $f(x)$ 在 $x = a$ 处取得最小值 $2a$，

$2a = -\dfrac{1}{2}a^2 + \dfrac{13}{2}$，

所以 $a = -2 - \sqrt{7}$，

所以 $[a,b] = \left[-2 - \sqrt{7}, \dfrac{13}{4}\right]$。

第三种情况：当 $a < b \leqslant 0$ 时，$f(x)$ 在 $[a,b]$ 上单调递增，故 $f(a) = 2a$，$f(b) = 2b$，即

$$\begin{cases} 2a = -\dfrac{1}{2}a^2 + \dfrac{13}{2}, \\[2mm] 2b = -\dfrac{1}{2}b^2 + \dfrac{13}{2}, \end{cases}$$

由于 $\dfrac{1}{2}x^2 + 2x - \dfrac{13}{2} = 0$ 的两根异号,

故满足 $a < b < 0$ 的区间不存在。

综上所述,所求区间为 $[1,3]$ 或 $\left[-2-\sqrt{7}, \dfrac{13}{4}\right]$。

【例4】 两人轮流在一张圆桌上摆放大小相同的硬币,每次只能平放一个,不能重叠,在桌上放下最后一枚硬币者为游戏的胜利者。试问是先放者取胜,还是后放者取胜?

思考与分析 我们先考虑极端情形。假设硬币恰与圆桌一样大小,则先摆必胜,这是因为只要把硬币摆在桌子中心即可。从极端情形中我们可以获得启示:先摆的人可以把第一枚硬币占据桌子中心,由于桌面为中心对称,以后不论对方把硬币放至何处,先摆的人总可以把硬币摆在与其成中心对称的位置,故必先摆者取胜。

该例题直接考虑显得比较困难,但是通过把问题极端化,通过对极端位置或状态下问题特性的考察,把问题化为比较容易解决,从中引出一般位置或状态下的性质,从而获得解决问题的思路。数学中的"极端"情况很多,例如,点是圆的半径为零的极端情况,切线是割线的极端情况等。

第二节 数学思想方法论的课堂教学策略

一、在课堂教学中贯彻数学思想方法

由于数学思想方法是基于数学知识而高于数学知识的一种隐性数学知识,要在反复的体验和实践中才能使个体逐渐认识、理解,转化为个体认知结构中对数学学习和问题解决有着生长点和开放面的稳定成分,所以教材内容的合理编排和高质量的教学设计是贯彻数学思想方法教学的基础和保证。

（一）在知识形成阶段渗透数学思想方法

在知识形成阶段，可渗透观察、试验、比较、分析、抽象概括等抽象化、模型化的思想方法。如：字母代替数的思想方法、函数思想方法、方程思想方法、极限思想方法、统计思想方法等等。比如绝对值概念的教学，初一代数是直接给出绝对值的描述性定义（正数的绝对值取它的本身，负数的绝对值取它的相反数，零的绝对值还是零），学生往往无法透彻理解这一概念而只能生搬硬套，如何用我们刚刚学过的数轴这一直观形象来揭示"绝对值"这个概念的内涵，从而使学生更透彻、更全面地理解这一概念，我们在教学中可按如下方式提出问题引导学生思考：

（1）请同学们将下列各数 0、2、-2、4、-4 在数轴上表示出来；

（2）2 与 -2；4 与 -4 有什么关系？

（3）2 到原点的距离与 -2 到原点的距离有什么关系？4 到原点的距离与 -4 到原点的距离有什么关系？引出绝对值的概念后，再让学生自己归纳出绝对值的描述性定义。

（4）绝对值等于 5 的数有几个？你能从数轴上说明吗？

通过上述教学方法，学生既学习了绝对值的概念，又渗透了数形结合的数学思想方法，这对后续课程中进一步解决有关绝对值的方程和不等式问题，无疑是有益的。

（二）在知识结论推导阶段和解题教学阶段揭示数学思想方法

许多教师往往产生这样的困惑：题目讲得不少，但学生总是停留在模仿型解题的水平上，只要条件稍稍变化即不知所措，学生一直不能形成较强解决问题的能力，更谈不上创新能力的形成。究其原因就在于教师在教学中仅仅是就题论题，殊不知授之以"渔"比授之以"鱼"更为重要。因此，在数学问题的探索教学中重要的是让学生真正领悟隐含于数学问题探索中的数学思想方法，使学生从中掌握关于数学思想方法方面的知识，并使之消化吸收成具有"个性"的数学思想。逐步形成用数学思想方法指导思维活动，这样在遇到同类问题时才能胸有成竹,从容对待。

(三) 在知识总结阶段概括数学思想方法

在对知识进行复习时,特别在进行章节复习或总复习时,将统领知识的数学思想方法概括出来,增强学生对数学思想的应用意识,从而有利于学生更透彻地理解所学的知识,提高独立分析、解决问题的能力。

如在对数、式进行复习中,其中从具体数字到抽象符号的复习时,掌握字母代替数的思想方法是整个中学数学重要目标之一——发展符号意识的基础。从用字母表示数,到用字母表示未知元、表示待定系数,到换元、设辅助元,再到用 $f(x)$ 表示式、表示函数等字母的使用与字母的变换,是一整套的代数方法,此外,待定系数法、根与系数的关系,乃至解不等式、函数定义域的确定、极值的求法等等,都是字母代替数的思想和方法的推广。因此,用字母代替数的思想方法是中学数学中最基本的思想方法之一。为什么有不少学生总认为 $a > -a, a < 3a$,就是这一"关"没过好,没有掌握用字母代替数的思想。

二、用数学思想方法揭示概念的内容,体现知识的发生过程,培养学生准确建立概念的能力

理解概念是学好数学的基础,是能力培养的先决条件,学生数学能力的差异,后进生的分化,也往往从学习基本概念开始。因此,首先要教好概念,教材中许多概念都是用文字叙述的,若想照本宣科地给出概念的意义,学生往往难以理解其概括性和抽象性,由此,教学中可淡化概念,根据教材特点,采取相应的数学思想去揭示概念的发生过程,呈现概念的本质含义。

例如,因式分解这个重要概念,不是直接给出定义,让学生去朗读和机械记忆,而是引导学生将因式分解与因数分解做如下类比:

(1) 从学习因式分解的目的性上类比:算术里学习分数时,为了约分与通分的需要,必须学习把一个整数分解因数;类似地,代数里学完了整式四则运算就开始学习分式,为了约分与通分,也必须学会把一个多项式因式分解,以引起学生对学习的重视和求知心理。

（2）从因式分解的结果上类比：算术里把一个整数分解为质因数幂的形式，如 $24 = 2^3 \cdot 3$；类似地，把一个多项式分解因式，要分解到每一个因式都不能再分解为止，即分解后的因式必须是质因式。

（3）从因式分解的形式上类比：把整数 33 因数分解是 3×11；类似地，整式 $a^2 - b^2$ 是 $a+b$ 与 $a-b$ 乘积的结果，因而多项式 $a^2 - b^2$ 因式分解为 $(a+b) \cdot (a-b)$，$a+b$，$a-b$ 都是 $a^2 - b^2$ 的因式，这样类比不仅使学生领会了因式分解的意义，且为因式分解的方法指明了思路（因式分解是整式乘法的逆变形）。

一般地，数学概念总有它的特定意义，富有思想方法，那么用这种特定的思想方法去指导学生的学习，可帮助学生对概念的准确认识，为后面的学习打好基础。

三、加强解题研究，突出数学思想方法的指导作用，培养学生的学习兴趣

G·波利亚曾经强调："数学教学的首要任务就是加强解题训练"。然而，他所大力提倡的"解题"完全不同于"题海战术"，他主张，与其穷于应付烦琐的教学内容和过量的题目，还不如选择一道有意义但又不太复杂的题目，去帮助学生深入挖掘题目的各个侧面，使学生通过这道题目，就如同通过一扇大门而进入崭新的天地。他认为，解题应作为培养学生的数学才能和教会他们思考的一种手段和途径。

诚然，要使学生真正具备有个性化的数学思想方法，并不是通过几堂课就能达到，但是只要我们在教学中大胆实践，持之以恒，寓数学思想方法于平时的教学中，学生对数学思想方法的认识就一定会日趋成熟。随着广大第一线教育工作者的不断深入探索和研究，关于数学思想方法有关问题的研究必将日臻完善。

（一）深入分析，加强数学学科内的联系和知识的综合

数学学科的系统性和严密性决定了数学知识之间深刻的内在联系，包括各部分知识在各自的发展过程中的纵向联系和各部分知识的综合联系。因此，在教学中，我们要善于从具体的数学知识中挖掘和提炼出数学思想方法，要预先把全书每个单元所蕴涵的数学思想方法及它们之

间的联系搞明确,然后统筹安排,有目的、有计划和有要求地进行数学思想方法的教学,特别是要抓准知识与思想方法的结合点,引导学生全面地分析,创造性地综合应用知识,灵活、敏捷地解决问题。

(二)注重教学过程,培养学生的研究意识,优化知识结构

我们在教学过程中,应该根据每一教学内容的类型和特点去设计贯彻数学思想方法的教学途径。因为数学思想方法蕴涵在数学知识的产生、内涵和发展之中,故一般都可采用以分析解决问题为主线的启发式和发展式的教学方法去引导学生,从而培养学生的研究意识,优化知识结构。具体来说,要注意引导学生抓住:① 展示或分析过程,如概念的形成过程、定理与法则的发现过程、公式的推导过程、证明思路和解决问题方法的探索过程等。② 揭示本质,指揭示概念、定理、公式或方法的本质。③ 寻找关联,指要搞清楚相近概念和定理之间的联系与区别。④ 评论与提出问题,指通过对重要的概念、定理或解法等进行一分为二的评论,从而提出有待进一步研究的新问题。一般地,在展现概念等知识发生过程中要渗透数学思想方法,在讲解定理、公式证明或推导思维教学活动过程中要揭示数学思想方法,而在应用和问题解决的探索过程中则要激活数学思想方法。

因此,选择例题就显得尤为重要了。例题的作用是多方面的,最基本的莫过于理解知识,应用知识,巩固知识,莫过于训练数学技能,培养数学能力,发展数学观念。为发挥例题的这些基本作用,就要根据学习目标和任务选配例题。具体的策略是:增、删、并。这里的增,即为突出某个知识点、某项数学技能、某种数学能力等重点内容而增补强化性例题,或者根据联系社会发展的需要,增加补充性例题。这里的删,即指删去那些作用不大或者过时的例题。所谓并,即为突出某项内容把单元内前后的几个例题合并为一个例题,或者为突出知识间的联系打破单元界限而把不同内容的例题综合在一起。总之,要做到一点:根据学习目标和任务精选例题。

(三)加强解题研究,培养学生的数学直觉,学会自主学习和概括

学会学习是现代人求得生存的基本条件,掌握一定的学习方法,是学生终身学习的需要。传统的教学方法已行不通，我们必须具有转换角色的意识，由微观的解惑转向宏观的启迪，即加强对学生研究思路的指导、研究目标的指导、研究方法的指导、研究结论论证的指导、研究成果表达的指导。在整个学习过程中，解题目标的确立、解题探究的构成、相关知识的生成乃至整个活动的进程，应该全是学生的自主性活动，老师绝不能代替学生去研究，应尽量将思考与想象的空间留给学生，让学生主动地、创造性地开展解题研究活动，形成正确的学习方法和数学直觉，使学生学会自主学习和概括。

在指导学生自主学习的过程中，需要注意：① 要传授程序性知识和情境性知识。程序性知识即是对数学活动方式的概括，如遇到一个数学证明题该先干什么，后干什么，再干什么，就是所谓的程序性知识。情境性知识即是对具体数学理论或技能的应用背景和条件的概括，如掌握换元法的具体步骤，获得换元技能，懂得在什么条件下应用换元法更有效，就是一种情境性知识。② 尽可能让学生了解影响数学学习（数学认知）的各种因素，比如，学习材料的呈现方式是文字的、字母的，还是图形的；学习任务是计算、证明，还是解决问题，等等。这些学习材料和学习任务方面的因素，都对数学学习产生影响。③ 要充分揭示数学思维的过程，比如，揭示知识的形成过程、思路的产生过程、尝试探索过程和偏差纠正过程。④ 帮助学生进行自我诊断，明确其自身数学学习的特征。比如：有的学生擅长代数，而认知几何较差；有的学生记忆力较强而理解力较弱；还有的学生口头表达不如书面表达等。⑤ 指导学生对学习活动进行评价，如评价问题理解的正确性、学习计划的可行性、解题程序的简捷性、解题方法的有效性等诸多方面。⑥ 帮助学生形成自我监控的意识，如监控认知方向意识、认知过程意识和调节认知策略意识等等。

只有加强数学思想方法的教学，才能大大提高高等数学的教学质量和学生的数学能力。数学思想方法是数学知识有机的重要组成部分。日本数学家米山国藏指出："无论是对于科学工作者、技术人员，还是数学教育工作者，最重要的就是数学的精神、思想和方法，而数学知识只是第二位"。可见，数学思想方法作为数学知识的一般原理和依据，在教学中是至关重要的，同时，加强数学思想方法教学有利于培养学生的创新能力和数学应用能力。美国心理学家贾德通过实验证明"学习迁移的发生有一个先决条件，就是学生需掌握原理，形成类比，才能迁移到具体的类似学习中"。因此，学生学习了数学思想方法就有利于学习迁移，特别是原理和态度的迁移，这就为学生自觉运用数学思想方法去研究和解决问题提供了内动力和指导思想，从而大大有助于培养学生的创新能力和应用数学的能力。

当然，其他数学思想方法在解题中也起着很重要的作用。例如分类讨论的思想，它已渗透到中学数学的各个方面，如概念的定义、定理的证明、法则的推导等，也渗透到问题的具体解决之中，如含有绝对值符号的代数式的处理、根式的简化、图形的讨论等；又如数形结合的思想，它已贯穿于全部中学数学之中，数轴、计算法证几何题、三角法、复数法、向量法、解析法、图解法等等都是这一思想的具体运用。正因为数学思想方法在解题中有如此重要的作用，所以教师在教学中应不失时机地引导学生认真思考，努力挖掘问题中的规律性，不仅可以提高解题的速度，而且能克服解题的盲目性、片面性。因此，在教学中应做到：

1. 在表层知识发生过程中渗透数学思想方法

数学教学内容是由教材中的概念、法则、性质、公式、定理、例题等（或称表层知识）以及由其内容所反映出来的数学思想方法（或称深层知识）组成的。教材中，除个别思想方法外，大量的、较高层次的思想方法均蕴涵于表层知识之中，处于潜形态。在教学中，表层知识的发生过程实际上也是思想方法的发生过程，像概念的形成过程、结论的推导过程、解法的思考过程、问题的被发现过程、思路的探索过程、规律的被揭示过程等都蕴藏着向学生渗透数学思想方法、训练思维的极好机会。

（1）不要简单下定义。数学概念既是数学思维的基石，又是数学思维的结果，所以概念教学不应简单地下定义，应当引导学生感受或领悟隐含于概念形成之中的数学思想。例如，在因式分解这个重要概念的教学中，教师不应直接给出定义，而应引导学生将因式分解和因数分解作如下类比：① 从学习因式分解的目的性上类比：算术里学习分数时，为了约分与通分的需要，必须学习把一个整数分解因式，类似地，代数里学完了整式四则运算就开始学习分式，同样为了约分与通分的需要,也必须学会把一个多项式分解因式。② 从因式分解的形式上类比:把整数 26 分解为 2×13,类似地,整式 $a^2 - b^2$ 是 $a+b$ 与 $a-b$ 乘积的结果,因而多项式 $a^2 - b^2$ 因式分解为 $(a+b) \cdot (a-b)$,$a+b$,$a-b$ 都是 $a^2 - b^2$ 的因式。这样类比不仅使学生领会了因式分解的意义,且为因式分解的方法指明了思路(因式分解是整式乘法的逆变形)。③ 从因式分解的结果上类比:算术里把一个整数分解为质因数幂的形式,如 $25 = 5^2$,$28 = 2^2 \cdot 7$,类似地,把一个多项式分解因式,要分解到每一个因式都不能继续分解为止,即分解后的因式必须是质因式。通过上述三个层次的类比,学生能认识到因式分解是数到式的发展过程,是特殊到一般的思维体现,由此产生对概念的迁移,正确辨认出数、式分解的相同点和不同点,从而使学生真正理解因式分解。

(2) 不要过早下结论。判断可视为压缩了的知识链,数学定理、公式、法则等结论都是具体的判断。教学中要引导学生参与结论的探索、发现、推导的过程,弄清每个结论的因果联系,探讨它与其他知识的关系,领悟引导思维活动的数学思想。例如教师在讲平方差公式"$(a+b)(a-b) = a^2 - b^2$"时,可以构造出它的直观模型(图 10 - 1),"数"与"形"的对比来证此公式的正确性,从中渗透数形结合思想,培养学生思维的形象性和创造力。

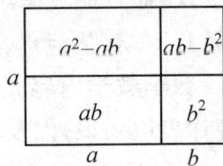

图 10 - 1

2. 在思维教学过程中,揭示数学思想方法

数学课堂教学必须充分暴露思维过程,让学生参与教学实践,揭示其中所隐含的数学思想,才能有效地发展学生的数学思想,提高学生的数学修养。比如在讲"多边形内角和定理"时,学生都知道三角形内角和为 $180°$,此时教师可提问:"四边形的内角和是多少呢? 可以怎样求?"由学生去摸索,可得把四边形分成两个三角形,知其内角和为 $360°$,用同样方法可求得五边形、六边形、七边形的内角和,那么 n 边形的内角和是多少呢? 从以上探求方法中,能否得到什么启发,发现什么规律,进而猜想出 n 边形的内角和呢? 在这思维教学过程中,已经渗透了类比、归纳、猜想的思想。

在教学活动中，教师要启发引导，使学生积极地参与到数学教学过程中来。在这样的气氛下，老师适时引导，使学生逐步领悟、形成、掌握数学思想方法。在这个过程中，学生的参与度非常重要，没有学生参与到教学中来，那他就不可能对数学知识、数学思想产生体验，没有了体验那数学思想只能是一句空话。所以在教学过程中，教师应该创设能够吸引学生参与到数学教学过程中来的各种情境，让他们在数学知识的学习过程中，根据自己的体验，用自己的思维方式构建出数学思想方法的体系。

3. 及时小结复习，提炼概括数学思想方法

由于同一内容可表现为不同的数学思想方法，而同一数学思想方法又常常分布在许多不同的知识点里，所以及时小结复习是十分必要的。概括数学思想方法要纳入到教学计划中来，有目的、有步骤地引导学生参与数学思想方法的提炼概括过程，将统摄知识的数学思想方法概括出来，这样可以加紧学生对数学思想方法的运用意识，有利于活化所学知识，形成独立分析、解决问题的能力，提高学生数学思想素质。另外，提炼过程本身对提高学生的抽象、概括能力是十分有益的，养成评价思维过程。总结一般规律的习惯，对完善思维结构、优化思维素质也是功效显著的。多次的总结既可强化数学思想意识，也使其对运用数学思想处理具体问题的操作方式得到更多的了解，从而逐步学会运用数学思想去分析和解决问题。

4. 通过问题解决，不断巩固和深化数学思想方法

数学问题的解决过程，实质上是命题的不断转化和数学思想方法反复运用的过程；数学的思想方法存在于数学问题的解决之中，数学问题的步步转化，无不沿着数学思想方法指示的方向。因此，我们要在教学中突出数学思想方法在解题中的指导作用，展现数学方法的应用过程。

【例 5】 若 $x, y > 0$，且 $x + y = 1$，证明：$(x + \dfrac{1}{x})(y + \dfrac{1}{y}) \geqslant \dfrac{25}{4}$。

思考与分析 该题如果直接用不等式 $x + \dfrac{1}{x} \geqslant 2$ 来证明，则只能

得到$(x+\dfrac{1}{x})(y+\dfrac{1}{y})\geqslant4$,原因在于没有用到条件 $x+y=1$,若注意到题设条件,则可设 $x=\sin^2\alpha$,$y=\cos^2\alpha$,于是有

$$(\sin^2\alpha+\frac{1}{\sin^2\alpha})(\cos^2\alpha+\frac{1}{\cos^2\alpha})$$

$$=\frac{\sin^4\alpha\cos^4\alpha+\sin^4\alpha+\cos^4\alpha+1}{\sin^2\alpha\cos^2\alpha}$$

$$=\frac{\dfrac{1}{16}\sin^42\alpha+(\sin^2\alpha+\cos^2\alpha)^2-2\sin^2\alpha\cos^2\alpha+1}{\dfrac{1}{4}\sin^22\alpha}$$

$$=\frac{\dfrac{1}{16}\sin^42\alpha+1-\dfrac{1}{2}\sin^22\alpha+1}{\dfrac{1}{4}\sin^22\alpha}$$

$$=\frac{\sin^42\alpha-8\sin^22\alpha+32}{4\sin^22\alpha}$$

$$=\frac{(4-\sin^22\alpha)^2+16}{4\sin^22\alpha}$$

$$\geqslant\frac{(4-1)^2+16}{4\times1}=\frac{25}{4}。$$

在以上证明过程中,既使用了换元法,又使用了配方法和放缩法,这样的综合运用,有益于培养学生灵活应用数学的能力。

参 考 文 献

1. 徐利治. 数学方法论选讲. 武汉：华中理工学院出版社，1983

2. 阿达玛. 数学领域中的发明心理学. 南京：江苏教育出版社，1989

3. 解恩泽等. 数学思想方法纵横论. 北京：科学出版社，1986

4. 朱梧槚. 几何基础与数学基础. 沈阳：辽宁教育出版社，1987

5. M·克莱茵. 古今数学思想（第1—4册）. 上海：上海科学技术出版社，1988

6. 袁小明. 世界著名数学家评传. 南京：江苏教育出版社，1990

7. 赵振威. 数学发现导论. 合肥：安徽教育出版社，2000

8. 王全林主编. 中学数学思想方法概论. 广州：暨南大学出版社，2000

9. 张奠宙、过佰祥著. 数学方法论稿. 上海：上海教育出版社，1996

10. 张国栋. 数学解题过程与解题教学. 北京：北京教育出版社，1996

11. 顾越岭著. 数学解题通论. 南宁：广西教育出版社，2000

12. 郑毓信. 数学方法论. 南宁：广西教育出版社，1996

13. 邱瑞林，皱泽民主编. 中学数学方法论. 南宁：广西教育出版社，1999

14. 王子兴著. 数学方法论——问题解决的理论. 长沙：中南大学出版社，2002

15. 赵振威著. 数学发现导论. 合肥：安徽教育出版社，2000

16. 肖学平编著. 中学数学的基本思想和方法. 北京：科学出版

社,1994

17. 钱佩玲主编.中学数学思想方法.北京：北京师范大学出版社,2001

18. 李明振主编.数学方法与解题研究.上海：上海科技教育出版社,2000

19. 徐利治著.徐利治论数学教学方法学.济南：山东教育出版社,2001

20. 陈振宣等编著.中学数学思维方法.上海：上海科技教育出版社,1988

21. 肖柏荣,潘娉姣主编.数学思想方法及其教学示例.南京：江苏教育出版社,2000

22. 郑毓信.数学方法论入门.杭州：浙江教育出版社,1985

23. 戴正平等.数学方法与解题研究.北京：高等教育出版社,1996

24. 徐利治、朱梧槚.关系映射反演方法.南京：江苏教育出版社,1989

25. 史九一、朱梧槚著.化归与归纳类比与联想.南京：江苏教育出版社,1989

26. 叶立军.化归思维在数学解题中的几个应用及其教学对策.杭州师范学院学报(自然科学版),2003,(4):73～76

27. 赵小云、叶立军著.化归思维论.北京：科学出版社,2005

28. 陈辉、叶立军主编.新课程资源拓展与探索(高中数学).杭州：浙江大学出版社,2005

29. 叶立军.数学解题中注意培养学生的整体思想.数学通报,2006,(11):51～54

30. 张景斌主编.中学数学教学教程.北京：科学出版社,2000

31. 张奠宙、宋乃庆.数学教育学概论.北京：高等教育出版社,2004

32. 戴再平.开放题——数学教学的新模式.上海：上海教育出版社,2004

33. 沈翔.数学新题型研究.上海：华东师范大学出版社,2003

34. 徐斌艳.数学教育展望.上海：华东师范大学出版社,2001

35. 叶立军.新课程中学数学实用教法 80 法.广州：广东教育出版社,2004

36. 戴再平.时代的呼唤——数学开放题研究进展综述.中学数学教学参考,1999,(4):18～20

37. 戴再平.数学习题理论.第 2 版.上海：上海教育出版社,1996

38. 范黎明.浅谈数学开放题教学的课堂文化.数学教学,1998,(5):4

39. 刘萍.用开放题引入"平行线的性质"的教学设想.中学数学,1999,(3):9

40. 俞求是.中学数学教科书中的开放题.中学数学教学参考,1999,(4):1

图书在版编目(CIP)数据

数学方法论/叶立军著. —杭州:浙江大学出版社,
2008.6(2015.9 重印)
ISBN 978-7-308-05892-6

Ⅰ. 数... Ⅱ. 叶... Ⅲ. 数学方法—方法论 Ⅳ. 01-0

中国版本图书馆 CIP 数据核字(2008)第 052135 号

数学方法论

叶立军 著

丛书策划	阮海潮
责任编辑	阮海潮(ruanhc@163.com)
封面设计	刘依群
出版发行	浙江大学出版社
	(杭州天目山路 148 号 邮政编码 310007)
	(网址:http://www.zjupress.com)
排　版	杭州大漠照排印刷有限公司
印　刷	杭州丰源印刷有限公司
开　本	787mm×960mm　1/16
印　张	21.25
字　数	316 千
版印次	2008 年 6 月第 1 版　2015 年 9 月第 5 次印刷
书　号	ISBN 978-7-308-05892-6
定　价	34.00 元